本书系重庆市教育委员会2025年语言文字科研项目："网络空间语言生态监测预警与治理策略研究"（项目编号：yyk25215）；重庆市2023年社会科学规划项目："数字化生存下青年社交媒体多维呈现与网络社会心态的关系及引导策略研究"（项目编号：2023BS077）；重庆市2024年教育科学规划课题："数字化视域下重庆大学生积极社会心态与情感能力全员育人机制研究"（项目编号：K24YY2070044）研究成果。

九州文库

消费、交往与表露

青年群体社会心态的网络表达研究

刘懿璇 著

九州出版社
JIUZHOUPRESS

图书在版编目（CIP）数据

消费、交往与表露：青年群体社会心态的网络表达
研究／刘懿璇著 . -- 北京：九州出版社，2025.6.
ISBN 978-7-5225-4043-6

Ⅰ. B844.2；G219.2

中国国家版本馆 CIP 数据核字第 2025N755W2 号

消费、交往与表露：青年群体社会心态的网络表达研究

作　者	刘懿璇　著
责任编辑	云岩涛
出版发行	九州出版社
地　址	北京市西城区阜外大街甲 35 号（100037）
发行电话	（010）68992190/3/5/6
网　址	www.jiuzhoupress.com
印　刷	三河市华东印刷有限公司
开　本	710 毫米×1000 毫米　16 开
印　张	18.5
字　数	322 千字
版　次	2025 年 6 月第 1 版
印　次	2025 年 8 月第 1 次印刷
书　号	ISBN 978-7-5225-4043-6
定　价	98.00 元

前　言

在数字化、智能化快速发展的今天，互联网已成为连接个体与社会、过去与未来的桥梁，它不仅重塑了信息传播的方式，还深刻地影响了人们的思维方式、行为习惯和社会心态，尤其对青年群体而言，网络空间不仅是他们获取信息、学习交流的主阵地，还是他们情感抒发、身份构建与价值观形成的关键场域。在此背景下，《消费、交往与表露：青年群体社会心态的网络表达研究》一书，剖析了青年群体在网络世界中的复杂心态与行为逻辑，助力读者理解当代社会变迁、预测未来趋势。

现代社会中，"消费"已经成为表征和塑造个体自我认同和文化认同的重要因素。当前青年的消费体现仪式赋意、符号赋权和意义赋予等特征，这些是消费社会中鲜明的现实症候。本书聚焦"消费"这一现代生活不可或缺的部分，探讨了青年群体如何在网络消费主义的影响下，形成独特的消费观念与模式。从盲目跟风到理性选择，从物质追求到精神满足，青年的消费行为不仅是经济活动的体现，还是其价值观、身份认同与社会归属感的映射。本书通过对青年群体的消费洞察，揭示了消费行为背后的深层心理动机。

"交往"作为人类社会的基本活动，在网络环境中呈现出前所未有的形态。社交媒体、在线社群、虚拟现实……这些新兴平台不仅拓宽了青年的社交边界，还改变了人际交往的规则与深度。对青年群体而言，网络技术对现实生活的浸入导致他们对社交边界感的重视程度越来越高，青年社交的理想图景是建立一种亲密且独立的人际关系，这样的社交情感反映出年轻人实现人际社交、情感体验、满足与补偿等一系列的社交需求。网络社交形成的社交边界感让人们摆脱了现实中的社交焦虑和人际敏感，也满足了人们在现实中的情感要求。与此同时，在线社交活动也体现了青年对个性化意义建构、获得权利与身份认同的需要，虚拟社群替代了现实的社交圈，个体完成了一种全新的心理角色体验，并积极参与权利实践和进行全新的身份建构。书中通过对青年网络交往模式的深入探讨，展现了他们在建立关系、维护友谊、处理冲突等方面的新特点，为读者理解数字时代下的人际互动提供了丰富而生动的案例。

"表露"作为个体内心世界向外展现的过程，是理解青年社会心态的关键。在网络这个相对匿名又广泛连接的空间里，青年们更倾向真实地表达自我，分享生活点滴，甚至袒露心声。当前，人们在社交媒体上的交流方式从文字沟通到语音聊天，再到图像视频分享，不一而足。社交媒体融合了多种信息传播方式，折射出了网络时代以视觉为主导的现象。当下，社会发展成为以视觉为主的"图像社交时代"。实际上，社交媒体打破了"熟人社会"的桎梏，加速了人类社会进入半熟社会的进程，网络世界中的"陌生人社交圈"已然建立。越来越多的用户开始选择在社交媒体平台上进行"自我展示"或"数字记录"，这体现了媒介技术发展和图像流量增值的趋势，数字技术庇佑下的"图像社交"逐渐融入媒介文化实践者的日常生活，成为青年群体"自我表露"的主要方式。本书通过对青年网络表露行为的分析，揭示了他们在寻求理解、认同与支持的同时，也面临着隐私泄露、网络暴力等挑战。这些现象足以引发人们对网络安全、心理健康及数字伦理的深刻反思。

综上所述，《消费、交往与表露：青年群体社会心态的网络表达研究》是对当代青年网络生活的一次全面扫描，也是对数字时代下青年社会心态变迁的深刻洞察。著者希望这本书能够在一定程度上帮助学者、政策制定者及社会各界人士更好地理解青年群体，促进代际沟通，也希望本书可以为引导青年健康成长、构建和谐的网络生态提供理论依据与实践指导。

目 录
CONTENTS

绪　论

众所周知，青年群体的心理状态与社会发展息息相关。目前，中国社会处在一个高速发展的时期，伴随经济发展，人们的物质生活日益丰富，信息技术日新月异，思潮多元化，新媒介技术的日益成熟让网络表达变得低成本、低门槛。与此同时，青年网民数量也在逐年增加。网络空间作为一个虚拟但又极具影响力的场域，为人们提供了前所未有的表达平台，青年在其中聚集、交往与生活，其价值观和日常生活都受到了不同程度的影响，他们在网络上的心态也变得更加多样，并展现出独特的行为模式和表达特点。

据中国互联网络信息中心发布的第 54 次《中国互联网络发展状况统计报告》数据，截至 2024 年 6 月，我国网民规模近 11 亿人，与 2023 年 12 月相比，增长了 742 万人，互联网普及率达 78.0%，青年群体成为新增网民的重要来源。青年群体作为社会发展中的重要群体和互联网中的活跃人群，他们的网络社会表达反映出其对国家的认知与网络虚拟空间的变化，体现了时代的变迁。青年的思想与行为受到网络多方面的影响，对青年群体多元化、充满矛盾的网络社会心态进行研究与引导十分重要。

一、探讨青年网络社会心态表达的前提

近年来，国家时刻关注思政教育发展，重视社会心态建设。注重社会心态培育是国家思想政治教育的重要一环，网络社会心态是社会心态的重要组成部分，网络社会心态研究的重要性不言而喻。当代青年生逢其时，肩负着实现"两个一百年"奋斗目标的历史使命，同时作为社交媒体的数字原住民与活跃用户，他们的网络社会心态是其现实心态在网络虚拟场域的直接映射。高速发展的互联网给青年群体带来了多样的机遇与多维的视野，深刻地影响着其社会心态表达。加强青年群体的网络社会心态研究与引导，会对未来社会发展发挥积极作用。

（一）国家越发重视社会心态健康建设

高速发展的经济与深刻变革的社会结构使人们的生活节奏日益加快，社会竞争更加激烈，各种社会问题与矛盾凸显，大众的社会心理遭受到了巨大的冲击，社会心态变得更加多元与复杂，其中焦虑、浮躁、抑郁等负面情绪在一定范围内滋生与蔓延，影响了社会的和谐稳定与人民的生活质量。社会心态是反映社会精神面貌的晴雨表，良好的社会心态能为社会发展起到保驾护航、强基固本的作用。在这样的背景下，国家越来越重视大众的社会心态健康建设，尤其是重视作为国家发展后备力量——青年群体的社会心态健康问题。

国家不仅在政策上重视社会心态建设，而且多方面开展实际行动使其成功地发挥作用。党的十八届五中全会首次提出社会心理服务体系这一概念，而后在2021年7月，中共中央、国务院印发的《关于新时代加强和改进思想政治工作的意见》强调，要"培育自尊自信、理性平和、积极向上的社会心态"。《中华人民共和国国民经济和社会发展第十四个五年规划和2035年远景目标纲要》中强调了要"健全社会心理服务体系和危机干预机制"。党的二十届三中全会在新时代新征程的背景下，再次强调了社会心理服务体系建设的重要性，加强对网络环境下社会心理的现代化治理研究成了国家的重要议题。近年来，国家在基层开展社会心理服务体系建设试点工作，并推动完善学校、家庭、社会和相关部门协同联动的学生心理健康工作格局，从小处做起，关注人们的社会心态问题。同时，国家依托网络技术、数字技术以及人工智能技术等科技力量，提供网络社会心理服务，提高信息传播的准确性，清正网络空间乱象，推进网络空间治理，积极构建对话互动型网络环境。

（二）青年影响力在网络文化中渐升

在数字化时代，青年群体在网络文化中的影响力正呈现出上升趋势。青年作为使用网络的主力军，他们对新鲜事物的高接受度和创新能力推动了网络文化的持续发展。在内容创作方面，青年群体活跃于各种网络平台中，无论是搞笑段子、创意短视频还是深度的文化解读，他们都展现出独特视角，创作的内容饱含着丰富的韵味。在网络社交方面，青年群体运用各类社交媒体平台，通过共同话题与各自的兴趣，创建了众多独具特色的网络社群。他们在网络上广泛交友，将来自天南海北的个体集合到网络群体中，各地的信息在网络平台交汇、流通和传播，社会话题讨论声此起彼伏，各种热门话题常常在青年群体的关注下发酵，由此产生了各类网络文化现象。

（三）互联网发展影响青年网络社会心态

随着互联网的蓬勃发展，青年群体的工作、生活和学习逐渐离不开互联网，其网络社会心态也越来越受到网络的影响。网络的开放性与海量信息为青年提供了了解和认识世界的途径，丰富了他们的认知，开拓了他们的视野，但是网络场域中的信息良莠不齐、真实与虚假混杂、碎片化与肤浅性的新颖内容交错以及圈层间存在巨大差异等多种现象都使青年依存的网络空间更加复杂。青年群体正处于人生探索与冒险的阶段，他们对事物的好奇心旺盛、探索欲望强烈，从而出现了青年群体总是活跃在不断涌现新话题与新讨论第一线的社会现象，而互联网容纳了世界各地的信息，涵盖了各领域和多方面的内容。庞大又快速更新迭代的信息洪流不断向青年们涌去，青年们难以辨别，落入"陷阱"之中。在如此复杂的网络环境中，青年群体的网络社会心态不可避免地受到了影响。

二、青年群体与网络社会心态表达

随着互联网技术在国内的发展，学界对青年群体网络社会心态的研究层出不穷，其中不乏具有前瞻性的研究成果，但也存在一些局限性。

（一）青年网络社会心态研究的连续性、多样性与主题性

得益于我国历史文化素养中对教育高度重视的传统，尤其是对青年三观的培养，学界对青年群体社会心态的研究经久不衰，自互联网在中国本土得到发展后，便有学者陆续投入青年网络社会心态的研究中，因此研究历史悠久。这类研究的内容包括但不限于文化观、民族观、奋斗观、收入观、就业观、消费观、婚恋观、生育观等方面，总体呈现出研究范围广、研究内容多样的特点。

经过信息筛选和综合考察，学界研究发现：近十年，中国青年群体的网络社会行为呈现出了明显的主题性倾向。以往的研究者主要围绕"内卷"、就业观和收入观、消费观以及婚恋观进行了深入的探讨与表达。各类学者对"内卷"现象与个人焦虑感交织方面的研究涉猎广泛，纷纷发表自己的看法，各学科相互交织。就业观与收入观作为社会的焦点话题，其研究呈现出连绵不绝的现象，其研究内容展现出了青年群体对自身经济状况的密切关注，以及对就业与收入紧张关系的忧虑。消费主义文化的兴起与发展、网购的井喷式发展以及网红经济和直播带货的繁荣促使学界时刻关注青年消费观的变化，相关研究大体是随着互联网经济的起伏而变化，具有很强的实用性和指导性。学者们对青年群体的婚恋与生育问题的研究，关系到青年群体，并受到热烈关注。相关研究总体

呈现出青年群体在婚恋问题上的态度是复杂多元的，他们既渴望爱情，又对婚姻持有谨慎的态度。

（二）青年群体网络社会心态研究不足

尽管学界对互联网上的青年群体社会心态进行了大量且多元化的研究，当下的研究也在如火如荼地进行着，但部分研究依旧存在局限性。

第一，研究人员研究视野相对狭窄，多就事论事，主要将目光聚焦于某种网络思潮、青年亚文化或是网络流行词等方面，缺少从整个社会运作的系统框架下进行宏观、思辨性的研究，因而难以探究这些现象背后存在的共性和深层次的成因；第二，这些研究尚未引起思想政治教育等相关学科的足够关注，需要加大交叉学科的研究力度；第三，量化研究方面存在不足，忽视了人工智能和大数据模型在青年网络表达研究上的技术支持；第四，研究人员注重线上青年群体的研究，线下采访调查较少，因此忽视了青年的网络表达在线上与线下存在差距的可能性。

三、青年社会心态网络表达研究的意义

青年群体的社会心态多样又多变，其网络心态的变化更是复杂多元。有必要深入探究青年群体在网络空间中的具体社会心态表达行为，并通过分析青年在消费、交往与表露上的具体特征与影响，总结其出现的原因并寻找对策，加强对青年群体的网络社会心态进行引导，促进我国精神文明建设。

（一）探究青年网络心态变化的复杂性

青年作为网络空间中较为活跃的群体之一，其网络心态变化呈现出高度的复杂性。在互联网的飞速发展与数字技术深入应用下，时代发生了巨变，科技进步的同时，人们的社会生活方式发生了变化，人们进行交流互动的时间维度和空间维度也发生了改变，传统的交往模式迎来了全新的改变。人们在虚拟世界与现实生活中建立新的联系，社会出现了虚实相融的场景。社会中文化不断发生变迁，全球化与本土化文化相互交织，西方价值观涌入中国大地与本土观念发生碰撞，如消费主义文化深刻影响了青年群体当下的网络消费观。诸如此类的多维因素共同作用，使青年群体在网络社会中呈现出一系列既复杂又有趣的心态。

网络为青年提供了一个相对自由且匿名的表达空间，在这个空间里，他们的情绪、观念和态度在各种因素的交互作用下不断演变，各种焦虑与摆烂、奋

斗与祈愿并行的复杂情绪萦绕在青年群体身边，充斥在网络场域和现实社会中。网络空间客观存在的舆情危机、网络乱象、价值冲突与行为失范，均与网民缺乏良好的社会心态有关，是网络"软治理"难题。① 通过对青年社会心态网络表达的研究，深入挖掘这种复杂性的根源和表现形式，从而去寻找应对消极社会心态的对策。

（二）为精神文明建设提供实际参考

互联网的健康环境与青年群体网络社会心态的培育息息相关，对青年群体网络社会心态进行引导是维护风清气正的网络空间、建设精神文明的重要一步。

青年群体的网络社会心态与社会和国家的繁荣昌盛紧密相连。我国的发展进入了新时代，青年网络社会心态也应向积极的方向发展，青年应展现出新的气象和精神面貌。培养积极向上的网络社会心态，就能为青年群体以及整个社会的网络社会心理教育产生良好的榜样效果，进而促进整个社会以及我国的社会主义精神文明建设。② 青年的成长伴随着互联网的发展，其学习生活、娱乐生活、日常生活都离不开互联网，对青年群体的网络社会心态做出引导，对提升青年群体的媒介素养、改善网络行为失范有着重要作用。

研究青年群体网络社会心态有利于主体即青年群体的全面发展，促进青年群体的心理健康；对青年群体的社会心态表达进行研究，找出背后的影响因素，可以为相关部门采取改善措施提供实际参考。

（三）消费、交往与表露：深入解析青年网络社会心态的表达

网络表达是当前青年群体社会交往的主要方式之一，他们在使用互联网时呈现出相应的社会心态特征，尤其呈现在消费、交往和表露这三个维度上。

1. 青年网络消费反映社会心态

青年群体的消费行为不仅是为了满足物质需求，还是其网络社会心态的一种外在体现。网络空间中的社群化现象发展愈加严重，青年群体在消费过程中逐渐表现出强烈的从众心理，并有较高的社会认同需求。青年在从众心理的影响下容易对外界压力更为敏感，对自己的观点与行为不自信，渴望得到社群中同伴的认同，从而促使其产生与社群一致的消费行为。进入 21 世纪，青年个性

① 李东坡，李媛媛. 论网络社会心态的现代治理 [J]. 思想理论教育，2024（11）：94-99.

② 谷沛沅. 教育数字化转型中大学生网络社会心态引导的困境与应对 [J]. 教育传媒研究，2023（06）：105-108.

表达需求迫切，青年群体中出现了大量炫耀性消费。青年群体通过展现自己的高消费商品或精致生活来彰显自己的品位，并在网络空间中对自我身份进行虚拟建构，通过消费，塑造和呈现出某种理想的生活状态，打造"网络人设"，期望赢得他人对其身份、地位的认可。事实上，这类消费行为承载了青年对个人身份和地位的渴望，呈现出其对自我实现、自我价值的希冀。

2. 青年线上交往作用社会心态

线上多元的交往方式为青年提供了自我表达的便利平台，各类社交平台的蓬勃发展也让青年群体陷入信息海洋中。在线交流的匿名性与交往互动的真实性并存，用户可以使用虚拟的头像和昵称进行社交，在网络空间匿名地表达自己最真实的想法，但也要遵循平台要求，完成账号实名制和真实身份验证。网络的虚拟社交打破了时空限制，让人们能够跨越地域、文化和社会背景进行沟通和交往，推动传统社交模式转变和发展，给人们的生活带来了便利和乐趣，但虚拟社交与真实社交的交织影响，在行为表达、心理情绪、时间分配等方面给青年带来了一定的冲突感，使青年感受到现实自我与理想自我差距越来越大，产生了难以消散的孤独感与焦虑感。各类线上交往行为引发了关于社会信任的讨论，它在为青年带来便利的同时，也带来了其对社会信任的挑战。线上社交让青年接触了多元的思想和观点，他们感受到观点的碰撞，将社交圈子拓展到了更广阔的社会领域中。同时，线上社交的虚拟性和匿名性为虚假信息的传播和网络诈骗提供了滋生的土壤，让其感受到人际交往联系的浅层化与信任脆弱性，网络中出现群体极化与社会信任撕裂的情况。

3. 青年多元表露行为与社会心态互动

在数字化时代，青年进行自我表露的渠道与方式呈现出前所未有的多元化趋势，各具特色的社交媒体，如抖音、快手、微博、小红书等成为青年自我表达的新窗口，是青年群体自我表露的主战场。在不同的平台场域下，青年利用文字、图片、视频、音频等多种表达形式自如地展现自我。青年在私人边界与公共边界逐渐模糊的网络社会中以分享自我生活为线索进行情绪表达，在云端实现无实体身份的表露，他们的表露行为充满表演性、目的性、情境性，但最终的目的是获得情感认同。互联网公共意见环境中呈现出来的青年表露行为，反映了青年群体社会心态的基本特征，彰显了其进行情绪宣泄的动态法则。同时，网络社会心态又引领及塑造青年群体线上表露行为，二者呈现出相互影响、相互交织的互动关系。

4. 青年网络社会心态的挑战与对策

青年群体大部分是"数字原住民"，他们的生活与交往行为很大程度上依附网络，因而会受到网络负面信息的影响，青年的网络社会心态在这样的环境作用下迎来了挑战。碎片化、商业性与虚拟性的网络环境，多元性的社会价值观，转型改革的社会压力以及青年群体心理与网络素质漏洞等因素，使超前性、炫耀性和情绪化消费等畸形的消费心理在青年群体中盛行。虚拟空间中的负面信息使虚假信息加速泛滥，网络暴力事件层出不穷，信息茧房的壁垒不断加厚，青年群体在其中产生的社会焦虑、负面情绪在网络上堆积，最终影响了其现实生活。同时，隐私保护与信息安全问题在一定程度上限制了青年在网络中进行社会心态的自由表达与输出，这些问题不容小觑。互联网的易变性、开放性与包容性产生了众多的网络失范问题，加上网络技术日新月异地更新迭代，我国网络空间治理所面临的挑战也呈现出前所未有的复杂性与长期性特征。

为应对以上挑战，应该努力引导青年群体进行积极正向的网络社会心态表达，要提升青年群体的网络素养，优化网络内容并逐步完善相关法律法规，来明确网络表达法律边界，夯实网络平台法律之责，铸就法规宣传教育体系。这不仅需要政府强化监管并使平台建设更加自律，还需要社会构建多元共治格局。

四、总 结

本书深入探究了青年社会心态与互联网这两大核心议题，其研究意义深远。从理论层面而言，本书对青年群体网络社会心态进行剖析，不仅为社会心理学理论的发展注入了新活力，还通过细致考察其网络表达的具体现象，为社会心理学研究提供了丰富多元的素材与实证数据，有力推动了社会心理学与新媒体技术的交叉融合。此外，本书还拓宽了我国政治思想教育的研究视野，促使社会心态研究实现从现实世界向网络空间的跨越。在实践层面，本书探究青年网络社会心态的表达机制，对维护青年群体的心理健康，促进其全面发展具有积极作用。本书通过深入剖析青年社会心态中复杂而矛盾的一面，有助于青年群体更客观地认识自我，并引导他们树立积极向上的社会心态，增强自我意识。同时，本书还为构建健康的网络社交关系提供了新思路，有助于减少网络负面事件，为互联网空间的和谐建设贡献力量，并推动我国社会精神文明建设迈向新高度。

本书以解决实际问题为核心导向，聚焦青年群体社会心态的网络表达形式，从线上消费、社交互动及自我表露三大维度深入剖析青年群体的网络社会心态。

本书的研究框架分为三个主要部分，遵循从宏观背景阐述至具体维度分析，再至揭示当前社会心态挑战与对策的逻辑脉络。在研究过程中，理论分析与实证研究紧密融合，本书不仅详尽探讨了青年在网络空间中线上消费的行为模式、归类式社交的互动特点，以及线上自我表露的深层次特征、类型、作用机制及其广泛影响，而且旨在通过这三个关键维度，全面解答当前青年群体网络社会心态的具体表现和他们面临的困境，以及如何有效引导青年社会心态的迫切问题。

同时，本书设计了三项实证研究，深入探究并验证了青年在网络空间中社会心态的多样表达特征。第一个实证研究聚焦青年玩家在移动游戏虚拟产品消费中的心理行为模式，通过综合分析行动与心理因素，揭示了影响这一行为的关键因素。研究发现，社交互动程度在消费模型中占据主导地位，其次是化身认同感，这充分表明游戏中的消费行为与青年的社交活动紧密相连。青年玩家在消费中寻求自我呈现与认同，体现了他们在虚拟世界中的身份建构、社会认同追求及自我满足的渴望。此研究不仅验证了青年线上消费中的从众心理与社会认同需求，还深刻揭示了其背后的动机与意义。

第二项实证研究则针对青年群体从社交媒体中逃离的现象，深入剖析了社交媒体倦怠的成因。通过考察关系性压力、信息过载、个人心理特质及社交行为特质等多重因素，指出自我效能感、信息过载与社交过载是影响青年社交媒体倦怠的主要因素。这些因素导致青年的网络社会心态发生变化，他们对线上虚拟社交产生信任危机，面对复杂的线上环境，他们展现出更加消极的社会心态。此外，本研究为社交媒体运营商提供了深入理解用户倦怠机制的视角，有助于其采取有效措施应对用户活跃度下降和用户流失等挑战。

第三项实证研究则聚焦青年社交媒体自拍行为与社交焦虑之间的关系，通过验证社会比较和身体意象的序列中介效应，揭示了技术化发展对青年数字化生存方式的深刻影响。本研究发现，青年在网络自我表露过程中，既冲破了传统血缘与地缘的束缚，建立了虚拟的网缘关系，又因此感受到了孤独与焦虑的情绪。通过深入分析具体人群的行为模式与日常生活细节，本研究旨在揭示技术创新与制度转型对青年群体乃至整个社会产生的深远影响，为妥善应对这些变化、有效规避潜在风险提供了重要依据。这对维护社会的稳定与和谐，具有重要的价值。

综上所述，本书通过消费、交往与表露三个维度的深入分析，全面揭示了当下青年社会心态表达的复杂性与多样性。理性与个性的背后，也隐藏着消极情绪与扭曲观念。随着网络社会的持续发展与科技的不断革新，青年的负面情绪与困境将愈发凸显。因此，对青年群体的网络社会心态进行积极正向的引导，已刻不容缓。必须加强青年媒介素养的培育，使青年努力建立健康的社会心态，来应对未来可能出现的更多挑战。

第一章

青年群体与社会心态的网络表达

第一节　网络时代社会心态的变迁

自网络媒体迅速发展以来，网络时代已经经历了多重变迁，如网站论坛形式、社交媒体时代、短视频发展时代、社交论坛时代等多种形式。互联网自身的开放性、平等性在给予个体更多元的表达空间的同时，也带来了更加丰富的内容，而身处于网络时代的主力军——青年，也在网络中不断汇聚成一个个圈层群体，其社会心态也在社会发展的结构性矛盾变化中产生了由狂欢、聚集、共情至逃避的多种变迁。

一、狂欢式心态：多元开放生态下的模因传播现象

最初，网络媒体传播的快捷迅速，让每个不同时间段、不同地域的个体接收到相同的信息成为可能。由于网络的互动性特征，青年之间的互动更加频繁，人际传播逐步通过线上的方式迅速实现。由此，网络空间不断出现新的梗、网络流行语。

英国生物学家理查德·道金斯（Richard Dawkins）提出米姆的概念，他认为模因是一种"新"复制因子——文化复制因子，即文化的一个元素，如一种传统、信仰、思想、旋律或时尚，可以保存在记忆中，并可以传播或者复制到另一个人的记忆中。模因可以在任何两个个体之间进行传播，其传播速度比基

因更快，其时间为分钟级。① 信息传播生态被互联网的兴起改变，米姆的扩散性与互联网的特性高度契合，这使米姆这一形式逐步成为媒体文化中的常见形式。

在互联网的助推下，网络流行话语、热梗等这类模因迅速传播，狂欢性心态已逐渐成为该时段互联网发展的主要心态。青年往往对新鲜事物充满好奇和渴望，当一个新的模因出现时，他们会被其独特性吸引。传播这个模因可以让他们在社交圈中显得与众不同，他们尽情展示自己紧跟潮流的一面。例如，当一种新的网络流行语出现时，青年们会积极使用并传播，来显示自己对新事物的敏锐感知。

（一）从消极阅读到文本盗猎：主体性的强化

"盗猎"在德赛都的笔下又称为积极的阅读，他指出这种"盗猎"是一种"挪用"而不是"误读"。在此基础上，德赛都认为读者可以通过这种积极的阅读方式进行新型的意义生产，并创造出新的意义方式。对以往大众传媒单向的传受关系而言，网络媒体更加注重读者的文化实践活动，其强调以用户为中心，而非以传播者为中心，因而在全新的内容生态体系下，个体主体性的强化作用凸显，用户能够主动地在网络上发布自己的观点。

在一些小说、电视剧的二创活动中，受众变成了传受合一的产消者，其在对该作品了解熟悉后加入自己的理解来创造出一些新的作品。他们在原有的人设中增加一些新的故事情节，进行作品的"自我加工"后发布，在网络空间中收到更多新的回复和评论，在与新的用户互动中创造全新的文本内容。部分青年不仅被动地进行传播，还会积极参与创造和改编。这种创造过程让他们感受到自己的价值和能力，同时也增强了他们对事件的参与感。通过创造新的事件或对现有事件进行创新，他们可以在社交圈中获得更多的关注和认可。

因而，随着新媒体技术的发展，网络给每一个人带来更加深刻的影响。詹金斯笔下的文本盗猎者正不断出现在网络平台中，他们通过意义的能动生产来创造新的文化意义与价值。

同样，大众媒体的平等性和开放性使受众主体更多，有着不同观点的受众都可以自由地发表自己的观点和看法，因而这种当下火热流行的方式存在着著作侵权等风险。如何界定二创与原作之间的界限，在赋予阅读者自我表达的权利，提高整体讨论热度的同时，明确原作的专利版权仍然是当下值得探讨的重要问题。

---

① 胡兵，张静文. 模因论视阈下"梗"的生成与传播研究［J］. 当代传播，2022（02）：93-96.

（二）从理性秩序到狂欢体验：娱乐化心态的显现

1. 电子媒介的认识论影响

《娱乐至死》一书的作者表示，在一些电子媒体的推动之下，原先纸质印刷业时期存在的理性秩序逐渐转向毫无逻辑的泛娱乐化生产思维。其具体表现为，媒体充斥着毫无目的、意义的信息内容，这种没有任何逻辑完全为了取悦受众而形成的逻辑话语，消解了原先新闻媒体的严肃性。原本应该严肃的报道内容也抛弃了原有的理性思维，转变为娱乐化的思维。

身处其中的青年群体，其语态也逐渐以寻求自身的体验为主，逐步走向娱乐化的狂欢体验。狂欢化的媒介脱离了以往纸媒建立的严谨秩序，以一种无厘头的形式出现在网络空间中。在这样反宰制的乌托邦内，用户个体创造出属于自己的文化。

2. 泛娱乐化思潮的影响

泛娱乐化的思潮存在着一些弊端，有学者表示，这种网络泛娱乐是资本对娱乐的"异化"，其导致享乐主义和消费主义在网络空间盛行，呈现出在生活中追求快感和在精神上肤浅空洞以及在消费领域重感官刺激和重符号价值的特征。① 过度的娱乐化会走向另一个极端，娱乐原本是填充人们日常精神生活的一种方式，但当一切内容都走向娱乐化后，戏谑的话语充斥在各种文本内容中，原本应当严肃的内容被消解，主流价值观点也可能会逐步受到这种娱乐化思潮的影响，娱乐至上使人成为娱乐的奴役，人被驱使着进行自己整体的精神文化活动。青年具有强烈的创新精神和对传统的挑战欲望。在文化创造中，他们敢于尝试新的形式、风格和主题，突破传统的束缚，展现出独特的个性和创造力。这种创新和突破带来一种兴奋和刺激的感觉，这种感觉让他们感受到自己可以创造新的文化价值和意义。这种对传统的颠覆和创新营造出一种狂欢的氛围，让他们感到自己是文化变革的推动者和创造者。

（三）从单向接受到流动创造：积极的文化消费方式

相对以往单向性的传播过程而言，互联网本身匿名性的特征让网民们可以任意发布他们感兴趣的内容，同时个体也能够因特定的事件而聚集起来表达自己的观点。网络舆论逐步形成，进而不断扩大其影响力，驱动用户参与其中，用户创造的一些独特的表情包和流行语风靡一时。

---

① 杨章文. 网络泛娱乐化：青年主流意识形态的"遮蔽"及其"解蔽"[J]. 探索，2020（05）：181-192.

青年文化创造通常具有很强的参与感和互动性。无论是在现场表演、艺术展览还是网络平台上，青年们都可以积极参与文化创造活动，与他人进行互动和交流。这种参与感和互动性带来一种兴奋和刺激的感觉，让他们感受到自己是文化创造的主体，而不是被动的接受者。在互动的过程中，他们可以分享自己的想法和感受，获得他人的反馈和回应，让他们感受到自己与他人的力量。

一方面，这种流动创造的文化消费方式给文化增添了活力，能够让一个新的文化内容在青年群体的实践创造中不断发生变化，推动社会不断进步发展。这种积极的文化消费方式让每一个个体都参与创造的过程，传播者和受众的角色不断变换，由此不同立场、不同观点的个体可以发表独特的想法。另一方面，这种不断流动创造的文化消费方式的背后也许正如鲍曼笔下的流动性，存在着一种"不确定性""不稳定性""不安全性"，不断发展变化的信息更可能给人们带来一种意义混淆或者混乱，如在不同的时间段或者热点事件中，一个流行词可能会被赋予多重含义。

总体而言，在互联网发展初期，网络传播生态发生翻天覆地的改变，"人人都有麦克风"的传播生态逐步生成，青年群体在网络中不断创造着不同类型的文化与意义。青年在日常生活中面临着各种压力，如学业压力、职业竞争、社交困扰等，文化创造活动为他们提供了一个释放压力的渠道。在这个过程中，他们可以尽情地表达自己的情感、想法和创造力，摆脱现实生活中的束缚。这种情感的宣泄给他们带来一种狂欢的快感，让他们感受到自由和解放。综上，青年群体的整体心态呈现出狂欢的状态。

二、聚集式心态：亚文化形成后的身份认同与割裂

随着新媒体的不断发展更新，一些有了主体意识的个体在网络的各个平台上发表自己感兴趣的内容和见解，同时又与一些具有相同趣缘的个体不断进行互动交流，他们慢慢聚集成一个包含独特文化特性的群体，亚文化逐步形成。

关于亚文化的定义，学界的基本共识是，亚文化始终是处于主导文化大背景、大体系之下的文化样态，虽然其有自身的独特性，表现出"反抗"的尝试，但一般不会颠覆或取代主导文化的现存秩序和规则。[①] 例如，青年文化创造往往

---

① 郑雯，陈李伟，桂勇. 网络青年亚文化的"中心化"：认知、行动与结构——基于"中国青年网民社会心态调查（2009—2021）"的研究 [J]. 社会科学辑刊，2022（05）：199-207.

是在群体中进行的，如音乐、绘画、文学和其他艺术形式。当青年与志同道合的人一起参与文化创造时，他们会感受到强烈的群体认同感和归属感。这种共同的兴趣和目标让他们形成一个紧密的社群，在这个社群中，他们可以相互交流、合作、分享经验和成果。这种群体的凝聚力和互动性，让他们感受到自己不是孤独的个体，而是隶属于一个充满活力和创造力的群体。在群体小圈子形成时，个体在群体内不断增强身份认同的同时，也使秉持着不同价值观的群体出现，不同群体之间出现价值区隔，这使整个社会显现出割裂化的现象。

（一）"虚拟社交"中的情感链接

1. 互动仪式中的身份认同

学者柯林斯提出互动仪式链理论，他认为互动仪式的开展需要具备四个必要条件：共同场所的聚集、排除局外人的界限、共同关注的对象以及分享共同的情感或情感体验。[①] 互联网的连通性，使每个个体之间的交流更丰富复杂，通过网络媒体，每一个个体都能实现一种"离场的在场"，身份认同便在虚拟社交中不断强化。由于具有相同的价值观和信念标准，网络群体内部的规则不断完善。在互联网时代，社会关系变得更加流动开放，原先属于不同社区、地理位置、心理层次的个体能够通过网络形成一种强有力的连接，实现一种即便从没有见过面，但也依然能够和群体一起形成情感链接的目标。青年人渴望在群体中找到归属感，与他人建立联系和互动。通过加入各种社团、组织和社交圈子，青年人可以找到与自己有共同兴趣爱好和价值观的人，从而获得一种归属感和认同感。其中具有代表性的案例如各种不同性质的粉丝群体的出现，他们可以通过建设超话、申请超话主持人，以及运用点赞转发量等此类可以量化的数字货币来显示自己的喜爱程度。

2. 趣缘群体间的情感联系

有学者指出，当代青年身份认同发生由外在向内在的转变，即由具体的实在"物质"（商品）的占有，过渡到强调"快乐""成就""获得""存在"等"精神"（情感）的体验。这种由趣缘结识的群体，他们建立起来的情感链接，尽管不在具体的地理空间当中，但是这种志趣的连接能够加深双方的了解，构成一种"想象中的共同体"，加深个体间的联系。同时，群体认同可以让青年人感受到自己不是孤独的个体，而是属于一个更大的群体。在这个群体中，青年

---

① ［美］兰德尔·柯林斯. 互动仪式链［M］. 林聚任，王鹏，宋丽君，译. 北京：商务印书馆，2012：79-82.

可以相互支持、相互帮助，共同成长和进步。在群体之中，关键人物不断发挥作用来稳定群体结构。一方面，这样做可以使群体稳定，排除偏离性意见，防止意见过度分裂，提高整体群体决策和群体活动的效率。当青年加入一个群体后，他们往往会遵循群体的规范和原则。这些规范和原则可以帮助青年更好地适应群体生活，获得群体的认可。同时，相较外部其他群体，他们也能够维持自身的内部统一性。另一方面，群体的过度紧密集中可能会带来群体压力，导致群体内部的盲从盲信，并且青年人在情绪等多种情形的影响下，会出现非理性的集合现象，给社会造成负面影响。

（二）"信息茧房"效果中的群体割裂

具体而言，在信息传播中，因公众自身的信息需求并非全方位的，公众只注意自己选择的东西，使自己困于像蚕茧一般的"茧房"中。在算法不断普及的当下，其不断通过用户自己的选择来推送相关内容，久而久之，人们就会只听见、看见自己选择的东西和愉悦我们的相关领域信息，特别是在社交媒体之中，这类熟人社交型媒介、好友网络主要基于对原有社会关系的延伸而建构出来，青年较难挣脱个体既有的社会网络的限制，无法显著降低结构同质性。[①] 青年根据不同的兴趣爱好形成了各自的群体，例如，喜欢音乐的青年可能会加入音乐爱好者群体，喜欢运动的青年则会聚集在运动爱好者圈子里。不同兴趣群体之间的交流和互动相对较少，导致了一定程度的割裂。此外，在对公共事件进行讨论的论坛中，有着不同意见、观点的个体发表自己的想法，有的赞同，有的反对，进而使整个事件的整体意见走向分裂。

（三）"群氓的智慧"与群体性迷失

1. "群氓的智慧"中的互惠互利

"群氓的智慧"，具体而言是指一种自组织形式，进行自适应活动的群体通过自身力量带来了丰富的信息和知识、多元的知识视角以及多种观点，从而使群体在某些方面实现知识的聚合和汇聚。在社会化媒体的支持下，一些群体的协同行为也更加容易实现。

由于网络空间中个体的互通性，信息不断流动变迁，并且在群体中，他们有统一的目标，通过群体间、群体内分工协作，他们提高了整体合作的效率，

---

① 施颖婕，桂勇，黄荣贵，等. 网络媒介"茧房效应"的类型化、机制及其影响——基于"中国大学生社会心态调查"的中介分析［J］. 新闻与传播研究，2022，29（05）：43-59+126-127.

促进事情的解决和发展。青年处于人生成长和发展的阶段，面临着许多相似的问题和挑战，这种共同的经历使他们更容易理解彼此的处境，从而产生相互帮助的心态。通过相互帮助，青年人可以建立更加紧密的人际关系，满足自己的社交需求。青年帮助他人不仅可以获得他人的认可和感激，还能增强自己在群体中的归属感和价值感。

以在一些灾难发生时所运用的共享文档为代表，青年人通过群体间的协作，把不同的个体聚集到一起，一对一地解决问题，最大化地提高整体救援的效率，降低救援的难度。

2. 群体性迷失中的极端情绪

群体感染也会因情绪的鼓动效应，让一些极端情绪以非常快的速度传播到整个群体，特别在以匿名性为特征的互联网中，在没有了现实身份的条件限制后，个体很有可能做出一些违背社会公德秩序的行为，如网络暴力等极端的行为。此外，社会环境对青年的情绪也有很大的影响。例如，家庭关系不和谐、学校压力过大、社会竞争激烈等都可能导致青年出现极端情绪，特别是社交媒体的普及也使青年更容易受到不良信息的影响，从而产生焦虑、愤怒等情绪。

学者将群体性迷失描述为"网络群体互动中，个体普遍丧失理性，进而导致集体性的盲从、极端、愚笨或疯狂等现象"①。具体而言，在群体内部，当大多数人的意见保持一致时，少数人即便持有相反意见也会由于沉默的螺旋、群体压力等多方面的影响而选择沉默，在意见气候上形成统一。

三、共情式心态："再中心化"后的情绪裹挟与宣泄

传播效果依其发生的逻辑顺序或表现阶段，可以分为认知层面、心理和态度层面以及行动层面，具体在当下的后真相时代中，情绪先于事实，主观先于客观，人们越来越容易被煽动地去采取行动，青年群体逐渐被情绪裹挟在网络上进行表达与宣泄。

随着技术的发展，网络新媒体给予亚文化群体足够多的话语空间，让这些"90后""00后"群体形成的亚文化在与主流文化的互动发展中，不再处于整体的边缘位置，他们是网络时代的主力军，可以实现整体文化潮流的"再中心化"与更替转换变迁，左右着不同事件的评价、评论。

---

① 彭兰. 群氓的智慧还是群体性迷失——互联网群体互动效果的两面观察 [J]. 当代传播，2014 (02)：4-7.

（一）碎片化传播下浅表思维泛滥

在社交媒体不断发展的过程中，以短、平、快为主的短视频平台不断发展壮大，短视频平台中的视频一般为 30 秒左右，因而信息内容整体呈现出简洁、直观的特点。一方面满足了人们在信息洪流中快速获取信息的需求，让人们更加精简地获取相应的信息；另一方面，在这种碎片化传播生态下，人们往往只阅读文章的开头，或者将视频多倍速播放，久而久之，人们就会失去对事物深度思考的能力。青年在面对问题时，往往倾向于迅速做出判断，而不进行深入的分析和思考。例如，在浏览社交媒体上的信息时，青年可能会根据标题或简短的内容形成观点，而不去探究信息的来源、背景和真实性。

（二）视觉叙事中的情感符号

由于媒介技术的不断进步，视觉语言逐渐成为网络语言的主流，传播的即时性和广泛性助推了这一视觉化的趋势。由于视觉叙事并不需要极高的文化水平，短视频平台的使用对象一般集中在下沉市场，其受众的覆盖面广。在作品中，视觉符号的运用能够更准确地进行视觉传导，更直接、强烈地表达情感。也就是说，通过一些共通的情感符号，不同的群体之间能够产生共鸣。情感符号在视觉叙事中的意义不仅在于其直观的表达，还在于其能够激发观众的情感共鸣。通过情感符号的运用，创作者能够使观众在视觉和心理上产生共鸣，从而让观众更深刻地理解和感受作品所传达的情感和意义。情感符号在视觉叙事中扮演了关键角色，它们能够迅速传达复杂的情感和意义，使观众在视觉与心理上产生共鸣。无论是表象或深层的视觉符号、艺术作品中的情感符号，还是图像符号，都在视觉叙事中发挥了重要作用，使视觉叙事中的符号成为一种强有力的沟通工具。

四、逃避式心态：社会结构变化中的消极抵抗表达

在这个快速变化的社会中，结构性变迁常常带来新的挑战与冲突。当个体或群体面对无法立即解决的困境时，他们可能会选择一种特殊的方式来表达不满——消极抵抗。这种行为虽不似激烈抗议那般引人注目，但是一种无声但有力的社会表达。

消极抵抗，或称被动抵抗，是一种非暴力的抗争形式，通过不合作、拖延或表面顺从的方式来对抗不公正的制度或权威。它不同于甘地式的非暴力不合作运动，后者以积极的态度争取权利，而消极抵抗更多体现出一种无奈与被动。

在社会结构变化中，消极抵抗成为那些无力直接对抗体制却又不愿完全顺从的群体对抗不公正制度的方式。

一些在当下社会变迁中无所适从的年轻群体，通过"佛系""摆烂"这样的逃避式的话语方式，来表达自己内心的不安，通过平静淡然地面对一切的方式来缓解整体的焦虑情绪，减轻自己将要面临的各种竞争压力，试图寻找生活与自我的平衡点。

（一）期望失衡下的草根文化崛起

1. 期望失衡的表现

在经济领域方面，青年群体可能由于经济下行，无法找到心仪的工作，他们理想的薪资水平和福利待遇与现实有着较大差距。在社会领域方面，由于网络的开放性，不同贫富程度的群体的生活都能被展现在网络空间中，这使青年群体产生想要尽快跨越阶级差距的想法，却因为各种因素处于社会边缘位置，从而感到内心困顿。在文化方面，大众化的文化依旧占据主流，一些小众的亚文化需求未能得到充分满足，主流文化的供给无法满足每一个人的信息需求。

2. 草根文化的崛起

草根文化之所以能够迅速崛起，源于其深厚的民间基础和真实的生活表达。与主流文化、精英文化相比，草根文化更加贴近普通人的生活，可以反映基层民众的心声和诉求。草根文化作品贴近群众的日常生活，反映日常生活中发生的事件，回应群众呼声的同时也传达了群众的心声，让一些原本可能看不见的问题传播到公共空间中来，从而使社会群体更加关注这样的日常问题，提高切实有效解决问题的可能性。青年时期是一个人自我认同形成的关键时期，青年渴望通过各种方式来证明自己的价值和存在意义。草根文化为青年提供了一个展示自我的平台，让他们能够在其中找到自己的位置和价值。同时，草根文化中的平民英雄和成功案例也为青年们树立了榜样，激发了他们的奋斗精神和创造力。

草根文化不受传统规则和模式的束缚，具有极大的创新潜力。草根创作者凭借自己独特的视角和创意，为文化领域带来了新鲜的血液。以现在时兴的Vlog视频为例，用户通过展示自己的日常生活来获取关注，如现在爆红的各类网络红人，大多数是普通的网民，在网络上发布自己日常的生活视频，得到网友的大量关注。

总之，草根文化的崛起打破了传统的文化垄断格局，使文化显得更加多元化和平民化，草根群体也成了文化创造的重要力量。在现实与期望失衡的情况下，草根文化的崛起为人们提供了一种新的文化选择和精神寄托。

（二）低欲望生活方式催生温和抵抗

1. 低欲望生活方式的产生

在快节奏、高压力的现代社会中，人们常常为了追求物质和成功而不断奔波，渐渐失去了内心的平静和生活的本真。随着生活成本的不断提高以及后疫情时代社会的变化，近年来，一股低欲望生活方式的风潮逐渐兴起，这种方式是人们对抗现代生活压力的一种温和方式。

以大学生为例，大学生的"低欲望"生活模式其实体现了精神生活与物质生活的矛盾，这种低欲望的生活方式正好是对消费主义的反向抵抗，正因为这类低欲望的生活方式，群体在保障自己的生活质量和水平的同时，拒绝消费主义的横行，进而保持内心世界的清静。

2. 温和抵抗的话语表达

在整体的低欲望的生活方式，与快节奏的社会竞争节奏中，青年群体采取了一系列"躺平""佛系"等表达方式来进行温和的话语抵抗，期望能够在快速变迁的社会生活中找到自己的生活节奏，例如，丧文化、躺平文化，就是这样一类温和抵抗的话语表达方式。通过这种抵抗方式，人们来直面社会效率整体"内卷化"的缺失，进而解决精神世界与物质世界的意义缺失和精神危机的问题。一方面，"躺平"可能会给个人带来一定的心理安慰。在暂时摆脱社会压力的情况下，个人可以有更多的时间和精力去关注自己的兴趣爱好和内心需求，从而获得一定的幸福感。另一方面，长期的"躺平"也可能导致个人失去奋斗的动力和目标，影响个人的职业发展。

总之，消极抵抗是一种复杂的社会现象，它既是社会结构变化的副产品，也是推动社会变革的力量。通过对消极抵抗的理解，社会管理者可以更好地洞察民众的不满与需求，从而采取更有效的措施来缓解社会矛盾，促进社会和谐。

第二节　消费、交往与表露：青年网络表达的三个维度

随着互联网技术的发展和各种智能媒体技术的普及，网络社交已经成为当

代青年主要的社交方式之一，青年使用互联网的情况也呈现出相应的特点，尤其呈现在消费、交往和表露的三个维度上。Z世代的网络用户，作为数字时代的网络原住民，他们追求个性化、多样化、时代化的生活体验，对精神的追求大于物质满足，并在行为方式和价值理念上反向影响着其他世代。① 他们无论是对传统文化还是对外来文化都有自己的理解，并且通过"自我加工"使其成为一种带有年龄层次特色的网络文化。这一代青年对互联网的使用较为频繁，使互联网的社区性质更加突出，并且在各个社区中形成了不同的圈层，进而延伸出一些新的文化，如微博超话衍生出的"饭圈文化"，哔哩哔哩延伸出的"鬼畜文化"等，这些也是网络亚文化生成的典型代表。新的传播主体的崛起使传统媒体不再是单一的"拟态环境"建构的主体，自媒体平台上的传播主体也能建构"拟态环境"。② 随着自媒体的兴起和发展，网络空间的虚拟性式微，取而代之的是其对现实生活的真实影响。网络青年在网络表达上的新特点和新趋势，有必要重点关注。

一、网络青年的消费填补行为

随着互联网的发展，网络消费也随之而生，用户可以体验到足不出户就可以购物的乐趣。值得关注的是，随着网络知识产权相关法律的完善和科普，越来越多的网络用户愿意为知识与创意买单。随着亚文化和小众爱好的发展，网络消费也呈现出了与文化圈层息息相关的购物特点。文化消费主义在资本逻辑的驱动下，借助媒介技术在网络虚拟空间中肆意蔓延，演化成网络文化消费主义这一负面的社会思潮。网络青年的消费呈现出提前消费、超额消费等特点。网络青年在为自己的爱好买单的同时也为社会埋下了病根。无论是为自己喜欢的网络亚文化买单，还是疯狂的线上购物，从某些角度来看这些都是网络青年在对现实生活中缺失的内容进行的"填补行为"，通过这些方式网络青年来满足自己在娱乐生活或者物质生活上的空虚。

（一）亚文化衍生产品营造归属感

网络的介入给了人参与的自由，不仅为青年亚文化的传播开辟了一条新的

---

① 孙寿涛，张晓芳．断裂与弥合：数智时代Z世代"轻社交"行为分析［J］．中国青年研究，2023（11）：15-22，14．

② 靖鸣，张朋华．自媒体时代"拟态环境"的重构及其对大众传播理论的影响［J］．现代传播（中国传媒大学学报），2019，41（08）：71-75．

更为广阔的道路，还为青年亚文化的发展、形式内容的多样化等起到了重要的推动作用。① 在传统纸媒时代，亚文化的展现形式可能只有单一的文字或者图片，但是在现在的融媒体时代，亚文化有着丰富的展现形式，有多种多样的衍生产品，这些衍生产品也生成了自己独特的"文化产业链"，并且呈现出线上线下联动发展的趋势。最典型的就是基于动漫的同人文化而生成的"吃谷"热潮，线下已有相关产品的专卖店。这种由亚文化生产的衍生产品，给了该圈层网络青年一种标签和符号。把符号作为一个人在消费物品时其社会地位和身份的标志，他就是在差异社会学的意义上使用符号。② 这些标签和符号可以为网络青年提供一种身份标志，使网络青年得到归属感。这种归属感给青年一种找到了组织的感觉，网络青年能通过这些标签找到自己的定位，更好地将自己在网络社会中进行归类，这样他们可以找到共同爱好的人进行情感互补。

这种现象也与人们快节奏生活导致的线下交流减少、线上社区增多有关，人们纷纷到网上社区进行线上社交。因为这些标签和身份标志出现了许多圈层对立和抱团取暖的现象，网络青年通过给不同 IP 消费的方式来取得"组织"的认同，以此来进入相关的圈层。这种利用消费寻找归属感的方式也是现代网络青年因为自我认知缺失而进行的一种"自救行为"。

（二）网络文化消费营造在场感

从腾讯打造现象级网络游戏 QQ 农场开始，网络游戏充值的风潮就愈演愈烈，网络青年作为网络游戏和各种网络文化消费的主体，为什么愿意为虚拟的东西买单？网络游戏之所以能对青少年产生那么大的吸引力，就在于它制造出了一个个虚幻的游戏者，人们可以在里面证实自己（自己的存在、自己的力量、自己对他人的重要性、自己对他人甚至世界的控制能力）的能力。这种在场感让网络用户乐此不疲。以现在市面上典型的乙女游戏《恋与深空》为例，乙女游戏以独特的叙事和审美风格，提供了理想化的情感体验，在丰富的情节和互动中，给予玩家极大的情感支持。游戏方通过各种任务和场景的搭建，加强了玩家的在场感与参与感，让玩家更好地代入角色和情节中去来得到情感价值③。为虚拟形象买单的行为在竞技类游戏中也十分凸显，以《刺激战场》为例，游

---

① 涂燕娜. 网络青年亚文化与文化创意产业 [J]. 青年探索, 2012 (05): 16-19.
② 孔明安. 从物的消费到符号消费——鲍德里亚的消费文化理论研究 [J]. 哲学研究, 2002 (11): 68-74, 80.
③ 陈晨, 张扬. 乙女游戏情感叙事中的虚拟亲密关系: 基于《恋与深空》与青年女性玩家的研究 [J]. 中国青年研究, 2024 (08): 24-33, 23.

戏公司为用户打造类似于"孪生"人物的概念，用户会为了游戏体验感而购买皮肤等虚拟产品，并且乐此不疲。有需求才有产品，这些情节安排满足了用户的需求，而用户心甘情愿地进行充值也满足了游戏制作方的需求，这一需求正是网络青年在现实生活或虚拟生活中寻找的在场感与参与感。

与在虚拟游戏中寻求在场感类似的还有粉丝群体为明星打榜做数据的行为，许多时候明星更多的是一种符号，在流量为王的时代，数据是最直观的评判工具，因此虚假流量、虚假数据屡见不鲜。粉丝群体为了加强自己与喜欢的明星之间的联系，会通过这种打榜行为来寻找在场感，提高自己追星行为的真实性，麦克卢汉提出"游戏是人心灵生活的戏剧模式，给各种紧张情绪提供发泄的机会"①。无论是游戏充值还是为偶像打榜，这些行为背后所体现的都是网络青年通过购买虚拟网络产品想寻求网上的在场感，并以此来"加固"虚拟的网络关系。

（三）网络消费呈现不良结构

如前文所述，网络消费已经成为青年日常消费的主要方式之一，随着各种支付平台、网贷平台的成熟，超前消费、超额消费已成为网络购物的常态。网络文化消费主义影响着还未形成正确消费价值观念的青年群体，使其片面地追求物质享受、感官刺激。由于网络消费具有协作性和互联性等特点，个体决策更容易受外部环境影响，网民高度依赖自身所处的社会环境，有意识或无意识地与群体观点、看法和意见保持一致，从而获得安全感和满足感。② 这些安全感与满足感基于超前消费的基础，势必带来更严重的不安全感和不满足感。

网络消费之所以会有这种不良结构，与当代青年的消费观有关。资本社会的消费文化、消费观念、消费习惯悄无声息地传入我国，马尔库塞极力批判的"消费异化"现象开始在我国蔓延，青年一代追求标新立异，不断掉进消费主义套路中。这些现象的发生也从侧面显现了当代网络青年在物质和精神需求上的空虚，还显现出他们对某些事物的渴求。

二、网络青年的归类式交往

在网络出现之前，人们的联系更多的是基于血缘和地缘的联系，在交往中，

---

① 朱丽丽，韩怡辰. 拟态亲密关系：一项关于养成系偶像粉丝社群的新观察——以 TFboys 个案为例［J］. 当代传播，2017（06）：72-76.

② 郑志康. 网络文化消费主义对青年精神生活的侵蚀与应对［J］. 新疆社会科学，2023（03）：115-124，151-152.

人们还需要共通的文化基础和语言体系。随着网络的发展，各种论坛和社交媒体兴起，曾经因为客观原因被切断的联系现在都被技术连接起来了，真正让"六度分隔理论"得到实时印证。互联网带来了爆炸式增长的信息，也赋予了人们更多的主动权和参与权，用户社交"圈子化"和交互关系"层级化"的现象也随之出现。① 这也说明，网络技术的发展虽然为人们提供了建立联系的便利技术条件，但是怎样建立联系、建立怎样的联系的选择权还是在用户手中，简言之就是网络用户是有选择性地建立联系，而这些选择因为圈层的出现，变得尤为明显，网民会因为各种各样的自我"便签"进行归类式的交往。这些"标签"可能是自己选择的，也可能是其他圈层群体赋予的，具有同类标签的人会更加团结，一致对外，这也是网络巴尔干的主要体现形式。常见的"便签"有以不同明星进行分类的，有以爱好进行分类的，有以 MBTI 人格测试进行分类的，等等。

（一）MBTI 人格测试的归类

与中国传统的生肖和希腊的星座利用人的出生日期来归类不同，MBTI 是一种性格评估测试，MBTI 的全称为迈尔斯·布里格斯类型指标（简称 MBTI），该指标基于荣格的心理类型理论将人格分为四个维度，每个维度呈现两种方向。其分别为外向的（e）和内向的（i）、实感的（s）和直觉的（n）、理性的（t）和感性的（f）、判断的（j）和理解的（p），由此组合衍生出 16 种不同倾向的人格模式。② 这一类的测试题还会定时更新，以便用户在不同时段检测自己的 MBTI 人格。近几年，互联网上掀起了一阵 MBTI 人格狂潮，作为舶来产物，它在欧美地区和韩国的影响力更甚。在变现上，市场出现了许多以此为主题的产品，它利用不同的人格标签定制个性化的产品，这也是对群体的一个归类。在网络社区中，因这种人格归类而产生的群体，网络青年是主要的对象，他们根据自己的人格特点有选择地进行网络社交。这种情况也导致了网络圈层化的形成，圈层会有对立与交叉，但是身在圈层中的用户会有拒绝对立面消息的行为，滞留于信息茧房中的用户由于不断接收同质化信息，辅以圈层的情感属性，容易筑成情感茧房。滞留程度越高的用户，其情感倾向和行为表现与茧房的关键

① 陈志勇．"圈层化"困境：高校网络思想政治教育的新挑战［J］．思想教育研究，2016（05）：70-74.

② 游志纯，赵玥颖．i 人，e 人?：青年"MBTI 热"现象的分析与审思［J］．中国青年研究，2024（07）：83-92.

人物越相似，这种过程往往是自发的。① "自我归类"后的圈层会越来越封闭，不利于不同信息的传播。

（二）圈层冲突明显

在互联网时代，网络圈层已然成为社会交往与信息交流的重要场所。网络信息化时代，现实中的人自觉或不自觉地被纳入特定的"群"中，人们以自身的兴趣爱好、价值取向等为基点形成不同的圈层群体，按照自己所认同的圈层思维来生活，"人以圈居"逐渐发展成为如今人们日常的生活状态与交流交往方式。② 这些圈层的分立性，导致了圈层与圈层之间的矛盾不断被激化，甚至演变成了网络暴力事件。

不同的群体有着不同的价值观和认知，这使他们在互联网平台上容易形成不同的观点与立场，而这些不同也促成了不同的"圈层"。在面对同一事件时，不同圈层的人往往会因为观念差异而产生分歧，甚至引发激烈的争论和冲突，"圈层"之间的矛盾也会随着涉及人数的增多而不断扩大其影响范围。在网络环境中，信息传播具有明显的不对称性。不同的社交平台、信息渠道以及不同群体的信息素养等因素都会导致信息传播的差异。这种差异使不同圈层的人在获取信息时产生偏差，进而引发误解和冲突。例如，某些热门话题在某一圈层内被广泛传播，而在其他圈层内却鲜为人知，这种信息传播的不平衡性容易引发圈层间的冲突。信息茧房是由个体特征、社会环境、使用场景和技术因素等多重因素共同作用的复杂现象，算法机制只是其中的一个影响因素，而非直接的决定性因素。③ 人们更倾向关注与自己观点相近的信息，从而形成了一个个封闭的"回音室"。在这样的环境下，不同圈层的人更容易固守自己的立场和观点，对其他圈层的观点产生排斥和抵触情绪，进而加剧了圈层间的冲突。网络暴力的频发也是网络圈层冲突的明显表现。在网络环境中，一些网民容易对其他群体的言论和行为进行攻击和谩骂，甚至进行人身威胁和侵犯隐私。这种网络暴力的存在使不同圈层的人在交流时更加谨慎和戒备，加剧了圈层间的隔阂和冲突。

---

① 董晶，白芳睿，吴丹．网络圈层化背景下社交媒体用户信息茧房滞留行为研究［J］．情报理论与实践，2024（09）：1-14.

② 张铨洲．"入世与出世"：青年群体网络"圈层化"的困与策［J］．中国青年研究，2022（03）：89-94，43.

③ 喻国明，刘彧晗．个性化推荐≠信息茧房：对算法与茧房效应的误读澄清［J］．青年记者，2024（07）：55-57，71.

（三）网络交往的线下影响

网络环境和社会环境已经不是两个分立的空间，这两个空间的交织越来越密切，联系越来越频繁，以至网络环境对现实社会的影响超出了人们的预估，而"拟态环境环境化"的发展也印证了网络对现实的影响不断深化。与传统媒体不同的是，网络不仅仅是一个信息传播的渠道，还是一个生存空间，人们在其中的生存形态是数字化的，但数字化生存也是人们生存的一部分。这使网络不仅仅是一种拟态环境，还是真实环境的一部分。① 网络环境逐渐现实化，网络用户的网上社交也呈现出了一种现实化的特征，这种情况导致的不仅是社交扩展，还有因为网络圈层化而造成现实中的人因为网络上的对立而受到伤害的情况。这种现实化的发展扩大了网络暴力等不良现象的现实影响。

互联网的匿名性使人们在网络上可以无所顾忌地发表言论，甚至对他人的隐私和尊严进行攻击。由于没有明确的责任人，这种暴力行为更容易发生。目前，国家对互联网进行了严格的监管，但由于互联网的复杂性和广泛性，网络仍存在一些监管空白，这使一些不良信息和行为得以传播。"看客文化"即对他人私事进行无端猜测和评论，这种风气在网络上尤为严重，为网络暴力的发生提供了土壤。网络暴力现实化是一个严重的社会问题，需要全社会共同来应对。

网络社会已经渐渐从一种虚拟的社会变成了现实的社会，只不过是投放在了一个线上的平台上，并且网络的强联系性，可以达到信息的爆炸性增长与全球传播的目的。这些特性都造成了网络暴力越来越不可控。不过也正因为网络的实时在线性，许多暴力事件能够被预测、预防。

网络青年的归属式交往既是网络圈层形成的原因，也是其结果。因为网络打破了时间和空间的许多限制，人们之间的交往越来越频繁，人们可以有选择地进行交往与合作。一个个网络小团体如同雨后春笋般不断地冒头，面对这种情形，必须打造一个良好的网络环境。

三、网络青年表露的从众特征

社交媒体平台已经成为人们日常生活交流的必需品，人们通过社交平台来了解和收集信息，但是网络交往也出现了"过滤气泡"与"回音室"等情况。互联网媒介传播构筑的伪信息环境，已经成为受众了解现状和评判现实的重要

① 彭兰. 新媒体时代拟态环境建构的变化及其影响［J］. 中国编辑，2022（12）：4-9.

依据，若当前媒介受众均通过兴趣偏好来获取信息，则会形成一个又一个的"回音室"，也会有更多的用户只能接收自身的"回音"。① 随着互联网的普及和社交媒体的快速发展，网络青年成了一个独特的群体。他们以独特的方式表达自己，而从众式表达是网络青年的一种常见表达方式。网络青年从众式表达往往通过模仿已有的元素，如语言、行为、表情等，来形成新的表达方式。新媒介时代，人与人之间的关系从现实生活向网络平台蔓延，人们在虚拟空间中建构新的共同体，"梗"逐渐变为该场域的独特方言②。依托这一独特的方言，网络青年也有了新的表达方式。

（一）梗式表达

网络青年从众式表达具有很强的跟风性，一旦某种表达方式在网络上流行起来，就会被大量复制和传播。网络青年从众式表达往往具有娱乐性质，能够引发网友的共鸣。从众式表达是网络社交中常见的一种方式，能够促进网络青年的社交互动和交流。

梗在当下指网络或现实生活中广泛传播并被人们接受的语言或行为元素，而这些元素通常具有固定含义，用于表达情感、传递信息或产生幽默效果。③ 通过类似于共通文化的热梗，同一"频道"的用户之间会有更加丰富的网络交流体验。与之类似的是网络表情包，网络迷因也是网络失语症的一种表现，迷因作为一种补充性的表达，能够丰富网络用户的表达内容，也创造了许多新的网络文化。数字时代，人际关系的冷漠以及消费社会对个体的压抑，促使诸多青年选择通过数字迷因进行自我表达和情感认同。同时，数字环境提供了相对开放和自由的场域，网民可以较为随意地传播和解构某一符号，以示对主流观念的抵抗之姿态。④ 网络迷因的生成与热梗息息相关，网络是网络青年表达自我的一种渠道。

随着文化的多元化和全球化，网络青年更容易接受和传播新的文化元素，对这些文化元素也有着自己的理解和自我创作，从众式表达正是这种文化交融

① 刘泽儒. 媒介化治理——新闻传播语境下的"回音室效应" [J]. 国际公关, 2022 (21)：169-171.
② 王子健, 李凌凌. 网络"梗"文化的意蕴内涵与传播逻辑 [J]. 青年记者, 2021 (14)：109-110.
③ 薛一飞. 网络热梗背后的青年群体社会心态探析 [J]. 人民论坛, 2024 (19)：93-95.
④ 王思淼, 刘庆华. 青年群体"梗"文化传播中的情绪价值研究 [J]. 全媒体探索, 2024 (06)：147-150.

的产物。网络青年在追求个性化和独立性的同时，也渴望获得认同感和归属感，这些情感也能从他们追捧的从众文化中汲取。从众式表达可以满足他们的这种心理需求，使他们更容易形成群体认同感。社交媒体的普及和发展为网络青年提供了更多的表达渠道和平台，并使从众式表达得以迅速传播。

网络青年从众式表达是互联网时代的一种独特现象，它反映了网络青年的文化背景、社会心理和社交需求，这种表达方式具有模仿性、跟风性、娱乐性和社交性等特点，可以使网络热梗能够迅速在网络上传播并形成新的文化现象。新的文化现象又成为一种新的"梗"，梗式传播的次生影响促进新圈层的形成。

（二）矛盾式表达

网络透明程度在不断上升，但是现有的网络匿名性还是可以让青年在表达上有一定的"安全感"，所以网络青年在表达上也会更听从自己的内心。网络上也会有其他特色式的表达，如矛盾式表达等。这种风格作为青年群体的文化图腾和内部最具吸引力的符号，传递着一种意义的差异和认同，青年追求这种风格实际上是在追求对意义和生活模式的认同。[①]

网络青年在面对社会压力、个人成长等问题时，往往容易感到困惑、焦虑和不安。矛盾式表达成为他们宣泄情感、寻求认同的一种方式。网络文化的发展为矛盾式表达提供了土壤。在网络世界中，个性化和独特性被高度重视，矛盾式表达成为一种独特的交流方式。社会变革和价值观多元化导致网络青年在面对问题时产生不同的看法和态度；矛盾式表达成为他们展示自己多元价值观的一种方式。网络青年通过使用具有双关意义的词汇或句子，表达出表面上看似矛盾的信息，使用夸张、讽刺、戏谑等情绪化语言，表达内心的情感和态度；使用反语和讽刺的方式，表达对现实世界的不满和批判。在表达过程中，个体可能会出现自我矛盾的现象，即在表面上看似自相矛盾的表述中寻求自我认同。矛盾式表达网络流行语的表述方式、语义内容在不同程度上承载着青年群体的生活感受、社会境遇，也反映青年的价值观念、处世态度。[②] 在某种意义上，青年的矛盾式表达也是青年在网络社会中由于各种原因进行的一种"自救"行为，他们利用这些行为寻求自我的认同。通过与有共同网络文化基础的网友进行交

① 胡疆锋. 伯明翰学派青年亚文化理论研究［M］. 北京：中国社会科学出版社，2012：130.

② 李少多. "矛盾式表达"：青年网络流行语的文化透视［J］. 中国青年研究，2021（12）：106-112.

流，他们可以抒发心中的情绪，表达自己。

矛盾式表达能够引发他人的思考和关注，促使人们从多个角度思考问题，也能够增强网络交流的互动性，使交流更加生动有趣。矛盾式表达成为网络文化的一部分，有助于传播和推广网络文化，但其自身带有的对立和悖论性质，可能导致他人产生误解，影响交流效果。

（三）网络表达的极端化

网络像一个放大镜，放大了信息交流的范围，但是也放大了网友的情绪，使网络表达更偏向情绪化与极端化。研究发现，无论是积极情绪还是消极情绪，随着信息内容的情绪度提高（即情绪更极端），信息获得点赞和转发的概率都会更高。因此，有学者提出，网络情绪的表达越激烈、极端，情绪在网络上的传播就会越迅速、广泛，这会导致情绪在网络舆论环境中发酵。[1] 网络情绪的出现像一个炸弹一样，在网络环境中不断地膨胀、变大、扩张。越来越多的人会被卷入这场情绪风波之中，导向性的意见也会因为网络关键人物的出现而有更大的威力，这也是网络暴力和网络极端事件出现的一个主要原因。

网络青年在网络表达上有一定的极端性，这种极端的发言和极端的表达行为被网络无限放大，以致其感染力超群。不同的社交媒体软件引起极端反应的"雷点"也是不同的，以传播八卦著称的"豆瓣鹅组"为例，只要是涉及猎奇性事件或者关于明星的某些行为，在鹅组中都容易成为爆点，鹅组成员能在主观上感知到组内群体极化现象，利用发帖这种受众互动行为来影响群体的情绪，受众互动对情绪具有重要的影响。受众互动程度越高，受众情绪效价越趋于负向，情绪唤醒程度越高。[2] 涉及其雷点的事件在短时间内很容易点爆整个小组，并且有些情绪会衍生到线下，造成更大的影响。

这些极端观点在表达时更多地考虑到情感需求，很少有用户能用理性的态度去分析和考虑事件。由于网络信息的传播速度快、范围广，一些极端言论和谣言往往能够迅速传播。这些言论往往缺乏事实依据，但却能引发大量关注和讨论，甚至引发社会恐慌。极端的发言与谣言的滋生有不可剥离的关系，这与网络特性相关。

---

① 陆敏婕，王苏宜，陈晓媛. 网络极端情绪表达和传播的文化差异：辩证思维的影响 [J]. 心理科学进展，2024，32（11）：1757-1767.

② 廖圣清，程俊超，于建娉. 网络新闻回帖中的受众互动与群体极化：以情绪为中介变量 [J]. 国际新闻界，2023，45（09）：91-117.

造成网络表达极端化的一大原因也与现代网友的心理状况和心理环境相关，越来越多的网络用户长期处于一种空虚与不安全感的情况下，他们希望通过网络联系来填补这个方面的缺失，但是这方面的缺失不只是网络极端表达就能填补的，这样就形成了一种在网络表达上的恶性循环。

第三节　研究青年群体网络社会心态的意义价值

当前，中国正处于快速发展的阶段，青年群体的心态与社会的发展有着紧密的联系，在经济发展的推动下，物质生活的丰富、信息技术的日新月异、思潮的多元化使青年群体的价值观与日常生活遭受着大大小小的冲击，他们的网络社会心态也更加多样化。新媒体技术的成熟，让网络空间的表达变得低成本、低门槛，青年网民的人数也在不断增加。青年作为社会发展的重要群体和互联网上的活跃群体，其网络社会心态变化折射出青年对国家认知的变化，体现着当今时代的变迁，因此对青年群体的网络社会心态进行研究与引导十分重要。

近年来，国家越发重视社会心态的引导，党的二十届三中全会在新时代新征程的背景下，再次强调了社会心理服务体系建设的重要性。我国的社会心理服务体系在建设方面取得了一定的成效，但总体仍处于起步阶段，许多地方不够全面，特别是进入全媒体时代之后，舆论格局、传播格局发生了深刻的变化。如何更好地培育良好的社会心态，这对新时代工作者提出了更高的要求。新时代，健全社会心理服务体系和危机干预机制，是增进人民福祉、维护社会稳定、培育社会心态的大事。网络心态作为社会心态的一部分，同时也是国家治理体系的重要组成部分，青年群体作为互联网的使用大军，其网络社会心态更不容忽视。青年强则国家强，青年兴则民族兴，青年群体是实现中华民族伟大复兴的重要力量，也是我国现代化建设的生力军。青年群体的网络社会心态直接影响青年的个人成长，因此更应关注青年群体网络社会心态这一复杂而又内涵丰富的课题，对青年群体的网络社会心态进行研究，是促进青年群体全面发展、培育时代新人才的重要方式，也是建设网络强国，顺应时代要求、营造良好网络生态环境的重要方式。

当前，我国对青年群体社会心态的研究虽然取得了一定的成效，但对青年群体网络社会心态的研究仍然刚刚起步。目前，我们在"中国知网"以"青年社会心态"为关键词进行检索，共检索出 134 篇相关文章，而以"青年网络社会心态"为关键词进行检索，仅检索出 22 篇有关文章。可见该研究的迫切性。此前，不少学者也在积极探索研究青年群体网络社会心态的意义与价值。学者辛艳艳从新生代青年网络社会心态进行研究，呈现并分析当代青年群体如何理解国家发展与个人发展，他们的认知取向和心态特征将为国家进一步落实青年优先发展理念的原则和路径提供一定的参考。① 由此可见，国家的发展与青年群体个人的发展存在着紧密的联系。研究者覃鑫渊指出，青年群体的社会心态呈现出"内卷""佛系""躺平"的状态，并且三者之间的转换不是单维度的，而是相互交织的多维度转化。② 由此可见，我们对逐渐转型的青年社会心态应该从多个角度去看待。

研究青年群体的网络心态要从实践和方法层面寻找解决的措施，干预和调适不良心态是十分有必要的。学者王玺指出，互联网媒介性质和商业发展中资本的推动作用影响了青年群体社会心态的形成，青年群体的社会心态受到网络"亚文化"的影响，容易使价值观还未成熟的青年养成逃避现实、寄希望于外物而失去自主奋斗的意识。③ 也就是说，青年群体容易受到网络信息的干扰，如何对其社会心态进行正确的引导已经成为迫切需要研究的课题。对青年的网络社会心态进行研究，能够及时引导青年形成正确的价值观，帮助青年管理自己的情绪并且提高其心理承受的能力，助力其获得持续的幸福感和获得感。这也有利于青年群体成长发展。

为了更好地结合当今时代变迁和互联网的发展研究青年群体的网络社会心态问题，本书基于当前学者对青年群体网络社会心态的研究，以及青年群体在当下互联网空间所展现的社会心态新特征与变化，将对青年的线上消费行为、交往行为、表露行为进行分析与研究，探究其与青年网络社会心态之间的联系。通过本书系统性的研究分析，期望能填补关于青年网络社会心态研究理论方面的某些空白，为相关理论提供多样的视角和案例，同时为青年网络社会心态的未来发展提供实践指导，促进青年群体形成正确的网络认知。

从理论意义上看，研究青年群体的网络社会心态能够促进社会心理学理论

① 辛艳艳，桂勇，郑雯. 国家发展动力与青年群体认知：基于"中国青年网民社会心态调查（2009—2021）"的研究［J］. 云南社会科学，2024（05）：18-26.

② 覃鑫渊，代玉启. "内卷""佛系"到"躺平"——从社会心态变迁看青年奋斗精神培育［J］. 中国青年研究，2022（02）：5-13.

③ 王玺. 网络亚文化影响下的青年社会心态引导［J］. 人民论坛，2019（34）：108-109.

的发展。1908 年，威廉·麦独孤出版了《社会心理学导论》，爱德华·罗斯出版了《社会心理学：大纲与资料集》，这两部著作的问世标志着社会心理学的诞生。① 国内对社会心理学的研究源自西方，随后才逐渐形成体系。社会心理学是一门有着科学体系，以实验和数据为手段进行研究的学科。一般来说，社会心理学的主要研究内容是社会影响，即个体或群体的行为、态度、性格、认知等会受到社会环境和他人的影响。社会心态的研究包括微观、中观、宏观三个层次，与社会心理学有一定的共性。王俊秀指出，社会心态的研究关注当下的现实，具有很强的社会问题意识，并且社会心态的研究是对传统社会心理学的批判和发展。国内社会心理学理论虽有一定的发展，但从现有的青年社会心态研究来看，大部分的研究都集中在青年现实的社会心态上。例如，许多学者指出，"梗"文化在社会生活中流行，这就是一种青年对权威抗争的心态。同时，"丧"文化的流行反映了社会生活中安全感的缺失，青年群体中普遍存在焦虑与迷茫的社会心态。由此可见，青年群体的社会心态是客观存在的现实社会的映射，而网络社会心态和现实社会心态是相联系、相统一的，两者密不可分、相互建构，网络社会心态既作用于社会心态，也受到社会心态的影响。网络社会心态作为了解中国社会的重要窗口，其社群性、流动性、极端性、网络嵌入性这四大鲜明特征②，必然会造就青年群体网络心态和现实心态的差异。此外，网络社会心态的形成也会受到更多除现实生活之外其他因素的影响，例如，网络生态空间中形成的新的青年群体对其身份认同与网络社会心态的影响。③

因此，本书通过整合梳理青年群体的线上消费、交往、表露行为来研究青年群体的网络社会心态，在系统性研究的基础上，剖析青年群体网络社会心态的成因与新特征，通过分析案例来解释网络社会环境之下群体行为产生的原因。本书运用一定的社会心理学原理，如从众理论，能够为社会心理学的发展提供更丰富的素材与数据，促进社会心理学和新媒体技术交叉融合，使在互联网时代背景下的社会心理学理论更具全面性和完整性，并推动这一理论向更深处发展，为未来的研究提供有效的依据。

① 王俊秀. 社会心态：转型社会的社会心理研究 [J]. 社会学研究，2014，29（01）：104-124，244.

② 黄荣贵，吴锦峰，桂勇. 网络社会心态：核心特征、分析视角及研究议题 [J]. 社会学评论，2022，10（03）：102-120.

③ 刘少杰，周骥腾. 不确定条件下新社会阶层的社会地位、身份认同与网络心态 [J]. 江海学刊，2022（01）：116-124.

同时，研究青年群体网络社会心态也有利于丰富我国的政治教育思想，促进社会心态的研究从现实到网络空间的转变。党的十九大报告提出："培育自尊自信、理性平和、积极向上的社会心态。"① 近年来，随着信息技术的发展，网络空间成为青年群体的表达阵地，面对日新月异、泥沙俱下的网络信息，尚未成熟的青年容易受到误导，容易在复杂的网络环境中迷失自我。因此，国家日益重视青年群体积极良好的社会心理，网络政治思想教育的重要性日益凸显。加强网络政治思想教育是推进社会主义网络强国建设和社会主义现代化建设的重要举措，也是我国社会精神文明建设的重要一步。由此可见，互联网的健康环境与青年群体网络社会心态的培育息息相关，对青年群体网络社会心态进行引导是维护风清气正的网络空间，进行政治思想教育的重要一步。网络信息良莠不齐且传播速度快，互联网用户的低龄化和低素质化，再加之网络集群事件仍然时有发生，都为互联网思想政治教育增加了难度。

目前，线上常用的思想政治教育方式包括直播与网课，教师在线上进行思想教育，学生利用"今日校园""学习通""易班""青年大学习""学习强国"等软件与小程序自主进行学习。随着对思想领域的教育与影响从线下转移到线上，政治思想教育的研究领域也得到了相应的拓展，思想政治教育从以线下为主逐渐向线上转变，但当前的政治思想教育的内容仍然无法很好地跟上互联网发展的步伐。本书通过对青年群体网络社会心态的深入研究，进一步拓宽青年群体的网络思想教育的研究视野，创造性地探索和发现新的理论观点，这为未来更加有效地引领青年群体的网络社会心态健康发展、推动政治思想教育现代化、打造风清气正的互联网环境等问题提供了更加宽广的研究视角。

从实践意义来看，青年群体网络社会心态的实践意义可以分成主体、客体和精神层面三个部分。首先，研究青年群体网络社会心态有利于主体即青年群体的全面发展，促进青年群体的心理健康。在网络空间中，随处可见青年群体的身影，网络的使用给青年带来了诸多便利。例如，青年可以利用网络空间的论坛、小组、各种社交软件随时随地分享自己的观点和想法，获取各种各样的信息资源，同时互联网的即时通信、支付、导航等功能融入了青年的日常生活中，降低了生活的成本，但过度地依赖网络也让青年产生了许多心理问题。对部分青年而言，选择在线社交不仅是因为现实社会缺乏交流的伙伴，更是因为

---

① 习近平．习近平同志代表第十八届中央委员会向大会作的报告摘登［N］．人民日报，2017-10-19（001）.

互联网提供了一个更宽阔、虚拟的空间。他们能够根据自己的想象构建理想的互动对象，强调某些方面而隐藏其他方面，以期在线上找到欣赏和认同自己的人。对青年群体而言，这种媒介社交习惯是高度语境化的，在不同的社会场域之中有着不同的意义。①

随着网络交往的深入与依赖，自制力较差的青年很可能会沉迷网络，产生逃避现实、不敢与人沟通交流的心态。学者罗鑫森表示，孤独感在手机成瘾与抑郁的关系中起部分中介作用，中介效应占总效应的49.85%。② 同时，网络空间虚假信息泛滥，网络暴力事件、诈骗事件层出不穷，部分青年在好奇和冲动心理的驱使下，在浏览这些信息或者网站时，受到此类信息的影响，从而产生严重的网络心理问题。青年的网络越轨行为发生在虚拟世界里，但它却会给现实社会带来破坏性的危害。青年群体自制力不强，明辨是非的能力较低，而网络环境复杂开放，容易影响其身心健康，因此引导青年群体树立正确的网络社会心态能够帮助青年群体更好地成长，使他们形成正确的价值观与网络认知，提高青年群体的幸福感、获得感。

另外，研究青年群体的网络社会心态有利于营造一个良好正向的网络环境。网络环境对青年群体的影响是潜移默化、持久深远的，因此我国十分重视互联网的思想建设与文化建设。2016年4月19日，习近平总书记在召开网络安全和信息化工作座谈会时说："网络空间是亿万民众共同的精神家园。网络空间天朗气清、生态良好，符合人民利益。"③ 随着互联网技术新应用的不断发展，互联网的社会引导和社会动员功能逐渐增强，已经成为社会进步的重要力量，我国非常重视传播的正能量，以及传播的引导力和公信力。当前的互联网依旧存在着许多问题，不少错误的价值观和思潮影响、侵蚀着大学生的思想和观念。究其原因，第一，因为网络平台监管能力不强，法律制度存在漏洞，网络暴力、网络成瘾、网络犯罪等现象频发，对青年产生了许多负面的影响。第二，正是因为网络空间不同于现实社会，青年群体在网络环境中的活动具有一定的隐蔽性，青年披上了虚拟的外衣，道德他律的作用在一定程度上减弱，导致青年易发生越轨行为，并且我国目前对青年群体越轨行为的矫治机制顶层设计统一性

① 夏倩芳，仲野. 网络圈子影响人们的生活满意度吗？——基于一项全国性调查数据的分析 [J]. 国际新闻界，2021，43 (11)：84-110.

② 罗鑫森，熊思成，张斌，等. 大学生手机成瘾与抑郁的关系：孤独感的中介作用 [J]. 中国健康心理学杂志，2019，27 (06)：915-918.

③ 习近平在网络安全和信息化工作座谈会上的讲话 [EB/OL]. 人民网，2016-04-25.

不强，具体方案也有待完善。① 青年能否践行正确的网络规范，约束自我的网络言行，往往取决于青年个人自律意识的强弱，而青年群体的自律性较弱，往往容易受到不良信息的蛊惑。第三，互联网时代，人人都能成为信息的传播者，同时海量娱乐信息容易淹没具有教育性质的信息，教育性信息难以走入青年群体的心中。传播主体的增加导致教育者的权威性被大大削弱，于是难以对青年形成有效的引导。因此，营造一个良好正向的网络空间十分重要。

党的二十大报告指出，要健全网络综合治理体系，推动形成良好网络生态。② 网络空间是青年的主要情绪表达地，研究青年群体网络社会心态，能够更好地把握网络舆情，满足正能量的总要求，坚守文化建设的阵地。互联网是当今时代意识形态、舆论的主战场和最前线，不去引导正能量，就会被负能量占领。我国目前的互联网环境整治，主要以"护苗""清朗""净网"等系列专项行动的开展为主，针对各种网络上的乱象重拳出击，取得了一定的成效。我国针对网络出台了一系列逐渐完善的法律政策，如《中华人民共和国网络安全法》《关于办理利用信息网络实施诽谤等刑事案件适用法律若干问题的解释》等。③当前，法律的惩治力度较大，范围较广，但也无法杜绝网络乱象的发生。鉴于此，面向当前更复杂的青年网络社会心态，深入研究青年网络社会心态，能为青年之间形成健康友好的网络关系提供新的方法和思路，并减少网络负面事件的发生，这对我国互联网空间的建设有着重要的指导意义。

最后，研究青年群体网络社会心态有利于国家和民族的精神文明建设。学者余建华认为，网络社会心态是指在一定阶段存在于网络或网络社会群体之中的社会价值观、社会情绪、社会认知和社会行为倾向的总和。所以，网络社会心态很大程度受到现实社会认知的影响，同时它似虚而实，可以通过其他形式外化，在许多时候它可以虚化为对现实社会的影响。网络流行语的变化是衡量青年社会心态的重要因素，近年来，从"小确幸"到火遍抖音的"Passion"涉及社会积极正面情绪的热词越来越多，这说明青年群体心理稳定感增强、幸福感与自信感增强，体现出社会安定与进步下人们的情绪趋于稳定，信念感提升。

---

① 贾学胜. 我国未成年人越轨行为的矫治机制与路径 [J]. 北京社会科学，2023（04）：108-117.

② 习近平. 高举中国特色社会主义伟大旗帜为全面建设社会主义现代化国家而团结奋斗——在中国共产党第二十次全国代表大会上的报告 [M]. 北京：人民出版社，2022：44.

③ 张佳华. 数字时代网络暴力的刑事治理 [J]. 江汉论坛，2024（05）：140-144.

青年的成长伴随着互联网的发展，其学习生活、娱乐生活、日常生活都离不开互联网，对青年群体的网络社会心态做出引导，对提升青年群体的道德素质、改善网络行为失范有着重要作用。青年是社会进步的推手、国家的栋梁，是民族发展的希望，同时，青年使用网络时间久、社交关系广、群体数量多、社会动员力强，以社会主义核心价值观为引领，培育青年群体正确的网络社会心态，能够塑造良好的网络风气，维护网络秩序与道德，促进整个社会的思想教育和精神文明进步。心理的引导是一个深层次的持久性工程，难度更高，成本也更高，因此社会心态的引导更要以自我教育为基础，帮助青年群体在日常生活中唤醒自我意识，激发积极心态，以良好的精神面貌推动社会精神文明建设的发展。

第四节　青年群体网络社会心态研究现状

在青年群体价值观的形成和发展的过程中，互联网扮演了不可或缺的关键作用。可以说，自互联网技术在我国兴起以来，学界对青年群体网络社会心态的研究如同雨后春笋般涌现，诞生了许多高质量的研究成果。本书选取了部分比较具有代表性、前瞻性的研究成果，力求从跨学科的角度，对我国青年群体网络社会心态研究的现有成果进行梳理，重点考察学界对该问题的研究方向、研究角度以及相关的应对策略等，并在此基础上进行述评和展望。

如前文所述，当前我国青年群体网络社会心态研究主要存在以下问题：第一，研究视角狭窄，多以就事论事为主，更多地聚焦某种网络思潮、青年亚文化或是网络流行词，缺乏从整个社会运作系统框架之下进行宏观、思辨的研究，因而也难以探明这些现象可能存在的共性和深层次的原因；第二，跨学科研究有待加强，当前研究呈现"各自为政"的现象，缺乏学科交叉研究；第三，量化研究缺乏，忽视人工智能和大数据模型在青年网络表达研究上的技术支持；第四，注重线上青年群体的研究，线下采访调查较少，因此忽视了青年的网络表达在线上与线下存在差距的可能性。

在互联网飞速发展的今天，生活在地球村的人们无不相信，互联网对青年的价值观影响深远，它像一把双刃剑，既可以让青年通过网络拓宽视野、了解世界，获得前所未有的机遇，也能够使青年受到不良信息的影响，进而扭曲他们的价值观。事实上，青年是"标志时代的最灵敏的晴雨表"，青年价值观塑造得是否成功，关乎中国未来发展的兴衰成败。习近平总书记在纪念五四运动100周年大会上的讲话中提出，"青年是整个社会力量中最积极、最有生气的力量，国家的希望在青年，民族的未来在青年。"

一、我国青年群体网络社会心态研究的基本情况

总体上看，我国历史文化素来有重视教育的传统，尤其在对青年世界观、人生观、价值观的培养方面，更是如此。因此，学界对青年群体网络社会心态的研究可谓经久不衰，自互联网在我国兴起之时，便有学者陆续投入对该问题的研究中，内容包括但不限于文化观、民族观、奋斗观、收入观、就业观、消费观、婚恋观、生育观等，总体呈现出研究历史悠久、研究范围广、研究方法以现象分析为主的特点。从研究方向上看，青年群体的网络社会心态表达是个内容庞大且复杂的研究，其覆盖面广，大大小小的议题不计其数，对这些研究进行全面总结是十分困难的。因而，在进行系统的网络检索之前，有必要选取一些具有代表性、关注度高的话题。

复旦大学传播与国家治理研究中心在2022年和2023年分别发布了《中国青年网民社会心态调查报告（2009—2021）》（以下简称《报告（2009—2021）》）以及《中国青年网民社会心态调查报告（2022）》（以下简称《报告（2022）》），这两个报告均采用基于机器学习（SVM）的大数据混合方式进行研究，通过分层抽样的方式抽取了来自不同地区、年龄层和教育层级的年轻网民（主要是大学生群体），并将其作为研究样本，针对性地建立了人工训练数据库。在此基础上，该统计对每个样本用户的表达倾向和社会态度进行了计算和研究，前后跨度近十年，具有较高的参考价值与权威性。《报告（2009—2021）》主要包含"经济生活观""婚恋生育观""文化价值观"三个篇章；《报告（2022）》显示，"焦虑感""奋斗观""公平感""就业观""消费观""婚恋观""生育观""发展效能感"是当前中国青年网民广泛关注的社会议题。综合来看，在过去的十年间，中国青年网民总体围绕着内卷与焦虑、就业与收入、个人消费、婚恋与生育这四个议题进行网络表达。

截至2024年9月28日，有关"内卷""焦虑"等事关个人未来发展的文章由于话题较新，仅有53篇；有关"就业"等个人职业规划相关的主题文章共有169篇；有关"个人消费"等经济行为相关的主题文章则有221篇；有关"婚恋""生育"等两性情感相关的主题文章最多，共有282篇。在期刊分布上，刊

登我国青年群体网络社会心态有关内容的期刊主要以青年研究、社会心理学、思想政治教育、新闻传播学以及高校学报等方面的期刊为主，如《人民论坛》《中国青年研究》《传播论坛》《思想政治研究》《现代传播》等。在研究机构和人员方面，较早关注到青年群体网络社会心态这一议题的以高校教师（主要从事思想政治教育专业）为主。此后，学界才有更多的学者、科研人员逐渐加入这一研究领域。

二、我国青年群体网络社会心态研究现状：“内卷”与焦虑感研究

“内卷”本是一个学术名词，最早见于德国哲学家康德在《判断力批判》一书中，原指事物向内演变，内部变得越来越精细复杂，但对外界未产生较大的影响。① 现如今，“内卷”一词的概念显然已超出原有的范畴，具有新的内涵与时代特点。关于“内卷”究竟何时进入青年人视野的这一问题，我们现已无从探究，但没有人会质疑这一概念，其已然对中国互联网舆论场产生了十分深远的影响。现如今，很多年轻网民习惯用“内卷”来指代非理性的内部竞争或“被自愿”竞争，即同行间付出更多努力来争夺有限资源，从而导致个体“收益努力比”下降的现象。其可以被看作努力的“通货膨胀”。

目前，学界对“内卷”的研究，主要聚焦于思想成因、社会转型、马克思主义研究视角、奋斗精神培育以及应对策略等方面。在思想成因上，付茜茜从青年亚文化、符号学与传播学的视角出发，强调“内卷”是一种网络文化症候以及象征性社会互动实践，② “躺平”“佛系”“内卷”等网络流行词的出现，体现在从概念到流行话语的青年亚文化建构过程。在此基础上，这些网络流行词能够通过社交媒体的传播以及与社会热点事件相关的多元解读进一步扩散，最终成为现象级热词，引发大众的共鸣。

袁小平和季天乐基于社会学、网络与新媒体视角，聚焦“内卷”与“躺平”等概念背后的群体画像及成因，指出了这一现象更多地源于社会结构性压力、网络媒体错误引导和教育环境导向偏差等，探究了正确引导当代青年群体

① ［德］伊曼努尔·康德. 判断力批判［M］. 邓晓芒，译. 北京：人民出版社，2002：12.

② 付茜茜. 从“内卷”到“躺平”：现代性焦虑与青年亚文化审思［J］. 青年探索，2022（02）：80-90

价值观的教育管理路径。① 综合这些研究可以看出，学界目前对"内卷"的思想成因多从青年亚文化、社会结构与社会转型、思想政治教育等角度出发。

同时，部分学者从马克思主义角度出发，审视"内卷"思潮现象背后的深层社会矛盾。赵洁认为，"内卷"是当前社会转型发展的产物，反映了外部的有限发展和内部的无限自耗。从"内卷"的心理映射来看，它是当前社会经济中的内部恶性竞争，直接导致了社会群体的焦虑。赵洁重点强调，在非良性内部竞争下，人们的"自我异化""自我剥削"是导致"内卷化"的根本动力，人们应理性对待内部竞争，优化社会经济市场运行，坚定马克思主义信仰，培育奋斗精神。此外，覃鑫渊和代玉启立足于系统论的观点，根据外部社会竞争性与个体内部幸福感的差异，将青年的"内卷""佛系""躺平"划分出不同的类型。立足历史和现实两个维度，将"内卷""佛系"与"躺平"置于社会经济发展的背景之下进行联系性思考，可以发现三者的转化是彼此关联的多维度变迁，折射出社会转型期青年群体的复杂心态。综上所述，马克思主义学者同样将"内卷"视作青年亚文化之一，并看到了其受到现行社会经济制约的局面，不约而同地将研究的目光聚焦到了对社会环境的分析上，并阐明了思政教育的必要性。

根据《报告（2009—2021）》得出的结论，青年网民群体总体上秉持着积极的奋斗观，对"佛系""躺平"等思潮持明显的抵制态度，"躺平"一词被逐渐理解成了略带戏谑的梗词。年轻人摒弃"躺平"的动力在于他们普遍相信"努力有用"，并保持积极、乐观的态度。数据显示，高达75.0%的采访样本展现出积极的奋斗取向，即主张通过奋斗创造个人幸福，反对"佛系"和"躺平"。相比之下，极少数的青年样本明确表示"躺平"，还有21.3%的青年既表达过奋斗意向，也表达过相似频率的"躺平"意向，但态度上总体呈现出愿意奋斗的趋势。复旦大学的两篇报告总体上认为奋斗是青年群体的主旋律，"躺平"并不是大多数人的常态。从上述的对比情况来看，青年网民的"奋斗主义"倾向逐年递增，所谓"躺平的Z世代"是对当代青年群体的一种误解。数据显示，反对"躺平"的比例从2010—2016年间的45.0%上升到2017—2021年间的74.1%，这部分增幅很好地说明了当代年轻人积极进取的品质。

由此可知，国内关于青年网络舆论场中的"内卷"研究十分多，各学科交

---

① 袁小平，季天乐. 当代青年学生"内卷""躺平"心态的成因及教育策略 [J]. 中国成人教育，2023（04）：35-39

织其中，呈现百家争鸣之势。除了部分马克思主义学者以外，鲜有学者能够从经济基础和上层建筑的辩证关系出发，去看待"内卷"思潮真正形成的成因。当下，我国经济转型带来结构性压力，导致很多研究结论没有抓住主要矛盾，研究者难以体会青年人焦虑的症结所在，使这些意见"治标不治本"。同时，对"青年群体网络社会"这一极为复杂的现象，多学科间的跨界合作研究并不多见，更多的都是对新兴的社会热点事件进行"捕风捉影"，研究的滞后性较为突出，其前瞻性和指导性也比较欠缺。此外，除了上述两篇报告以外，相关统计和量化研究少之又少，许多学者难以从数据上对自身观点进行支撑与补充。

三、我国青年群体网络社会心态研究现状：就业观和收入观研究

与近几年横空出世的"内卷""佛系""躺平"等青年亚文化思潮不同，就业问题一直都是青年人关注的焦点议题。在知网上，有关青年就业观的研究最早可追溯到鄢成章在 1995 年发布的文章。随着互联网的逐渐普及，青年群体越来越多地通过社交平台分享自己对就业的看法与期待，如"躺平""宇宙的尽头是编制""打螺丝""提桶跑路""996""007"等网络热词，都是青年积极参与就业话题讨论的有力证明。

目前，有关青年群体就业观网络表达的研究，学者们主要围绕社会经济结构、青年亚文化、新闻传播学等角度进行。李晓彤和李文龙从"现实社会严峻的就业形势""公务员职业自身优越性的驱使""我国传统的'官本位'思想的束缚"以及"高等教育与社会需求脱节"四个方面，基于历史传统与现实发展的维度，从社会、学校和大学生等多个主体入手，分析并指出了导致"考公热""体制热"现象的深刻原因，其前瞻性强，具有重要参考价值。[①]

值得一提的是，"躺平"一词在青年群体舆论场中，既包含了对"内卷化"这一社会现象的排斥，也同样蕴含着对当下"就业难"的对抗，不少学者近年来逐渐注意到了这一点。林龙飞和高延雷通过质性研究方法，探讨了青年"躺平"现象的成因，指出这不仅是个体的选择，更多的还是社会结构性压力的结果。换言之，青年群体在面对高房价、低薪酬、就业机会少以及激烈的社会竞争等困境时，可能会选择"躺平"作为一种无奈的妥协和对抗。

另外，短视频平台的兴起也对青年群体的就业观念产生了显著影响。詹梦

---

① 李晓彤，李文龙. 就业难视域下的大学生"考公热"探析 [J]. 高教论坛，2014 (01)：101-103，106.

乔、孙浩博、曹蕊、彭婷通过问卷调查的方式收集数据，探讨了网络短视频对青年群体就业观的影响。研究发现，短视频平台内容丰富，包括就业规划和工作经历分享等，这有助于大学生构建全面的就业观念。对已经明确就业方向的大学生而言，短视频能提供行业发展信息，帮助他们为职业生涯制定具体框架。他们的研究强调了新媒体对青年就业观的积极影响，但对潜在的负面影响讨论不足，缺乏辩证性分析。[①]

部分学者从文化影响的角度，探讨了互联网对青年群体就业观带来的可能影响。张小平从网红文化出发，指出网红文化在社会效应上呈现正反影响的"双面性"，这种"双面性"将会对青少年的名利观、职业观、伦理观、消费观等价值观产生多方面的影响。[②] 同时，该研究还建议青少年通过培养辩证思维、提升媒介素养来抵御网红文化的负面影响。

根据2022年的报告分析，国内外的复杂局势导致了就业市场和社会就业环境的变动，也影响了年轻人对就业的看法。网络上关于是否选择进入体制内工作的话题讨论热度不减。在明确表达立场的年轻网民中，大多数对体制内工作持积极看法。根据新浪微博的统计，2.06%的青年网民对体制内工作持正面评价，这一数字是持负面评价的青年网民（占比0.40%）的四倍。

从变化的视角来看，2022年讨论就业问题的青年网民比例有所扩大，其就业问题迎来更多的关注。2021年，就业议题的表达率是2.75%，2022年则上升至2.94%。另外，青年网民进一步偏好体制内工作，对体制内工作持有正面态度的青年网民从2021年的1.84%提升到2022年的2.06%。

总的来说，《报告（2022）》得出了以下研究结论：（1）青年群体的"考公热"现象逐年增加，其底层逻辑是在风险社会中不确定因素增加的形势下，追求个人事业稳定的发展诉求；（2）青年群体对就业问题的关注和讨论逐步重视，对自身的职业规划愈加关注。

四、我国青年群体网络社会心态研究现状：消费观研究

与就业观相同，有关青年群体消费观的研究也由来已久，在知网上最早可追溯到1991年由黄锡平发布的《应大力加强对大学生消费观的教育》。随着网

①　詹梦乔，孙浩博，曹蕊，等．短视频内容对当代青年就业观的影响探讨——基于长沙市高校的问卷调查分析［J］．现代商贸工业，2022，43（21）：110-112.
②　张小平．网红文化对青少年价值观的影响及其应对［J］．人民论坛，2023（04）：106-109.

购的井喷式发展，以大学生为主的青年群体消费观话题不断引起学界的广泛关注，"网红经济""直播带货"等新的互联网虚拟经济如雨后春笋般涌现，在资本力量对消费主义的隐性宣传等多重因素影响之下，青年群体消费观面临前所未有的被腐蚀的风险，这无疑又将该领域的研究再一次推向高潮。

目前，学界对青年群体在网络社会下的消费观研究，主要基于问题意识，寻求化解消费主义的应对策略，也有许多学者看到了青年群体消费结构的变化，从中推导并总结了其背后的消费观。

孙悦着眼于消费主义思潮对大学生消费观的消极影响，揭示了消费主义思潮的蔓延将会极大弱化学生的消费观，从而造成过度追求消费、过分依恋物质享受的问题。该研究认为，消费主义思潮在青年群体中既有媒体长期培养的原因，又有学校和家庭教育缺失的原因，同时也有当代大学生自制力不强的特质。在解决措施上，该研究与万素军、吴翠丽等人的研究一样，强调对媒体平台实行更严格的监管，遏制消费主义思潮的蔓延。同时，该研究强调提高学校和家庭教育水平，加强学生的自我教育，从而抑制消费主义思潮对学生意识形态的侵蚀。总之，孙悦在关注媒体噪音影响的同时，指出家庭教育对青年消费观的重要影响。[1]

根据《报告（2022）》显示，在明确表达了消费意愿的青年网民中，青年网民的消费意愿保持着较强的韧性。在相关样本中，89%的青年网民在两年来维持着强消费意愿。在消费的具体类型上，青年群体注重追求精神体验，这主要表现在青年群体为兴趣爱好付费和知识付费的积极态度上。也就是说，愿意为兴趣爱好付费是青年网民一大新的突出特征。根据统计数据，9.5%的年轻网民明确表示他们愿意为追求自己的兴趣和爱好投入金钱，他们不惜花费大量资金来满足自己的喜好。与2021年相比，2022年，愿意为个人爱好消费的年轻网民的比例有所上升，从8.0%增加到了9.5%，这表明通过消费来彰显个性和兴趣已成为一种流行趋势。此外，知识付费也得到了年轻网民的广泛认可。在2022年的调查中，1.4%的年轻网民表示愿意为获取知识而支付费用。在所有明确表示意愿的样本中，没有人表示不愿意为知识付费。

综上所述，伴随着播客、电子杂志、网课等各类知识付费形式的发展，通过消费获取知识、信息已成为青年一代普遍接受的方式。从总体上看，我国关

---

① 孙悦. 消费主义思潮对大学生消费观的消极影响及引导对策 [J]. 公关世界，2024（14）：136–138.

于青年群体在网络社会中的消费观研究，大体是随着互联网经济的起伏而变化的，具有很强的实用性和指导性。从文献数量上来看，基于问题意识出发的批判性文章占大多数，这些文章要么批评互联网经济无序生长，要么指责资本主义和消费主义对青年人的荼毒，或是干脆将矛头直指青年群体的享乐主义本身。相比之下，能够借助统计调查等量化研究方法，深入分析青年群体消费观和消费结构转型的成因及其积极影响的文章，除了复旦的《报告（2022）》外，少之又少。

五、我国青年群体网络社会心态研究现状：婚恋观研究

在上述提及的青年群体广泛关心的议题中，婚恋观名列前茅，而学界对这方面的研究也呈现出经久不衰之势，在知网上可检索查阅到的文献居上述议题之首。目前，学界大体上以研究大学生的婚恋观为主（尤其是女大学生），研究范围涵盖其特点、纵向比较变化以及高校德育等方面，学者们研究的内容可谓包罗万象，由于篇幅原因，下文仅介绍《报告（2022）》一文，其内容翔实且话题较具有代表性。

根据《报告（2022）》研究的结果，青年网民在恋爱和婚姻的态度上出现了明显的变化，他们更倾向于自由恋爱，但对结婚持谨慎态度。同时，拥有较高学历的青年网民在婚恋方面的意愿更加强烈。此外，参与饭圈活动的青年网民在恋爱和结婚的意愿上明显低于非饭圈成员，这说明这部分年轻人在虚拟世界中找到了一种替代性的亲密关系。

具体来看，大多数青年网民对恋爱持有积极的态度，只有极少数人表示不愿意恋爱。然而，与恋爱相比，青年网民的结婚意愿明显较低，两者之间存在较大的差距。新浪微博的数据显示，在5492名青年网民的样本中，16.4%的人表示愿意恋爱，而只有0.6%的人明确表示不愿意恋爱。相比之下，3.4%的青年网民表达了结婚的积极意愿，而有1.2%的人表达了结婚的消极意愿。综上所述，青年网民在婚恋观念上呈现出一种新的趋势，即恋爱与婚姻的脱钩现象。他们倾向大胆地追求恋爱，但在婚姻问题上则表现得更谨慎。如果回顾一下改革开放以来社会思潮的流变，这种趋势更多地与青年群体对个人自由和独立的追求有关，同时也反映了他们对传统婚姻观念的重新审视。

该报告还发现，高学历的青年网民在婚恋方面的意愿更强烈。一是相比于上一代人来说，他们通常拥有更强的经济实力，尽管这种经济实力可能更多源于原生家庭，因此他们更有能力承担恋爱和婚姻的经济成本。此外，参与饭圈

活动的青年网民在恋爱和结婚的意愿上明显低于非饭圈成员，这可能是因为他们在网络社群中发展了一种拟态亲密关系，这种关系可能在一定程度上替代了现实生活中的婚恋关系。大多数青年网民对恋爱持开放态度，但他们对婚姻的看法更保守，这可能与婚姻带来的责任和压力有关。

当代的年轻网民仍然向往"甜甜的恋爱"，在许多恋爱综艺、情感电视剧等网络节目中，他们通过各种方式表达了对恋爱的憧憬。在相关网络话题下，青年们分享着自己的经历，或是用各种调侃的口吻表达对恋爱的看法。可以看到的是，在部分年轻网民的心中，恋爱和婚姻是模糊的，在普遍缺乏情感教育的当下，他们倾向于把这种向往交由他人来完成和体验，挂在嘴边的"发喜糖""吃狗粮""恋爱还是看别人谈有意思"，在情侣博主的视频下，他们积极评论和留言，获取情绪价值，这背后可能是他们对现实压力的顾虑。总的来说，青年网民在婚恋问题上的态度是复杂且多元的，他们既渴望爱情，又对婚姻持有谨慎的态度。这种态度的形成可能与他们的个人价值观、经济状况以及社会环境等多方面因素有关。

第二章

青年群体社会心态网络表达的多维透视

第一节　技术革新与青年网络社会心态的演变

信息技术是可持续发展的，而每一次取其精华、弃其糟粕的创新都极大地推动了信息技术的发展。随着信息技术的飞速发展，从早期的第一代电子计算机到人工智能、云计算、量子计算、区块链等新一代信息技术；从早期的论坛、博客到如今的小红书、微博，短视频平台的快手、抖音等社交平台，网络因其远程通信、实时传输、高度互动、开放包容和虚拟自由等特点备受青年群体的喜爱，已成为当代青年生活中不可或缺的组成部分。技术的每一次飞跃，都重塑着世界，它极大地影响了青年网络社交方式，也深刻改变了青年的社会心态，对青年及社会产生了重要影响。青年群体是最敏感的社会力量，也是网络空间的主要参与者和塑造者，他们的网络行为、价值观、心态在某种程度上反映了这场变革之旅对社会的影响。本书探讨了在这场技术浪潮中，青年网络社会心态的演变，以及在技术日新月异的当下，如何引导青年形成健康向上的网络社会心态，并进一步构建和谐的网络社会。

一、保守稳定到开放包容的转变

从前，人们获取信息往往受到地域、时间、移动端口的限制，接收到的信息只是有限的一部分。传统媒体时代，报纸、广播、电视曾是人们接收信息的主要手段，这种传播是单向的，从较高一级流向受众，受众不具有选择性，人们往往只能接收单一的信息。传统媒体时代，传播也是地缘传播，这种传播因其地域性、文化差异性等限制，往往是圈层传播，人们接收不了来自不同圈层的信息资源。传统媒体还具有时间限制。众所周知，报纸、广播、电视都是在特定时间发布的，人们如若有特定信息需求，必须在固定时间浏览；如若没有，在全时段观看，同样也只能接收特定时间段的信息。因此，这种传统保守的传播方式无疑是单调、片面的。

新媒体技术的发展拓宽了人们获取信息的渠道，特别是对青年来说，网络平台有远程通信、移动通信等技术的支撑，用户即使不在特定时间段浏览，错过某条重要新闻也不用担心，只需连接互联网，就能获得此消息，如微博推送新闻功能，微博的"你关注的人几个小时前上过热搜"等功能。用户可以选择空闲时候再浏览。在技术进步下，用户不再限制于某个地域，能够及时获取全球范围内的海量信息资源，开放多元的思想观念进入青年的视野中，青年以更开放的姿态看待这个世界，接收相异的文化，完成从保守、传统与稳定的思维转向海纳百川的思维。

社交平台的兴起，更是为青年群体提供了不同观点碰撞的场所，用户相比以往能够接收各种不同的信息，青年群体又因对新鲜事物愿意尝试和探索，有较强的可塑性和学习能力，更能主动追求多元的观点。在全球化时代背景下，青年群体越来越注重多元化和包容性，如他们在互联网中跨越国界和跨越学科界限进行学术交流，更愿意接纳来自不同背景、不同立场的观点，更愿意以开放包容的心态去尊重理解多元文化，拓宽自身的视野，部分青年甚至会出国留学，与来自不同文化背景的青年共同学习合作，展现出高度开放和高度包容的心态。

例如，2014 年 Instagram 上火爆全网的"冰桶挑战"，这一活动源于美国，是一项向渐冻症患者公益协会捐款的公益挑战。参与者需要拍摄用冰水浇遍全身的视频并发布在网络上，参与者在发布后可邀请其他人参与挑战，24 小时如若被邀请者未接受挑战，则需要向渐冻患者公益协会捐款一百美元。这一活动通过社交媒体迅速在全球范围内传播，微软的比尔·盖茨、Facebook 的扎克伯格和桑德伯格、亚马逊的贝索斯、第 45 任美国总统特朗普纷纷参与此活动。此活动也吸引了国内的许多青年参与，国内知名青年组合 TFBOYS 也接受了冰桶挑战，以此表达他们对渐冻症患者的关注和支持。2024 年是冰桶挑战的 10 周年，还是有人不断加入其中。这一活动不仅展现了青年群体对网络公益的热情，还体现了他们在面对社会问题时从保守转向开放、积极参与的态度。

二、从沉默拘谨到畅所欲言的转变

在互联网发展的早期，由于技术限制，用户最初在网络上发布的内容以文字为主。1991 年，国内开设的第一个中国教育网的 BBS 论坛"水木年华"兴起后，不同专题、不同形式的论坛覆盖了人们的生活空间，用户拥有个人主页，可以在主页发布文案来表达自己的想法和观点，也可以选择自己感兴趣的论坛加入，与志趣相投的朋友一起分享和交流。

图像处理技术和云存储技术等的发展，共同扩大了图片在互联网上的分享范围，开启了互联网图片时代。图片的加入，直接作用于视觉感官，吸引受众注意，方便受众理解，也能辅助文字表达，增强用户体验，逐渐成为青年用户分享内容的形式。社交平台内不再是单一的文案，文字可以和图像结合，丰富了用户的表达形式。例如，以腾讯公司旗下的 QQ 为依托的"QQ 空间"，提供了具有强大社交传播力的平台，用户通过上传图片，更加生动地展示自己的生活经历，印证了 QQ 空间的初衷"分享生活，留住感动"。

随着互联网技术的发展，青年用户随时随地获取全球各地的信息，这种便捷性已然使青年用户从沉默走向真正意义上的畅所欲言。更多样化的社交平台的兴起为青年群体网络社会自我表达增添了一些活力，从最初的文字为主到图片为主再到当下的短视频为主，技术革新极大地丰富了青年网络社交的表达形式，让青年能够以更直观、更生动的方式展现自我。

自媒体时代为青年带来了实实在在的经济收益，更促进了青年用户畅所欲言的实现。通过自媒体平台，青年可以展示自己的才华、技能或产品，吸引粉丝和关注者。随着粉丝数量的增加和影响力的扩大，他们可以通过广告、赞助、带货直播等方式产生经济收益。这种经济激励使青年更加愿意在自媒体平台上投入时间和精力，积极创作和分享内容。

三、无畏好奇到周全平衡的转变

早期的论坛为青年群体提供了交流的机会，由于论坛发帖具有匿名性，青年可以在论坛匿名发表私密信息，这种不透明的信息有好有坏、真假参半。由于缺乏技术管控，互联网乱象频出：来自各个领域的虚假信息在网络中迅速蔓延，误导受众；为了吸引眼球，博取流量，有人发布色情暴力的内容，制造恐慌，污染互联网生态，影响未成年人身心健康，对社会的稳定和安全构成了严重威胁；垃圾广告为了非法盈利跳转在各个网页、社交平台上，给用户带来了经济损失。毋庸置疑，这些频出的互联网乱象是没有严格规制和管控导致的，当然也有用户无畏心理的作祟、无底线的传播的影响。

自 2017 年起，中华人民共和国国家互联网信息办公室全面落实了网络实名制，明确了注册用户需"后台实名"，否则不得跟帖评论、发布信息。例如，莆田网民林某某，在 2022 年至 2023 年期间，为发泄情绪、寻求刺激，多次在网络上发布侮辱、诽谤、恐吓他人的视频和短信，并将相关内容截图发布在网络社交平台上。林某某的行为引起了大量网民关注，给多名被害人造成了极其恶劣的影响，严重扰乱了社会公共秩序。2023 年 12 月，林某某连同其他犯罪行为数罪并罚，被依法判处有期徒刑三年。该案例展示了网络不是法外之地，任何人在网络上发布言论都应遵守法律法规，不得侮辱、诽谤他人或扰乱社会秩序，否则将承担相应的法律责任。网络空间逐步实现透明化信息管理，随着网络实名制的逐步推行，青年用户在网络中从虚拟走向现实，更加审慎对待自己的网络行为，注意自己的言行举止，这样的变化在增强青年用户网络责任感的同时，也使青年用户完成了从无畏好奇到周全平衡的网络社会心态的转变。

四、自信充实到焦虑不安的转变

技术的发展确实对青年网络社会心态产生了深远的影响。随着科技的迅速革新，特别是互联网、大数据、人工智能等技术的广泛应用，青年人的网络社交环境、信息获取方式以及生活节奏都产生了巨大的变化，这些变化也直接反映在他们的社会心态上。

在过去，互联网为青年人提供了一个相对自由、开放、平等的交流平台，让他们能够更自信、更充实地表达自己的观点和情感。然而，随着技术的不断革新，网络信息海量增长和快速传播，青年人开始面临信息过载、真假难辨等问题，这在一定程度上增加了他们的焦虑和不安。首先，技术的革新使青年人在网络社交中更加注重个人形象和隐私保护。他们不仅要面对来自现实世界的压力，还要应对网络上的各种挑战和威胁。比如，个人隐私泄露、网络欺凌、网络诈骗等问题时有发生，这些问题让青年人在网络社交中感到更加不安和焦虑。其次，技术的革新也改变了青年人的就业和学习环境。随着人工智能、大数据等技术的广泛应用，许多传统行业和岗位面临着被替代的风险，这使青年人在就业选择上更加迷茫和焦虑。同时，在线教育的兴起虽然为青年人提供了更多的学习资源，但也让他们感受到了前所未有的竞争压力和学习负担。

技术的革新加剧了青年人的社交焦虑和孤独感。在网络社交中，人们往往通过屏幕进行交流和互动，这种虚拟的社交方式虽然方便快捷，但也缺乏真实的现场感和情感联系。长此以往，青年人可能会感到更加孤独和焦虑。技术革新对青年网络社会心态的影响是一个复杂的过程。随着互联网、社交媒体、人工智能等技术的快速发展，这些变化不仅改变了人们的生活方式，还深刻影响了青年一代的心理状态和社会心态。青年如果过度依赖虚拟社交可能导致其现实生活中人际关系疏远。此外，"完美生活"的展示往往引发其比较心理，他们会有自我价值感缺失的风险，从而产生抑郁情绪或焦虑症状。随着时间的推移，海量的信息导致了信息过载的现象，这使个体难以筛选出有价值的内容。同时，快速消费式的阅读习惯削弱了深度思考的能力，容易造成注意力不集中等问题。

五、积极探索到依赖孤独的转变

技术革新，尤其是互联网、社交媒体、大数据及人工智能等领域的飞速发展，确实对青年网络社会心态产生了深远的影响，青年从积极探索转变为依赖孤独的现象愈发显著。在技术革新初期，互联网为青年人提供了一个全新的、无界限的信息交流平台。这一阶段，青年人表现出强烈的探索欲望和好奇心，他们通过网络获取新知识、结交新朋友、分享生活点滴，网络成为他们拓宽视野、提升自我、实现个人价值的重要渠道。青年人积极参与各种网络活动，如在线学习、社交互动、创意表达等，展现出了积极向上的网络社会心态。

然而，随着技术的不断发展和普及，青年网络社会心态逐渐发生了转变，从积极探索转向了依赖孤独。社交媒体、即时通信工具等虚拟社交平台的兴起，让青年人能够随时随地进行交流互动。然而，这种便捷的社交方式也导致了青年人对虚拟社交的过度依赖，他们可能沉迷于网络世界中的点赞、评论、分享等，而忽视了现实生活中的人际交往。虚拟社交的过度依赖使青年人在面对现实社交时感到不适和焦虑，他们可能更愿意在网络上寻找认同感和归属感，而不是在现实生活中建立真实的人际关系。

互联网技术的快速发展使信息量呈爆炸式增长，青年人在面对海量信息时往往感到无所适从，他们需要花费大量时间和精力去筛选、辨别信息。同时，社交媒体上的比较文化也加剧了青年人的焦虑情绪。他们可能不断将自己与他人进行比较，关注他人的生活状态、成就和幸福感，从而忽视了自己的内在需求和价值。青年人在网络上拥有众多"好友"和"粉丝"，但他们可能会感到孤独。此外，过度依赖虚拟社交还可能导致青年人在现实生活中的人际交往能力下降，他们可能不知道如何与他人建立真实、深入的关系，进一步加剧了他们的孤独感。

青年们要树立正确的网络观，培养良好的网络习惯。明辨是非：青年要认识到网络是一个虚拟而非真实的空间，既有利于人们的交流和发展，也可能带来误导和伤害。青年要明辨是非，不轻信谣言，不传播谣言，不参与不良信息的制造和传播。遵守法律法规：青年要遵守网络法律法规，尊重他人隐私和权益，不侵犯他人利益，不攻击和诽谤。青年要有社会责任感，主动维护网络秩序和安全。

合理安排上网时间：青年要合理安排上网时间，避免沉溺于网络游戏、社交媒体等消遣活动，确保不因上网而影响正常的学习、生活和睡眠。信息筛选与跟踪：青年要审查信息来源，避免不准确或具有消极影响的信息。青年要关注有助于个人成长和积极心态的信息和内容。保护个人信息：青年要注意保护个人信息和账号安全，不随意透露或泄露个人信息，不使用他人账号或泄露他人账号密码。

青年要提升自我调节能力，通过拓展多元化的社交方式进行情绪管理。青年要有自我调节和情绪管理的能力，通过运动或参与其他积极的活动来缓解压力和焦虑。青年们要学习辨别和管理消极情绪的技巧，如焦虑、嫉妒和无助感。积极心态：青年要保持积极情绪和乐观态度，不因网络中的负面信息而影响自己的心境。青年要树立自信和自尊，不因网络中的评价而改变自己的价值判断。现实社交：网络社交只是社交方式之一，不能完全替代现实社交。青年要多参与现实中的社团活动、志愿服务、实践学习等，与同学、教师、家人等建立良好的关系。和谐的人际关系：青年要有人际交往能力，注重真诚的沟通和情感的交流，以和谐的人际关系培养健康的网络社会心态。

学校和社会要加强青年的心理健康教育，帮助青年树立正确的价值观、远大的目标和理想。学校提供必要的心理辅导和支持，增强他们的心理承受能力。专业支持：青年如果感到网络心理健康出现问题，无法独自应对，教师应鼓励他们积极寻求专业支持和帮助。学校的心理咨询服务或其他专业心理健康机构可以提供必要的支持和指导。

学校要营造良好的网络环境，关注青年成长的需求。学校要推动积极向上的网络文化建设，倡导文明健康的网络行为，鼓励青年在网络中传播正能量、分享有益信息。监管与治理：学校要加大网络监管和治理力度，打击网络暴力、谣言等不良行为，为青年营造一个清朗、健康的网络空间。学业与就业支持：

针对青年面临的学业和就业压力，学校要提供必要的支持和指导，帮助他们树立正确的奋斗观和就业观，增强他们的自信心和适应能力。兴趣与爱好培养：学校要鼓励青年发展自己的兴趣爱好和特长，青年通过兴趣爱好来丰富精神生活、缓解压力。同时，学校要为他们提供更多展示自我、实现价值的平台。

学校要引导青年形成健康向上的网络社会心态。学校通过树立正确的网络观、培养其良好的网络习惯、提高其自我调节能力、拓展多元化的社交方式、加强其心理健康教育与引导、营造良好的网络环境以及关注青年成长需求等措施，为青年营造一个更加健康、积极、向上的网络社会心态环境。

第二节　社会变迁对青年网络心态的冲击与塑造

随着网络与信息技术的不断发展，我国进入了网络高速发展的时代。在社会的变迁过程中，网络作为信息社会的载体，其迅猛发展对社会的影响极其深远。青年伴随着网络社会发展而成长，特别是当下，与网络的接触更加紧密。社会变迁是一个复杂的过程，它涵盖了经济、政治、文化、科技等多个领域的深刻变革。在经济全球化、政治多元化、文化多样的背景下，信息技术的突飞猛进显得尤为明显，它不仅重塑了生产方式、生活方式，还深刻影响了人们的思维方式、价值观念及心理状态。青年的心态也是一个动态发展的过程，受到社会变迁的影响，因此在社会变迁中，青年群体的生活方式、学习方式乃至心理状态都因此产生了一定的影响。本章节通过分析社会变迁中青年网络心态的变化，来描述青年在社会变迁中网络心态的冲击与重塑。

社会心态是一个相对宏观的概念，它指在一段时间内弥散在整个社会或社会群体中的宏观社会心境状态，是整个社会的情绪基调，是社会共识和社会价值观的总和。它指向人的心理但同时又不是个体的心理，而是群体的表征；它在不断发展和变化，但与其他事物相比，变化得又相对缓慢。① 网络心态则是一种宣泄心态，它允许人们在网络上尽情表达各种观点，不受现实生活的限制，具有社群性、极端性、流动性和网络嵌入性。在互联网社会，现实社会与网络

---

① 胡洁. 当代中国青年社会心态的变迁、现状与分析［J］. 中国青年研究，2017（12）：85-89，115.

交相辉映，青年在与网络社会接触的过程中，衍生出一系列消极或不良心态，通过麻痹自己来获得一些快感，抑或通过隐藏身份来伪装，沉浸在虚拟的世界中无法自拔。①

一、社会的变迁

（一）经济层面

随着全球化和技术进步，中国的产业结构发生了深刻变化。传统农业和重工业的比重逐渐下降，而高新技术产业、服务业和新兴工业迅速崛起。这种转变不仅提高了经济效率，还促进了就业结构的优化。中国加大了对科技创新的投入力度，推动了生产方式的变革。智能制造、数字化生产等新兴生产方式逐渐普及，提高了生产效率和产品质量。同时，互联网、大数据、人工智能等技术的应用也为企业发展提供了新的动力。随着居民收入水平的提高，消费模式也在不断升级，从过去的满足基本生活需求向追求品质、个性化、多元化转变。电子商务、移动支付等新兴消费方式的兴起，进一步推动了消费市场的繁荣。

（二）政治层面

在政治上，中国不断推进政治体制改革，加强民主法治建设。人民代表大会制度、中国共产党领导的多党合作和政治协商制度、民族区域自治制度等政治制度不断完善和发展，为政治稳定和社会和谐提供了有力保障。随着民主化进程的推进，公民的政治参与意识逐渐增强。政府通过各种渠道和方式使公民进行政治参与，如听证会、网络问政等，公民能够直接参与国家和社会事务的管理。政府逐渐从管理型向服务型转变，更加注重提供公共服务来保障民生。政府通过简政放权、优化营商环境等措施，激发市场活力和社会创造力，推动经济社会持续健康发展。

（三）文化层面

如上所述，政府逐渐从管理型向服务型转变，注重提供公共服务和社会服务。人们的生活方式也在不断变化，从过去的单一、封闭向多元、开放转变。人们更加注重健康、休闲和娱乐，追求更高质量的生活。互联网和社交媒体等

---

① 李东坡，贾新媚. 青年网络心态的问题表征与培育路径 ［J］. 青年学报，2023（04）：70-76.

新兴媒介技术的快速发展，改变了人们的文化消费方式。人们可以通过网络获取各种文化信息，参与文化交流和互动，享受更加便捷、丰富的文化生活。

（四）社会结构层面

随着计划生育政策的实施和社会经济的发展，中国的家庭结构发生了显著变化，家庭规模逐渐缩小。同时，家庭关系也变得更加平等和民主。城市化进程加速推动了城乡结构的深刻变化，大量农村人口涌入城市，城市规模不断扩大，城乡差距逐渐缩小。同时，城乡之间的经济、文化和社会联系也日益紧密。随着经济的发展和社会的变革，中国的社会阶层结构也在不断变化。新的社会阶层如个体经营户、自由职业者等逐渐崛起，原有的社会阶层如工人、农民等也在发生分化。这种变化既带来了社会活力和创造力，也带来了新的社会问题和挑战。

二、当代青年网络心态的特征

青年网络心态是指青年群体在网络空间中所持有的心理状态、价值取向、情绪反应及行为倾向的总和，是青年在网络环境下形成的一种综合性的心理反应。它既包括青年对网络信息的认知与评价，也涉及青年在网络交往中的情感体验与行为选择。青年是推动中国社会发展的中坚力量，青年积极向上的心态和奋斗的姿态，在很大程度上决定了中国社会的前进方向。处于全面深化改革和社会剧烈转型的背景下，中国青年面临着新的心态困境和现状，青年群体也呈现出两种极端心态。[①]"内卷"与"躺平"这样的流行词语代表的青年群体心态是不容忽视的青年状态，从社会变迁中寻找青年网络心态形成的原因和现状，对培育青年积极健康的社会心态和促进社会发展有重要作用。

（一）"焦虑"与"摆烂"同行

根据中国科学院心理研究所发布的《心理健康蓝皮书：中国国民心理健康发展报告（2019—2020）》，我国18—34岁的国民焦虑量表均值与抑郁量表均值高于成人期的其他年龄阶段。在微博等社交媒体上，"青年焦虑"相关话题的热度居高不下，这显示出青年群体普遍存在的焦虑情绪。21世纪的青年生活在一个快节奏的时代，一切都好像按了加速键一样，"996""007"这样的工作节

---

① 叶文璐."内卷"与"躺平"：社会变迁下的青年心态困境［J］.北京青年研究，2023，32（03）：28-35.

奏使他们像没有灵魂的机器人,如此快速转换的场景使青年难以静下心来沉思与反省。青年被周围的环境带动着向前,当自己跟不上周围人的脚步的时候,焦虑便开始产生。"摆烂"作为一种网络流行语,反映了部分青年在面对生活压力和挑战时选择的一种消极态度。他们不再积极追求传统意义上的成功,而是满足于现状,甚至放弃努力。这种现象在青年群体中日益增多,是一种不可忽视的社会现象。高昂的房价、生活成本的不断上涨以及不稳定的就业环境让年轻人感到巨大的经济压力。他们难以承受,所以部分青年选择"躺平"和"摆烂"来减轻内心的压力。

(二) 奋斗与祈愿并存

实际上,青年存在着身体"摆烂"而心"不摆"的现象,甚至出现了一定的"内卷"现象,"摆烂"只是青年人缓解压力的一种口头上的"卸压"表达。随着互联网的兴起,网络中的塔罗牌、占卜、星座等"新玄学"成了年轻一代人心灵慰藉的渠道。[1] 这种新文化受到了青年群体的追捧,甚至成为青年之间交友的必聊话题。青年阶段是情感最为丰富和敏感的阶段,他们既容易被激情所驱使,也容易在理性与感性之间摇摆不定。在祈愿与奋斗并存的心态中,可以看到这种情感与理性的交织。一方面,他们满怀激情地追求梦想和祈愿;另一方面,他们又能保持理性思考,审视现实条件、制订合理的计划并付诸实践。这种情感与理性的平衡与交织,使他们更加成熟。工作与学习成为青年人焦虑的最大来源,但与此同时他们依然在各自的岗位上奋斗着。

(三) 多元价值与个体意识增强

在社会变迁的背景下,青年价值观呈现出多元化的趋势。他们不再满足于传统的价值观念和社会规范,而是更加注重个体体验和感受,追求个性化和差异化发展。同时,他们也更加注重自我价值的实现和个性的张扬,不再盲目追求物质享受和名利地位,而是更加注重精神层面的追求和心灵层面的满足。网络为青年提供了展现自我、寻求认同的平台。青年通过发布内容、参与讨论以及评论等方式,表达自己的观点与情感,同时也渴望在特定的网络社群中找到归属感与认同感。

---

① 林于良,刘广登. 网络谣言传播与青年积极社会心态培育 [J]. 中国广播电视学刊,2018 (05):34-36.

三、社会变迁对青年网络心态的影响

青年是需要社会呵护和培育的对象。社会的变迁引发的网络社会的崛起对青年的影响十分重要，青年的网络心态决定了其看待网络的视角以及其使用网络的方法。网络社会心态是多个因素的融合体，拥有大数据、数字化、智能化、信息化等多个子系统。纷繁复杂的系统和复杂的社会因素，使还处于发展中的青年的培育路径受到影响，而这也在一定程度上进一步影响了青年的网络心态。

随着市场经济的深入发展，青年面临着前所未有的就业压力与创业机遇。经济结构的调整、新兴产业的崛起，要求青年不断学习新知识、新技能，来适应快速变化的市场环境。这种经济变迁促使青年更加依赖网络获取信息、拓展人脉、寻找机会，但同时也加剧了其竞争焦虑。民主化的进程、公民社会的兴起，使青年有了更多参与民主政治、表达意见的渠道与平台。网络则成为青年参与政治的重要场地，青年通过网络关注热点、发声并参与讨论，展现了强烈的社会责任感和参与意识，然而复杂的网络空间也对青年的政治认知产生了一定的影响。社会文化的变迁，全球化与本土化交织，使青年文化呈现出多元共生的特点。外来文化的涌入丰富了青年的精神世界，拓宽了他们的视野。另外，本土文化的传承与创新也成为青年关注的焦点。网络成为文化传播的主要载体，青年通过网络接触、学习、传播文化，同时也创造出了自己的青年新文化，如亚文化等。随着大数据、互联网、人工智能等技术的广泛应用，青年的生活方式与社交模式也发生了一些变化。智能手机、社交媒体、短视频平台等成为青年的必需品，青年通过这些工具获取信息、交流思想、展示自我，形成了独特的网络生活方式和心态。

（一）新媒体环境对青年的影响机制

1. 信息圈层化影响

新媒体的信息传播速度快、范围广，且具有较强的导向性。一方面，正面的、积极向上的信息能够激励青年，促进其形成健康的网络心态；另一方面，负面的、虚假的信息则可能误导青年，加剧其焦虑、恐慌等负面情绪，影响其价值判断与行为选择。

2. 网络社交化影响

网络社交的便利性使青年能够跨越时空限制，与全球各地的人建立联系。然而，网络社交的虚拟性也容易导致青年在现实生活中社交能力退化，并产生

孤独感、社交焦虑等。同时，网络社交中的攀比、炫耀等不良风气，也可能引发青年的虚荣心与自卑感，影响其心理健康。

3. 网络舆论的影响

网络舆论的形成往往伴随着情绪的集聚与放大。在特定事件或话题下，青年群体易形成集体情绪，甚至引发网络群体性事件。这种情绪化的舆论环境对青年的价值观、道德观产生深远影响，可能促使青年在未经深思熟虑的情况下采取冲动的行为。

（二）社会变迁对青年网络心态的冲击

社会变迁对青年的影响是多方面的，既有正面的促进，也有负面的冲击，辩证看待可以更好地帮助青年群体适应社会的变迁，使青年群体能够向上、向善发展。

1. 网络社会的出现：负面心态的形成

网络社会中，信息以指数形式爆炸式增长，青年每天面对这些海量信息，难以形成系统的知识体系。信息过载导致青年注意力分散，难以进行深入思考，容易导致选择困难与信息焦虑，他们需要在众多信息中筛选出有价值的内容，同时还要警惕虚假信息、网络谣言。当青年淹没在信息洪流之中时，他们容易出现"摆烂"的心态，且可能产生焦虑、烦躁等消极心态。社交媒体作为网络时代的重要交流平台，为青年展示自我、交流思想提供了广阔空间，但同时也成为一个充满比较与竞争的"秀场"。在精心策划的滤镜背后，青年不自觉地将自己与他人进行比较，尤其是与那些看似拥有完美生活、事业成功的"网红"或同龄人比较。这种不切实际的比较往往容易引发自卑、挫败感，甚至导致其自我价值迷失，使他们产生嫉妒、不满等负面心态。

2. 不良信息入侵：扭曲心态的萌发

网络中充斥着暴力、色情、虚假等不良信息，对青年的心理健康产生严重冲击。年龄尚小的青年自我辨别能力较弱，往往对快速消费的信息缺乏深度分析，容易导致青年受到不良信息的侵蚀，形成扭曲的价值观与行为习惯。网络舆论作为信息时代的产物，其多元化为青年提供了多元视角，对培养未来社会公民意识具有积极作用，但同时青年也容易产生极端化的思想。在接触这些观点的时候，青年由于缺乏足够的辨别能力而盲目跟风，形成错误的认知和行为。网络舆论的匿名性、即时性和情绪化等特点，也有可能对青年产生负面影响，影响他们对世界的正确认知。网络暴力、攻击谩骂等现象也对青年的心理健康构成了威胁。此外，网络中的过度消费主义和极端价值观也有可能对青年的价值观产生冲击，诱导其产生过度消费欲望，从而过度追求物质享受，忽视精神追求，形成偏激的社会观念。

3. 网络虚拟性：依赖性的产生

网络社会以匿名性、便捷性等特点吸引了大量青年。网络构建的虚拟世界为青年提供了逃避现实压力的空间，但过度沉迷于虚拟世界，可能导致他们与现实生活脱节，导致他们无法正确认知和处理现实生活中的问题。长期沉溺于虚拟社交的青年可能出现社交障碍、情感冷漠等心理问题。青年对网络的过度依赖已成为一个不容忽视的问题。他们可能因网络游戏、社交媒体等而忽视学习、生活，甚至产生网络成瘾症。网络成瘾不仅影响青年的学业和身体健康，还可能导致他们性格孤僻、情绪波动等心理问题。在深度媒介化的社会中，虚拟与现实交相辉映，基于媒介依赖理论——"媒介接触提供使用契机—依赖关系触发深度参与—心流体验强化沉迷行为"，青年在媒介接触中产生不良行为，并沉迷其中，难以控制使用时间，产生消极拖延行为以及戒断反应等。[①]

4. 多元文化冲击：认同危机的涌现

在快速变迁的社会背景下，尤其是随着互联网技术的普及和全球化进程的加速，青年群体面临着前所未有的价值观冲突与认同危机。这一现象不仅深刻影响着他们的思想观念、行为方式，还直接关系到他们的心理健康与社会融入能力。在多元文化的冲击下，青年的价值观呈现出多样化的特点。一方面，他们追求个性、自由、平等，反对传统束缚；另一方面，面对复杂多变的社会现象，他们又容易产生困惑和迷茫，对自我价值的认同产生危机。网络上的各种声音和观点推动了这种价值观产生冲突与碰撞，使青年在价值选择上面临更多的挑战。青年在成长过程中，既受到传统文化的熏陶，又不可避免地接触现代社会的各种思潮。当传统价值中的尊老爱幼、集体主义等观念与现代社会的个人主义、消费主义等观念发生冲突时，青年往往会感到困惑和矛盾。

5. 对抗心态显现："佛系"与"杠精"

近年来，"佛系"和"杠精"成为青年网络心态中的两个典型现象。"佛系"青年表现为消费欲望低、社交范围窄、工作积极性差等特征，他们往往追求内心的平静与自在，对外部世界的竞争和压力持逃避态度。"杠精"则与之相反，他们具有很强的攻击性，常常在网络平台上进行道德绑架、人身攻击等行

---

① 郭晓真. 社交型短视频平台受众的媒介依赖研究［J］. 传媒，2019（01）：54-57.

为，来追求自认为的"真理"和"正义"。这两种心态虽然表现形式不同，但都是青年在快速变迁的社会中应对压力和困惑的反映。

四、社会变迁下青年网络心态的塑造

（一）价值观的引导与重塑

在多元文化和社会变迁的背景下，青年面临着价值观冲突和认同困惑的挑战。他们需要在多元文化的冲击下找到自己的价值定位和文化认同，避免在价值观的混乱中迷失方向。社会变迁对青年价值观的影响是深远的。一方面，随着社会的开放和多元化，青年的价值观呈现出多样化和包容性的特征，青年可以通过新媒体接触不同文化、不同背景的人群，从而拓宽自己的视野和丰富自己的思维方式；另一方面，面对复杂多变的社会现实，青年也需要形成正确的价值导向和道德判断。在这个过程中，政府、学校、家庭等社会主体应发挥积极作用，通过教育引导、政策扶持等方式帮助青年树立正确的价值观和人生观。社交媒体软件已成为青年群体离不开的日常必需品，社交平台在进行信息传播时，理应择优传播。

（二）网络素养的提升

在信息化时代，提升青年的网络素养是塑造青年健康网络心态的重要途径。网络素养不仅包括信息获取和筛选的能力，还包括网络行为规范、网络安全意识等方面的内容。通过加强网络素养教育，可以帮助青年更好地适应网络环境、理性表达意见，避免盲目从众和极端行为的发生。应将线上与线下相结合，鼓励青年在享受网络便利的同时，积极参与线下活动，使其加强与现实世界的联系。应通过组织志愿服务、文化体验、社交聚会等活动，丰富青年的生活体验，增强其社交能力与责任感，促进其形成更加全面、健康的心理品质。

（三）必要的心理及物质帮扶工作

在快节奏和高压力的社会环境下，青年容易出现心理焦虑和情绪困扰的问题。这不仅影响了他们的心理健康和成长发展，还影响了社会的和谐稳定和长远发展。针对青年群体，社会要搭建线上线下相结合的心理健康服务平台，提供心理咨询、情绪疏导、压力管理等服务。同时，社会要利用新媒体平台开展心理健康知识普及，提高青年群体的心理韧性和自我调适能力。一些社会地位较低的青年群体，接触的资源是有限制的，接触的群体大多也是固定的，所以获得信息的渠道也是单一的。因此，相对弱势的群体，他们在心理上更需要疏

导，在实际生活中也需要帮扶。① 心理咨询以及慰问服务应是一项常规化的民政工程，像青年农民工这样的群体，他们外出打工，为其解决孩子上学问题，便是一项具体的帮扶工作。心理健康对社会发展中的青年来说，是保证他们能够健康发展的一项重要指标，也是保证社会稳步向前的一项重要指标。

（四）社会舆情监测

社会变迁下，舆情的表现形式也有所改变，越来越多的网民在网络中发表看法与意见。对与网络有着密切接触的青年来说，必要的网络舆情检测是为其筛选健康信息的手段。舆情监测过程中，青年可以通过观察和分析网络舆情的变化，理性思考和判断，提升其对信息的甄别能力。这有助于增强青年的网络素养，使他们在面对复杂多变的网络环境时能够保持清醒的头脑。要建立覆盖社交媒体、新闻网站、论坛、博客、短视频平台等多渠道的数据采集系统，利用大数据技术和爬虫技术，实时抓取并分析这些平台上的海量信息，确保舆情监测的全面性和时效性。

要发挥主流媒体的引领作用，传播正能量，弘扬社会主义核心价值观，营造积极向上的网络文化氛围。同时，要鼓励青年创作与传播优质内容，形成正向的网络舆论场，引导青年在网络空间中树立正确的价值观与道德观。同时，要注重保护用户隐私，确保数据采集合法合规。根据社会稳定与青年心理健康相关的关键词和热点话题，可以建立动态更新的敏感词库和主题分类体系。通过自然语言处理技术，可以自动识别并分类相关信息，快速定位潜在的社会舆情风险点。

五、结　论

青年是自我发展的主体，应培养其自我反思与自我调节的能力。要鼓励青年在面对网络挑战时，主动寻求解决问题的方法与途径，不断提升自己的网络素养与心理素质，同时引导青年树立正确的世界观、人生观、价值观，自觉抵制不良网络文化的侵蚀。青年心态是社会变迁的晴雨表和风向标，对认识并把握社会发展大局、研判政治经济走向具有重要意义。在当前社会变迁的背景下，青年心态呈现出多元化、复杂化的趋势，既有机遇也有挑战。为了促进青年的健康成长和全面发展，政府、社会和青年应形成合力，共同应对挑战、把握机

① 胡洁. 当代中国青年社会心态的变迁、现状与分析［J］. 中国青年研究，2017（12）：85-89，115.

遇。未来，应继续加强青年心态的研究和关注，为青年提供更加广阔的发展空间和更加完善的支持体系，推动青年在实现中华民族伟大复兴的征程中发挥更大作用。

青年网络心态的塑造是一个复杂而长期的过程，需要政府、社会、学校、家庭及青年自身等多方面共同努力。在新媒体时代，应充分利用网络技术的优势，加强网络素养教育，营造积极向上的网络文化氛围，加强网络监管与治理，促进线上线下融合互动，并发挥青年自我成长的主动性。只有这样，才能有效地塑造健康、积极、向上的青年网络心态，为构建和谐社会与网络空间贡献力量。

第三节 群体认同与青年网络社会心态的构建

随着网络技术的不断发展，网络空间为青年群体提供了全新的交流平台，这不仅改变了青年的社交方式、信息获取途径，还深刻地影响了他们的社会心态和群体认同。本节基于新闻传播学视角，旨在探讨网络环境下青年群体的认同机制及其对网络社会心态的构建作用，并提出相应的引导策略，来促进青年群体的健康成长和社会的和谐稳定。

一、群体认同在青年网络社群中的构建

（一）青年网络社群的兴起与发展

青年网络社群的兴起，是互联网技术变迁与青年群体社交需求变化的双重驱动结果。首先，互联网技术飞速发展，特别是移动互联网的普及，打破了传统社交的时空限制，使青年能够随时随地与他人交流互动。其次，青年群体作为网络原住民，他们更习惯通过社交媒体平台表达自己的观点、分享生活点滴、寻求情感共鸣。这种强烈的社交需求，促使青年网络社群应运而生。

青年网络社群往往基于共同的兴趣爱好、价值观念或目标而形成。在社群中，成员们能够找到与自己志同道合的人，共同交流、探讨、分享，这种归属感和认同感是社群持续发展的动力源泉。互联网技术的便捷性使信息共享变得异常简单。青年网络社群中的成员通过社交媒体平台分享各种信息、资源、经

验，促进了知识的传播和智慧的碰撞。同时，成员之间的互动交流也加深了彼此的了解，进一步巩固了社群的基础。

在虚拟的网络空间中，青年群体更容易找到与自己心灵相通的人。他们通过分享生活点滴、倾诉内心感受、参与社群活动等方式，产生了强烈的情感共鸣。这种情感共鸣不仅满足了青年群体的社交需求，还让他们在网络社群中找到了归属感和身份认同。

青年网络社群呈现出多元化和个性化的特点。不同的社群有着不同的主题、风格和氛围，满足了不同青年的多样化需求。这种多元化和个性化的特点使青年网络社群更具吸引力和凝聚力。与传统组织不同，青年网络社群也具有去中心化的特点。社群成员之间地位平等，没有严格的层级结构。社群的运作依赖成员们的自组织能力和协作精神。这种去中心化的特点使青年网络社群更加灵活高效，也更能激发成员的创造力和活力。

青年网络社群的发展速度非常快，不断有新的社群涌现出来。同时，社群内部也不断进行迭代和创新，来适应成员需求的变化和技术的发展。这种快速迭代和创新的特点使青年网络社群始终保持活力和竞争力。

随着技术的不断进步和社会的不断发展，青年网络社群将继续保持其蓬勃的生命力并展现出新的发展趋势。一方面，青年网络社群将更加深入地融入现实生活中，通过线上线下相结合的方式促进社交、学习、工作等方面的融合；另一方面，青年网络社群将更加专业化和垂直化，形成更加细分化的市场格局来满足不同青年的专业需求和兴趣爱好。此外，青年网络社群还将承担起更多的社会责任和公益使命，通过组织公益活动、传播正能量等方式为社会做出贡献。

（二）群体认同在青年网络社群中的构建过程

1. 群体认同的基础

群体认同是指个体对自己所属群体的归属感和认同感，它是个体自我认知的重要组成部分。群体认同在网络社群中的构建是一个复杂又动态的过程，它涉及个体在虚拟空间中的自我认知、社交互动以及共同价值观的形成等多方面。在网络社群中，群体认同的基础主要包括以下几个方面。

共同兴趣与目标：网络社群往往基于共同的兴趣爱好、价值观念或目标而形成。这些共同性使社群成员之间能够迅速建立联系，形成紧密的社群关系。例如，一个关于摄影的网络社群会吸引所有对摄影有热情的成员加入，他们共同的目标可能是提高摄影技巧、分享优秀作品等。

身份认同：在网络社群中，成员们通过参与社群活动、发表观点、交流互动等方式逐渐明确自己的群体身份。这种身份认同不仅来对社群共同特征的认可，还来自其他成员对自己的认同和接纳。

2. 群体认同构建过程中的影响因素

青年网络社群的成员来自不同的背景和环境，具有不同的个体特征。这些个体特征如年龄、性别、教育程度、性格类型等都会影响他们在社群中的表现和群体认同的构建过程。例如，性格外向的成员可能更倾向于积极参与社群活动来促进群体认同的形成；性格内向的成员则可能更倾向观察和思考来构建群体认同。

社群的类型、规模、氛围和文化等特征也会对群体认同的构建过程产生影响。不同类型的社群如兴趣型社群、学习型社群等具有不同的目标和价值观，会吸引不同类型的成员加入；社群的规模也会影响成员之间的互动频率和深度，进而影响群体认同的构建过程；社群氛围和文化则通过潜移默化的方式塑造着成员的行为规范和价值观念，进而促进群体认同的形成和巩固。

外部环境如社会环境、技术条件等也会对群体认同的构建过程产生影响。社会环境的变化如政策调整、文化变迁等可能改变青年网络社群的发展方向和群体认同的构建路径；技术条件的发展如移动互联网的普及、社交媒体的兴起等，则为青年网络社群的构建提供了更加便捷和高效的工具和平台。

3. 群体认同在青年网络社群构建过程中的表现

青年网络社群的构建往往始于共同的兴趣爱好或价值观念。在虚拟的网络空间中，青年通过搜索引擎、社交媒体等渠道发现与自己兴趣相投的社群，并初步接触和了解。这一阶段的群体认同尚处于萌芽状态，成员们主要通过浏览社群内容、参与简单互动等方式感受社群的氛围和文化。

随着对社群的深入了解，青年成员开始积极参与社群的各种活动，如发表观点、分享经验、参与讨论等。这些深度参与和互动体验不仅加深了成员之间的了解，还为群体认同的构建奠定了坚实基础。在互动过程中，成员们逐渐形成共同的语言符号、行为规范和价值观念，这些共同特征成为群体认同的重要标志。

情感共鸣是群体认同构建过程中的关键环节。在青年网络社群中，成员们通过分享生活点滴、倾诉内心感受、共同面对挑战等方式产生强烈的情感共鸣。这种情感共鸣不仅满足了青年群体的社交需求，还让他们在网络社群中找到了归属感和身份认同。身份认同是群体认同的核心内容之一，它使成员们更加珍惜自己在社群中的位置和角色，愿意为社群的发展贡献自己的力量。

在长期的互动和交流过程中，青年网络社群成员会逐渐形成一些共同的价值观和行为规范。这些共同价值观和行为规范是群体认同的核心内容之一，它们为成员提供了行动指南和价值导向。共同价值观和行为规范的形成不仅促进了社群的稳定和发展，还增强了成员的群体认同感和归属感。

随着群体认同感的不断增强，青年网络社群会通过各种方式强化和巩固这种认同。例如，社群管理者可以定期举办线上或线下活动，增进成员之间的了解；社群设立奖励机制表彰优秀成员和贡献突出的行为，鼓励更多成员积极参与社群活动；社群管理者加强社群的宣传和推广吸引更多志同道合的人加入等。这些措施都有助于进一步强化和巩固群体认同，使社群成员更加紧密和团结。

二、群体认同对青年网络社会心态构建的影响

（一）网络社会心态的内涵与表现

网络社会心态是指青年群体在网络空间中所表现出的心理状态和价值取向，包括对网络事件的态度、情感反应、行为倾向等。网络社会心态具有匿名性、即时性、互动性等特点，容易受到网络舆论、信息传播和群体情绪的影响。青年网络社会心态的构建是一个复杂的过程，涉及个体心理、社会互动、文化价值等多个层面。

（二）群体认同对青年网络社会心态构建的影响机制

群体认同的首要作用是增强青年在网络社群中的归属感和身份认同。当青年加入某个网络社群时，他们通过参与社群活动、交流互动等方式逐渐形成社群文化，形成对社群的认同感和归属感。这种归属感和身份认同使青年在网络空间中找到了自己的位置和角色，从而更加积极地参与社群事务、维护社群利益。归属感和身份认同的强化不仅促进了青年在网络社群中的稳定性，还为他们构建积极的网络社会心态提供了重要支撑。

群体认同还通过塑造共同价值观与行为规范来影响青年网络社会心态的构建。在网络社群中，成员们通过交流互动逐渐形成一些共同的价值观和行为规范，这些共同特征成为群体认同的重要标志。共同价值观和行为规范的塑造使青年在网络空间中有了明确的行为指南和价值导向，有助于他们形成积极向上的网络社会心态。同时，这些共同特征还增强了社群的凝聚力和稳定性，为青

年在网络社群中的健康发展提供了有力保障。

群体认同在青年网络社会心态构建中的另一个重要作用是引发情感共鸣与情绪感染。在网络社群中，成员们通过分享生活点滴、倾诉内心感受等方式产生强烈的情感共鸣。这种情感共鸣不仅满足了青年的社交需求，还使他们在面对网络事件时能够迅速形成统一的情感态度和行为倾向。情绪感染则进一步加剧了这种效应，并使青年在网络空间中的情绪反应更加强烈。情感共鸣与情绪感染的作用机制提高了青年网络社会心态的趋同性和一致性，但同时也可能引发极端情绪和群体极化现象。

群体认同还通过影响青年对网络信息的接收与认知判断来构建网络社会心态。在网络社群中，成员往往愿意接受与自己群体认同相一致的信息和观点，而对那些与群体认同相悖的信息和观点则持怀疑或排斥态度。这种信息接收与认知判断的选择性使青年在网络空间中形成了一定的"信息茧房"，即只接收与自己群体认同相一致的信息和观点，而忽略了其他可能存在的多元信息和不同观点。这种现象不仅缩小了青年的信息视野和认知广度，还可能导致他们对网络事件的片面理解和误判。

（三）群体认同影响下的青年网络社会心态特征

在群体认同的影响下，青年网络社会心态往往呈现出群体极化现象。当青年面对网络事件时，他们容易受到群体情绪的影响而产生极端的情感态度和行为倾向。这种极端化的情绪反应和行为模式不仅营造了网络空间的紧张氛围，还可能引发网络暴力、网络谣言等不良现象。群体极化现象是群体认同在网络社会心态构建中的一个重要负面效应，需要人们高度重视和有效引导。

群体认同还促使青年在网络空间中表现出从众心理。在网络社群中，成员往往倾向于模仿和跟随群体中的关键人物或主流观点，来获得归属感和安全感。这种从众心理使青年在网络事件中容易受到群体意见的影响而产生趋同效应。网络从众心理在一定程度上有助于维护社群的稳定性和一致性，但也可能导致青年在网络空间中缺乏独立思考和判断能力。

青年网络社会心态在群体认同的影响下还表现出情感化和情绪化的特点。在网络社群中，青年往往倾向于通过情感化的语言和情绪化的反应来表达自己的观点和态度。这种情感化表达和情绪化反应不仅有助于增强社群的凝聚力和归属感，还使青年在网络空间中更加真实地展现自己的内心世界和情感需求。然而，过度的情感化表达和情绪化反应也可能导致网络空间情绪失控和冲突升级。

群体认同尽管在青年网络社会心态构建中起着重要作用，但网络空间的开放性和多元性也使青年的价值观呈现出多元化与冲突的特点。在网络社群中，成员们来自不同的背景和环境具有不同的价值观和行为习惯。这些多元化的价值观和行为习惯在网络互动中难免会产生碰撞和冲突。价值观多元化与冲突的现象在丰富网络空间的文化内涵和表现形式的同时，还可能使青年在网络空间中产生困惑和迷茫。

（四）强烈的群体认同产生的"饭圈文化"

"饭圈文化"是近年来兴起的一种亚文化现象，主要指围绕某一明星或偶像形成的粉丝群体。在这个群体中，粉丝们通过共同的兴趣爱好、价值观和行为规范形成了强烈的群体认同。这种群体认同不仅塑造了青年在网络空间中的身份感和归属感，还深刻影响了他们的网络社会心态。

在"饭圈文化"中，粉丝们往往将偶像视为自己的精神寄托和情感依托。他们通过共同支持偶像、参与应援活动等方式形成了强烈的群体认同感。这种群体认同使粉丝们拥有共同的信仰和价值观，即为了偶像的利益和荣誉而团结一致、共同奋斗。为了维护群体的稳定和统一，"饭圈文化"形成了一套严格的行为规范和纪律。粉丝们需要遵守特定的应援规则、言行举止要求等，来确保自己的行为符合群体的期望和标准。这种行为规范不仅增强了群体认同，还使粉丝们在网络空间中的行为更加一致和有序。

"饭圈文化"中的粉丝往往对偶像充满深厚的情感寄托。他们通过分享偶像的动态、参与应援活动等方式产生强烈的情感共鸣。这种情感共鸣使粉丝们在面对网络事件时能够迅速形成统一的情感态度和行为倾向，从而产生情绪感染效应。在"饭圈文化"中，由于群体认同的强烈作用，粉丝们往往对偶像的支持和喜爱达到近乎狂热的地步。他们在面对网络事件时容易形成极端的情感态度和行为倾向，从而引发群体极化现象。这种群体极化现象不仅营造了网络空间的紧张氛围，还可能对青年的网络社会心态产生负面影响。

"饭圈文化"为青年提供了一个情感依赖和满足社交需求的平台。在这个群体中，粉丝们通过共同支持偶像、参与应援活动等方式获得了归属感和安全感。这种归属感和安全感使他们在网络空间中找到了自己的位置和角色，从而满足了他们的社交需求。然而，过度的情感依赖也可能导致青年在现实生活中出现社交障碍和心理问题。

"饭圈文化"中的群体认同还深刻影响了青年的价值观和行为模式。在这个群体中，粉丝们往往将偶像视为自己的榜样和标杆，模仿他们的言行举止并产生与他们一样的价值观。这种模仿行为不仅塑造了青年的价值观和行为模式，还可能对他们的成长和发展产生深远影响。然而，需要注意的是，偶像的形象和价值观并非都是正面的，因此青年在模仿过程中需要保持理性和批判性思维。

三、正确引导青年网络社会心态的构建

针对青年网络社会心态构建中存在的问题和挑战，学校应加强对青年的网络素养教育。学校应通过开设网络素养课程、举办网络知识讲座等方式提高青年的网络素养和媒介素养，使他们能够理性看待网络信息、客观评价网络事件、文明参与网络互动。同时，学校还应加强对青年的心理健康教育，引导他们正确处理网络情绪、缓解网络压力，培养他们积极健康的网络心态。

在引导青年构建积极网络社会心态的过程中，学校应加强主流价值的引领作用。学校应通过宣传社会主义核心价值观、弘扬正能量等方式引导青年树立正确的世界观、人生观和价值观，增强他们的社会责任感和国家认同感。同时，学校还应加强对网络舆情的监测和分析，及时发现并妥善处理网络空间中的不良信息和极端言论，防止其对青年产生负面影响。

在尊重青年价值观多元化的基础上，国家应鼓励多元文化交流与融合。国家应通过网络平台搭建文化交流与互动的空间，促进不同文化背景下的青年相互了解和尊重，增进彼此之间的友谊。同时，国家还应加强对青年网络社群的管理和指导，引导他们形成积极向上的社群文化和行为规范，进而促进网络社群健康发展。

为了维护网络空间的清朗和谐，国家应建立完善的网络监管机制。加强对网络信息的审核和管理，防止虚假信息和不良言论的传播；加强对网络行为的监管和惩罚，打击网络暴力、网络谣言等违法违规行为；加强对网络平台的监管和指导，推动他们落实主体责任、加强自律管理、提高服务质量。

四、结　论

群体认同作为青年网络社会心态构建中的重要因素，不仅塑造了青年在网络社群中的身份感和归属感，还深刻影响了他们的思维方式、情感表达和行为模式。群体认同通过加强归属感与身份认同、塑造共同价值观与行为规范、引发情感共鸣与情绪感染以及影响信息接收与认知判断等机制对青年网络社会心

态构建产生深远影响。然而，在群体认同的影响下，青年网络社会心态也呈现出群体极化现象、网络从众心理、情感化表达与情绪化反应以及价值观多元化与冲突等特点。为了引导青年构建积极健康的网络社会心态，需要加强网络素养教育、强化主流价值引领、鼓励多元文化交流与融合以及建立完善的网络监管机制。通过这些措施，可以有效促进青年在网络空间中健康成长和全面发展。

第四节　媒介素养与青年网络心态的培育

随着互联网技术的飞速发展，青年的媒介素养与青年网络心态的培育已成为社会各界关注的焦点。青年作为使用网络的主力军，其媒介素养直接影响其网络行为的规范性、信息辨识的能力以及价值观念的塑造。因此，加强媒介素养教育，培育健康向上的网络心态，对青年的全面发展及社会稳定具有重要的意义。在网络时代，媒介素养的内涵不断丰富。青年作为网络原住民，他们的媒介素养水平不仅关乎个人成长，还直接影响网络空间的生态环境和社会文化的传承与发展。

当前，加强媒介素养教育、提高青年的媒介素养水平，已成为当务之急。青年网络心态的培育是一个系统工程，需要高校、相关部门以及社会各界的共同努力。通过加强媒介素养教育、提升青年网络法律意识、注重实践环节等，可以有效引导青年树立正确的网络观念和行为规范，为构建清朗网络空间、促进社会稳定和谐发展贡献力量。

一、媒介素养

媒介素养是指个体在处理、分析、使用各类媒体信息时所展现出的能力。"社会公众的媒介素养是指其认知媒介、参与媒介、使用媒介的能力，而这种能力往往表现在公众在媒介环境中的行为方式上"。[①] 青年人的媒介素养，一般是指青年群体辨析媒介种类、优劣，有效生产信息内容，掌握不同媒介特点，熟练使用媒介进行传播的能力。

---

① 侯茜苑. 浅析新媒体时代高校大学生媒介素养及其培养路径［J］. 融媒，2024（08）：59-62.

随着互联网技术的飞速发展，青年群体全面接触并频繁使用互联网，青年网络媒介素养呈现出高普及率、多样化设备、网络场景使用丰富等特点。良好的媒介素养，在青年成长过程中发挥着至关重要的作用，其重要性体现在多个方面。首先，网络媒介作为信息传播的主要渠道，对青年的生活、学习、工作产生了深远影响。青年具备良好的网络媒介素养，能够更好地适应信息化社会的需求，有效获取和利用信息资源。其次，如今的网络信息真假难辨、良莠不齐，网络媒介素养能够帮助青年辨别信息的真伪，青年可以更加理性地看待网络媒介内容，形成独立的见解。通过提升网络媒介素养，青年能够正确看待网络媒介传递的信息，抵制不良信息的侵蚀，从而塑造健康的心态和价值观。

在网络空间中，个人隐私和安全面临着诸多威胁。网络媒介素养教育能够帮助青年增强自我保护意识、学会保护个人隐私信息，避免其在网络上泄露敏感信息。同时，良好的网络媒介素养能提高他们对网络欺诈、网络暴力等行为的防范能力，确保自身安全。在网络空间中，青年不仅是信息的接收者，还是信息的传播者。通过提升网络媒介素养，青年能够意识到自己在网络空间中的社会责任和公民意识，积极传播正能量，抵制不良信息，为构建一个和谐、健康、有序的网络空间贡献自己的力量。

二、青年媒介素养的现实挑战

媒介素养是每个公民应具备的基本素养，提升媒介素养的关键途径在于实施媒介素养教育。党的二十大报告指出，"健全网络综合治理体系，推动形成良好网络生态"。网络媒介素养是影响个体成长、网络生态、社会治理的重要因素，而在互联网环境中成长起来的"00后"，他们的网络行为逐渐表现出数字化生存、思辨能力低、逆反抵抗心理强等特征，提升青年媒介素养正面临着新的考验与难题。[①]

（一）青年对社交媒体的强烈依赖与新媒体环境对青年的负面影响

社交媒体已成为青年日常生活中不可或缺的一部分，他们花费大量时间在各类社交平台上浏览信息、互动交流。这种高度依赖现象在青少年和大学生群体中尤为突出。社交媒体不仅改变了青年的沟通方式，还影响了他们的行为模式，影响了他们的信息筛选能力、信息解析能力和综合能力。许多青年倾向于

---

① 晏萍，裴丽娜. 提升大学生网络媒介素养的若干思考［J］. 思想理论教育，2016（03）：76-79.

通过社交媒体分享生活点滴、寻求认同感和归属感，这就在一定程度上削弱了他们在现实世界中的人际交往能力。青年群体越来越依赖社交媒体获取新闻、娱乐、教育等信息，像快餐式阅读、刷短视频等获取的信息往往缺乏系统性和深度，容易导致其信息过载和碎片化阅读。

此外，新媒体语境下，各种思想、价值观在网络媒体上广泛传播。一方面，部分网站或个人出于经济利益，发布不良信息或发布扭曲青年人价值观念的内容，如享乐主义、金钱至上等扭曲的价值观。青年群体正处于价值观的可塑时期，辨别能力有限，容易受到这些不良信息的影响。另一方面，过度依赖社交媒体也可能导致青年出现焦虑、抑郁等心理健康问题。他们可能会因为过度关注他人的生活而产生自卑感，或因遭受网络欺凌而感到无助和绝望。此外，社交媒体上的信息过载和碎片化也可能对青年的注意力和思考能力产生负面影响。他们可能会因为沉迷于社交媒体而忽略学业和现实生活，导致学习效率下降、人际关系紧张等问题。

（二）青年对媒介信息的主动思辨与不完全具备辨别真伪间的矛盾

随着互联网的普及和新媒体的发展，青年群体对媒介信息的接触更加频繁和深入。在青年阶段，个体不是被动地接收媒介信息，而是积极地投身于信息的传播与讨论之中。这一时期，青年思维活跃，对外界充满好奇，这种心态在媒介素养上体现为，他们利用互联网等媒介平台，主动参与公共事务的讨论，积极表达自己的观点。同时，他们还创造性地制作媒介内容，来满足自身多样化的需求。这种主动思辨的精神有助于他们更深入地理解社会问题，形成独立的见解和看法。

青年在信息接收上表现出较高的主动性，但他们的思辨能力往往跟不上信息获取的速度。面对海量且复杂的媒介信息，青年群体缺乏判断力和批判性思维，难以有效区分信息的真伪和价值。青年群体以其思维活跃和强烈的好奇心为特点，其世界观、人生观及价值观仍处于形成与完善的阶段。由于利益驱动等原因，网上的一些信息会影响大学生对社会事件的追问和思考，其认识不足，缺乏信息辨别的能力，就极易受虚假信息误导，扭曲真相，影响社会的舆论风向。

（三）青年群体间亚文化对主流文化的逆反心理和抵抗态度

青年亚文化体现的是那些处于社会边缘的青少年群体的利益诉求，它常常对成年人的社会秩序持挑战的态度，因此青年亚文化的一个显著标志就是对主流文化的反叛与抵抗。在青春期，青年潜意识的"转移"与"补偿"会转化为多种冲动且不稳定的行为，这些行为通常呈现出非理智、突发及多变的特性。网络游戏、追星行为、频繁发送手机短信等媒介消费行为，都是他们内心躁动不安的体现。长久以来，我们的媒介文化往往倾向权威主义，习惯以教导的口吻传递训诫式的内容。青年亚文化倡导的个性、自由、反权威等价值观与主流文化提倡的集体主义、责任感等价值观存在显著冲突。这种价值观的冲突不仅体现在思想观念上，还通过媒介传播渗透到社会生活的各个方面。在媒介高度发达的今天，青年群体借助新兴传媒手段，对主流社会话语权和成年人社会秩序进行挑战和颠覆。这种逆反心态可能促使亚文化的价值观念取代主流观念，从而在一定程度上削弱主流文化的影响力与权威性。在网络空间中，这种心态表现为过度追求娱乐化，营造出一种轻松自在的文化氛围。

　　青年亚文化所带来的媒介素养挑战还体现在以下几方面。首先，它对抗主流文化，这样可能会让青年排斥有价值的传统文化及观念，进而妨碍他们形成正常且健康的文化价值观。其次，青年亚文化的前卫、怪异形式易使青年全盘接受其附带的价值取向，进而否认传统文化及其价值。最后，随着青年亚文化消费成为潮流，青年可能排斥传统识读教育，如过度依赖电子媒介和视觉文化，忽视纸质媒体和读写能力的培养，从而导致其思维能力下降。

三、青年网络心态现状分析

　　网络社会心态是大数据、数字化、智能化及信息化时代，网络内部各子系统运作状态的反映，它的形成、演变及发展与一般社会心态有共通之处，同时其也带有独特的网络属性。[①] 简而言之，网络社会心态是指在特定时期内，网络社会中普遍存在的认知、情感、价值观念和行为意向的综合体现，它揭示了人们在网络环境中的心理状况和情感取向。这种心态受到多种因素的影响，包括生活体验、社会问题、网络信息环境以及技术革新等。网络社会心态既包含积极奋斗、理性平和等正面情绪，也存在躺平、焦虑、悲观等负面情绪。随着数智技术的发展，网络社会心态进一步受到技术环境的影响，个体的兴趣与偏好被解构，网络行为受到技术控制，导致网络社会心态发生改变。因此，厘清传播规律、培育青年积极向上的网络心态、构建风清气朗的和谐网络空间已成为

---

①　李宏宇，陈泉凤，邱雅晴. 青年大学生网络媒介素养现状分析与培育路径探索 [J]. 领导科学论坛，2023（08）：147-150.

完善社会治理体系的重要内容。

（一）青年网络心态的普遍特征

第一，个性化与自我实现。青年在网络空间中展现出很强的个性化需求，他们通过社交媒体、博客、短视频等平台积极表达自我观点和抒发情感。这种自我表达不仅有日常生活分享，还涉及政治、社会、文化等各个领域的思考和见解。他们倾向使用独特的网络语言、缩写、表情包或 GIF 来表达自己的态度和情感，这样便形成了独特的网络亚文化。同时，青年在网络空间中积极地进行自我呈现和身份构建。他们通过社交媒体等平台展示自己的兴趣爱好、生活方式、价值观等，以此来塑造自己的网络形象。这种自我呈现往往具有高度的选择性和策略性，青年会根据不同的社交场景和受众群体来调整自己的表达方式和内容，来更好地满足自己的心理需求。此外，由于网络的匿名性和距离感，青年在表达时可能较少受到现实社会中的束缚和压力，从而能够更自由地表达自己的情感和想法。这种直接性和真实性不仅有助于青年释放内心的压力和情绪，还有助于他们与他人建立更真挚、平等的情感联系。

第二，信息获取与认知多元化。互联网为青年提供了海量的信息资源，他们不再受限于传统媒介的单一信息来源，可以通过搜索引擎、新闻网站、社交媒体等多种渠道获取信息。这种信息获取的便捷性，不仅满足了青年对新鲜事物的追求，还促使他们的世界变得多元、开放。在面对纷繁复杂的信息时，青年展现出了一定的信息筛选能力和批判性思维能力。他们不再盲目接受一切信息，而是会根据自己的兴趣、需求和价值观有选择地吸收。由于网络空间中不同思想观念、价值取向的交汇碰撞，青年的认知也呈现出多元化的特点。他们愿意倾听不同的声音，理解并尊重不同的观点，这种开放包容的心态使他们在信息获取和认知上更加成熟和理性。此外，青年习惯通过图像、视频等直观形式获取信息，还善于利用多媒体形式进行表达和交流，使信息以更加生动、形象的方式呈现出来，从而增强信息的影响力。

第三，社交互动与情感共鸣。在虚拟的网络空间中，青年群体以其独特的交流方式和情感表达方式，构建了一个充满活力与共鸣的社交圈。他们利用社交媒体、在线论坛、即时通信工具等多元化平台，跨越地理界限，与全球各地的同龄人进行实时互动，分享生活点滴、交流思想观点。这种跨越时空的社会互动，不仅扩大了青年的社交范围，还使他们在交流中获得了情感上的支持与共鸣。青年在网络社会互动中更加坦诚，直接地表达自己的情感和看法。他们敢于在网络上发声,为自己的信仰、兴趣或权益争取支持。当某个话题或事件引发广泛关注时,青年们会迅速聚集在一起,通过转发、评论、点赞等方式,共同表达情感、传递力量,形成一股不可忽视的网络力量。此外,青年善于利用网络平台,发起或参与各种公益活动,为需要帮助的人提供支持,为社会问题的解决贡献自己的力量。积极参与社会活动,不仅体现了青年的社会责任感,还使他们在情感上获得了更多的满足感与成就感。

第四,娱乐休闲与压力释放。在快节奏的现代生活中,青年群体常常面临着学业、就业、人际关系等多方面的压力。为了放松和愉悦,他们倾向在网络上寻找各种娱乐休闲方式,以此来缓解压力、调节情绪。网络为青年提供了丰富多彩的娱乐休闲选择。他们可以通过在线视频平台观看电影、电视剧、综艺节目,通过音乐 App 收听自己喜欢的歌曲,还可以通过网络游戏、社交媒体等与他人互动。这些娱乐休闲方式不仅丰富了青年的业余生活,还为他们提供了一个释放压力、放松心情的空间。在娱乐休闲的过程中,青年追求新颖、刺激,敢于尝试各种新鲜的娱乐方式,来满足自己的好奇心和求知欲。同时,他们也注重分享和交流,这不仅增强了青年之间的情感联系,还使他们在娱乐中获得了更多的快乐和满足感。此外,青年还善于利用网络平台来释放压力、调节情绪。当遇到挫折或困难时,他们可以通过网络倾诉心声、寻求帮助,或者通过参与网络活动、游戏等方式来转移注意力、缓解压力,帮助自己保持良好的心态和积极的生活态度。

(二)青年网络心态存在的问题

互联网不仅是一个信息传播的工具,还是一个全新的生活空间,已经成为塑造和影响青年社会心态的重要领域。在这个数字化的新天地里,青年群体的网络心态总体上呈现出积极健康的发展趋势。然而,不可忽视的是,部分青年出现了心态失衡的现象,其主要表现为生存式"伪装"心态、评议式"围观"心态、张扬式"狂欢"心态、抗争式"矛盾"心态。[①]

首先,在虚拟的网络空间中,青年可能出于自我保护、避免冲突或追求特定目的而选择隐藏或遮掩真实的身份、情感和立场,以面具化的形象进行交流。这种心态可能是对个人隐私泄露的担忧、对网络社交规则的不适应或是对自我形象的刻意塑造。青年在网上使用化名、昵称或虚假身份进行交流,避免透露

---

① 李东坡,贾新媚.青年网络心态的问题表征与培育路径 [J].青年学报,2023 (04):70-76.

过多个人信息。面对敏感或争议性话题，青年通过模糊自己的立场和观点，隐藏或掩饰自己的真实情感来避免伤害。青年在网络空间中的行为更加谨慎，避免发表过激言论或做出可能引起争议的行为。网络角色的身份表演容易形成伪装幻觉，可能使青年套上角色枷锁，产生逃避式鸵鸟心态，走进固执、偏狭的认知误区中，造成"现实我""投射我""理想我"的冲突，陷入自我建构的危机。①

其次，评议式"围观"心态是指青年在面对网络热点事件、争议话题或人物时，表现出一种积极关注、发表评论并参与围观讨论的心理状态。网络时代的"网友说"似乎成了一个普遍自然的事情，由于"在'吃瓜'舆论场中，情感的传递方式是从个体的情感逐渐转向社会的情感"，进一步加快充满社会情绪的网络社会心态产生，并聚合和发酵。② 新媒体环境下，青年群体对网络热点事件保持高度敏感，一旦有事件发生，他们会迅速关注并通过各种渠道获取信息。在围观过程中，青年群体不仅关注事件本身，还积极参与讨论，发表自己的看法和意见。他们以评论、跟帖、跟风的方式表达，形成多元舆论。这种情感投入使围观讨论更加激烈和深入。

同时，青年群体还倾向以一种极度释放、自我张扬的方式参与网络活动，追求即时的快感和刺激，享受虚拟空间带来的自由与无拘无束，即张扬式"狂欢"心态。他们通过发布动态、分享照片、直播等方式展示自己的生活与个性，寻求他人的关注与赞美。他们通过参与网络热门话题讨论、参与网络挑战等，享受瞬间带来的快感，同时也可以摆脱现实生活中的束缚与限制，尽情释放自己的能量与创造力。在网络狂欢中，青年可能过于追求他人的关注与赞美，产生虚荣心和攀比心理，影响其个人价值观的塑造。在追求刺激与快感的过程中，部分青年可能产生网络暴力、恶意攻击等不良行为，破坏网络生态。此外，部分青年可能过度沉迷于网络狂欢之中，忽视现实生活中的责任与义务，导致生活失衡。

最后，在网络空间中，青年群体在面对多元信息、观点冲突及现实与虚拟的界限模糊时，容易产生内心挣扎与矛盾的心理。"社会心态的复杂性正以消极

---

① 杜智涛. 从围观到失序："吃瓜"舆论场的"次生舆情"形成与演化 [J]. 人民论坛，2020（27）：108-111.
② 李东坡. 感性世界·共识秩序·和谐建构：思想政治教育中的社会心态研究 [J]. 湖北社会科学，2016（10）：185-192.

性心态和积极性心态的交错共融和相互辉映成为复杂社会条件下的显著性标志"①，部分青年网络心态在产生过程和表现形态上的对立冲突是不可避免的。这种心态体现了青年在数字化时代成长过程中的复杂性与挑战性，既包含了对自我认同的探索，也涉及了对社会现实的反思与质疑。青年在面对多元信息时，容易产生认知上的不一致与冲突，难以形成稳定的价值观。在社交媒体上，青年可能同时体验到支持与被质疑、被认同与被排斥等复杂情感，导致其情感上矛盾与挣扎。青年在网络中的行为可能表现出不一致性，青年也有可能对自己的身份产生困惑，不清楚自己究竟是谁、代表什么。

四、媒介素养对青年网络心态的影响及价值

（一）媒介素养与青年网络心态的关系

媒介素养是指人们面对传媒各种信息时的各种能力，它是正确地、建设性地享用大众传播资源的能力，能够充分利用媒介资源完善自我，参与社会进步。

青年网络心态则是指在互联网环境下，青年群体所形成的特定的心理状态和行为倾向。这种心态受到网络信息的广泛影响，包括信息的真实性、多样性、传播速度等。对青年群体而言，媒介素养直接影响他们在网络空间中的行为和态度，其主要体现在以下几个方面。

第一，媒介素养影响青年对网络信息的辨识和认知能力。通过提升媒介素养，青年会对网络信息保持警惕，不轻易相信未经核实的信息。青年开始学会从多个角度审视信息，分析信息来源的可信度、信息的客观性和时效性，从而避免被虚假信息误导。在此基础上，青年还要具备良好的媒介素养，要运用批判性思维对信息内容进行深入剖析，判断其是否符合逻辑、是否有事实依据。这种能力的提升有助于青年形成更加理性、客观的认知，减少因错误信息而产生的恐慌、焦虑等负面情绪。伴随着自我保护意识的提高，青年在网络空间中可以更加安全、自由地表达和交流。面临海量且复杂多样的信息，若媒介素养不高，青年可能难以有效筛选和辨别信息，从而无法准确获取所需要的信息。长此以往，他们的认知结构会变得混乱，甚至产生误解和偏见。

第二，媒介素养直接影响青年的情感表达与社交行为。在网络交流中，青年要具备良好的媒介素养，个体在社交行为上得体、尊重他人，可以避免网络

① 封莎，肖一笑. 网络时代青年学生媒介素养提升的进路探究 ［J］. 学校党建与思想教育，2023（14）：69-71.

暴力等不良行为。媒介素养良好也能提升个体对网络信息的辨识和理解能力。这有助于个体在网络交流中更好地感知和理解他人的情感，增强情感共鸣，促进友善的网络心态。同时，具有良好的媒介素养能使个体更理性地看待网络信息，抵制负面情绪的诱导，保持平和、乐观的网络心态。若受不良信息影响，缺乏媒介素养的青年更容易受到网络上不良信息的影响，如暴力、色情、谣言等的侵蚀。这些信息可能对他们的心理造成负面影响，引发其焦虑、抑郁等情绪问题，甚至诱导他们产生不良行为。此外，一些青年可能会对网络社交产生过多的依赖，而忽略现实生活中的人际交往，这样会使其产生孤独、社交障碍等问题，继而加深他们对网络的沉迷程度，形成恶性循环。

第三，媒介素养影响价值观塑造与道德观念的形成。网络是各种思想文化的交汇地，青年在接触多元网络文化的过程中，需要具备一定的媒介素养来辨别是非、善恶、美丑，从而形成正确的价值观和道德观念，这对维护健康的网络心态至关重要。媒介素养使个体在面对纷繁复杂的网络信息时，能够运用批判性思维对信息进行筛选和评估，从而增强个体的判断能力，使个体不被错误或极端的价值观所误导，形成自己独立、正确的价值观念。具备媒介素养的个体也能够更准确地理解他人的情感和观点，这样可以促进网络空间中正向情感的共鸣，也有助于减少网络暴力和负面情绪的扩散，营造积极向上的网络氛围。相反，在网络匿名性的掩护下，缺乏媒介素养的青年可能更容易产生网络暴力行为，如恶意评论、人身攻击等。这种行为不仅会对他人造成伤害，还会导致青年自身的道德观念和社会责任感缺失。

媒介素养与青年网络心态之间存在着相互促进、相互影响的联系。提高青年的媒介素养，有助于引导他们形成更加健康、积极的网络心态。健康的网络心态，将助力青年更有效地运用媒介资源，促进其成长与社会发展。因此，加强媒介素养教育对促进青年健康成长、维护良好的网络生态具有重要意义。

（二）青年媒介素养和网络心态提升的价值意蕴

1. 网络强国建设的应有之义

党的十八大以来，以习近平同志为核心的党中央站在时代全局的高度上提出了建设网络强国的战略目标。建设网络强国是一项复杂的系统工程，其中涵盖了提升青年媒介素养这一基础性工作。在网络强国战略下，青年作为网络空间的主要用户和主要信息生产者，其媒介素养直接关系到国家在网络空间中的竞争力和影响力。提升青年的媒介素养，有助于增强他们在网络空间中的信息辨识、传播和创新能力，为国家网络强国建设提供有力的人才支撑。高媒介素养的青年能够更好地识别网络威胁和不良信息，有较强的网络安全意识，可以有效防范网络攻击和欺诈行为，为维护国家网络安全贡献力量。在网络时代背景下，唯有将提升青年媒介素养视为一项根本任务，方能引领他们积极投身于网络强国建设中，激发他们的使命感与责任感，使他们更出色地传播网络正能量、捍卫网络安全、共同营造清朗的网络环境。

2. 深入落实立德树人根本任务的客观要求

立德树人这一教育核心理念，绝非孤立于时代之外的封闭性任务，是与时代共同发展的铸魂工程。随着科技的飞速进步，网络空间与现实世界已经深度融合，交织成一张无处不在的信息网，重塑着人们的生产生活方式、思维模式及价值观念体系，特别是对那些自小便浸润在网络环境中的青年而言，网络不仅是他们获取信息的主要渠道，还是他们沟通交流、表达自我、构建社交关系的重要平台。然而，网络空间并非一片净土，它充斥着各式各样的不良信息、错误的价值观念以及纷繁复杂的社会思潮。这些负面因素如同暗流涌动，对青年的价值观、政治观乃至道德观都形成了巨大的冲击和挑战。所以，引导青年正确地看待网络信息以及培养青年辨别是非和抵制不良诱惑的能力，就成为进一步完成立德树人根本任务的关键。要以提高青年媒介素养为精髓，以推动立德树人、守正创新为主线，培养新时代有理想、有道德、有文化、守纪律的青年。这样，才能更好地适应网络时代的发展需求，为国家的繁荣富强和中华民族的伟大复兴培养出更多优秀的人才。

3. 促进青年自身全面成长发展的现实需要

在这个信息爆炸的时代，青年不仅扮演着网络信息的积极传播者角色，还是海量信息的接收者与消费者，他们亟须增强对媒介信息甄别与运用能力，来应对网络环境中纷繁复杂的信息流。提升媒介素养，对青年而言，意味着培养一种自觉而积极的心态，青年要主动接收并内化社会主流思想信息。这种素养的养成，将促使他们在网络空间的交往中，展现出更加健康、向上的精神风貌，使他们成为网络文化的正向推动者。更重要的是通过提高媒介素养，青年会更自觉地建立正确的价值观、网络观和社交理念，他们将在网络空间中学会尊重他人、理性表达，避免盲目跟风或陷入极端情绪之中。这一成长历程不仅有利于青年健全的人格和独立思考能力的养成，而且会为其全面发展打下坚实的基础，使他们在未来的社会生活中能够更好地应对网络时代的挑战，实现个人价值与社会价值的和谐统一。

五、媒介素养与青年大学生网络心态培育策略

媒介素养的缺失已经成为影响青年网络心态健康发展的关键因素。作为青年群体中重要人群的青年大学生，他们对网络的认识，以及其所关注的资源类型以及网络使用方式，都会对他们的知识获取途径、思维模式以及价值观念产生深远的影响。因此，青年网络心态培育必须在政策规划、教育体系、价值引领、网络法规教育等方面同步施策。

（一）政策指引，规划先行：护航青年大学生网络心态的健康成长

在网络时代背景下，培育当代青年大学生的媒介素养与良好网络心态，离不开各级部门的领导组织、高度重视及科学规划。首先，在各级党委的引领下，相关部门从政策层面着手，将媒介素养教育纳入国家教育体系中，明确其在各级教育中的地位和要求，确保所有青年大学生都能接受到基本的媒介素养教育。政府需联合教育、传媒、信息技术等多领域专家，共同制定媒介素养教育的课程体系和教学标准，确保教育内容的科学性和系统性。同时，政府鼓励和支持开发高质量的媒介素养教育资源，包括教材、在线课程、教学案例等，并通过政府采购、公益捐赠等方式推广到各级各类学校中。学校通过建立媒介素养教育的评估机制，定期对教育效果进行评估和反馈，根据评估结果调整教育政策和教学计划，确保教育目标的实现。国家通过财政补贴、税收优惠等政策手段，支持媒介素养教育的推广和实施，同时强化对网络环境的监督与管理，来营造积极向上、健康的网络风气。此外，政府要积极引导社会组织、企业和个人参与媒介素养教育，并通过公益项目、志愿服务等方式，为青年大学生提供更多的学习机会和实践平台。

（二）教育养心，素养固本：引领青年大学生网络心态的正向发展

对青年大学生来说，学校教育在其成长成才过程中发挥着重要作用。第一，构建系统的媒介素养教育课程体系。学校将媒介素养教育作为学校基础教育的重要组成部分，从小学到高中乃至大学，逐步推进媒介素养教育课程的深入与系统化开设。同时，学校将媒介素养教育元素渗透进语文、历史、政治、信息技术等学科教学中，采用跨学科的教学模式，确保学生在各类学科的学习中均能触及媒介素养知识，从而构建起全面的媒介素养认知框架。第二，学校应对教师进行媒介素养的专项培训，提高他们自身的媒介素养水平和教学能力。同时，学校应鼓励教师在课堂教学中积极运用媒介素养的理念和方法，通过示范

和实践，让学生在实际学习中感受到媒介素养的重要性。此外，学校也应该创新媒介素养教育模式，妥善利用互联网和新媒体平台，开展线上媒介素养教育活动，如网络课程、在线讨论、虚拟社区等。同时，学校要结合线下实践活动，如新闻报道、微电影、短视频等相关媒介制作比赛、媒介素养主题讲座等，形成线上线下联动的教学模式。通过实践，让青年大学生亲身体验媒介制作的过程，了解媒介运作的规律，提高媒介素养的实践能力。

（三）价值为魂，素养为骨：共筑青年大学生网络心态的坚固防线

价值观引领在媒介素养教育和青年网络心态培育中占据核心地位。在信息爆炸的时代，青年大学生要有辨别信息真实性的能力，这样他们能够有效抵御不良思想的负面影响，巩固主流意识形态地位。因此，在媒介素养教育和网络心态培育中，学校应大力弘扬社会主义核心价值观，将其作为引领青年成长成才的重要指南。一方面，学校将社会主义核心价值观融入思想政治课、媒介素养教育课等课程中，通过案例分析、视频教学等形式，使青年大学生在课堂学习中深刻理解和认同社会主义核心价值观。另一方面，学校开展多样化的实践活动，如社会调查、志愿服务活动及网络文明传播等，使青年大学生在亲身实践中体验、领悟并实践社会主义核心价值观。同时，学校强调潜移默化的思想引领，通过树立典范人物、推广优质网络文化产品，让青年大学生在日常生活中深受熏陶，真切体会社会主义核心价值观的内涵，确保其深入人心。最后，政府、互联网企业、家庭、学校等多方主体应各自发力、共同努力净化网络环境，减少不良信息对青年大学生的影响。

（四）法规为基，素养为翼：构建青年大学生网络心态的教育堡垒

习近平总书记指出："要推动依法管网、依法办网、依法上网，确保互联网在法治轨道上健康运行。"① 这为提高青年学生媒介素养提供了重要指导。相较于网络信息的广泛传播、网络功能的不断增强以及应用软件的创新迭代、虚拟世界的日新月异，青年大学生的网络媒介素养教育却显得较为迟缓。为了更好地与时代同步，高校不仅应在校内或网络教育平台上设立专门的媒介素养教育课程，还应系统教授青年学生如何识别网络信息的真伪、理解媒介运作机制、批判性地分析媒介内容，以及培养其网络伦理意识。网络教育平台应加强对网络内容的监管，过滤不良信息，同时提供教育引导资源，帮助青年大学生建立

---

① 习近平在网络安全和信息化工作座谈会上的讲话［EB/OL］.［2016-04-19］（2024-04-13）. https://www.cac.gov.cn/2024-08/27/c_1726445971637912.htm.

正确的网络价值观和使用习惯。相关部门需加大对网络法律意识的推广力度，尽可能扩大宣传覆盖面，如分发网络法律指南、举办专题讲座等。同时，相关部门应利用微信公众号、微博等新媒体平台，采用贴近青年大学生的话语方式，广泛传播网络法律知识与道德规范，营造积极向上的学习氛围，从而在潜移默化中提升他们合理合法使用网络媒介的能力。

六、结　论

随着媒介技术的飞速发展和新媒体的普及，提升青年的媒介素养已成为时代提出的迫切需求。媒介素养不仅是青年有效获取信息、理性判断信息的能力，还是他们在网络世界中保持健康心态、树立正确价值观的关键。媒介素养的提升和青年网络心态的培育是两个重要的系统工程，需要社会各界的共同努力。通过加强媒介素养教育、引导青年树立正确的网络使用观念、营造良好的网络环境等措施，可以培养出具有健康心态、高度媒介素养的新时代青年，为社会的进步和发展贡献青春力量。

第三章

青年群体消费行为与网络社会心态

第一节 青年群体消费行为的现状

目前在我国经济发展的大背景下，青年群体作为一股不可忽视的力量，正逐渐成为一个潜在的巨大消费群体。根据 2020 年第七次人口普查数据公报，我国 35 岁以下人口占总人口的比例高达 45.15%，15～35 岁的人口比例为27.18%。这一数据反映了当前我国青年群体的人口基数大，他们有无限的消费潜能。

一、互联网消费成为主要消费形式

《中国商报》发表的《2023 年我国 GDP 同比增长 5.2%》显示，2023 年，消费支出对 GDP 的增加呈持续扩大的趋势，最终消费支出对 GDP 增长的贡献率达到 82.5%，这表明消费需求在拉动国民经济增长方面发挥着越来越大的作用。当前，国民经济的增长不是依靠出口和投资拉动，而是凭借消费需求拉动。在总体居民消费占比中，青年群体的消费总量呈现出逐年递增的趋势，对整个居民消费的影响力也在逐年增强，推动着国民经济的增长，其地位和作用越来越重要。麦肯锡发布的《2020 年中国消费者调查报告》显示，调查样本中二线及以下城市"年轻购物达人"仅占受访者的 25%，却为当年的消费支出贡献了近60%。这进一步表明在居民整体消费水平中，青年群体扮演着越来越重要的角色。

互联网技术的革新，不断赋能青年群体新的消费潜能。当前，青年受网络的影响，思维超前，追求时尚，相比过去"吃得饱就好"，当代青年人更强调"吃得好"，特别注重生活格调。加之，青年群体本身在应用计算机和互联网技术上具有先天优势，其强大的好奇心和追求新鲜事物的内在驱动力推动了青年群体通过互联网进行消费。此外，青年群体也积极认同线上消费、电子支付等新兴消费理念，网络显然已成为青年人生活中的重要组成部分。据中国互联网络信息中心发布的《互联网助力数字消费发展蓝皮书》（以下简称《蓝皮书》）显示，2023 年，中国数字经济的核心产业增加值超过 12 万亿元，占 GDP 的比重超过 10% 左右，数字消费的发展正稳步推动消费市场转型升级。《蓝皮书》进一步显示，"90 后""00 后"是数字消费的主力军。"00 后"网络购物使用率达88.5%，他们在个性化消费、国货消费、智能消费等领域较为活跃。可以看到，青年群体已成为当代电子消费和网络消费的主力军。

二、"符号消费"现象突出

消费不仅是推动经济发展的起搏器，在改善人们生活质量和促进人的全面和谐发展方面还扮演着重要角色。因此，消费是人类社会常见的一种经济行为。消费最基本的功能在于满足人类的正当需要，如果人类的消费行为背离了其基本功能，则可以被视为"异化消费"。人们如果过度追求异化消费，则会为满足一时之欲而阻碍自己的全面发展，甚至影响社会的可持续发展。

在当代青年群体中，"符号消费"现象尤为突出。所谓"符号消费"，指的是"消费者在购买消费商品的过程中，追求的不仅仅是商品物理意义上的使用价值，还包括商品上所附加的、能为消费者提供声望、表现消费者个性特征与社会地位以及权利等带有一定象征性的概念和意义"①。与过去相比，当代青年无论是物质基础还是精神世界都有所不同，享受生活成为当前大多数青年的基本理念。此外，在群体压力下，一些青年群体的消费价值观还受到了群体内部的影响和制约。具体表现为，青年群体往往会自觉或不自觉地与群体成员保持一致，在日常消费中其行为选择或判断会受到群体内部的干扰。

一些青年群体在攀比心理的影响下，容易购买一些毫无实用价值的物品或奢侈品。在青年群体的消费中，品牌被比作一种"图腾"或差异化符号。学者侯万锋曾对 58 名青年人进行访谈，在访谈过程中发现，有一半的被访者认为通

---

① 孔明安 . 从物的消费到符号消费——鲍德里亚的消费文化理论研究［J］. 哲学研究，
　　2002（11）：68-74，80.

过消费名牌商品能够满足自我心理上的需求，还有一部分被访者则将品牌西餐、香水、服饰等视为尊贵、"小资"的象征。① 目前，国内外各大品牌通过社交媒体平台、移动通信设备或电视网络投放的广告，影响着青年群体的消费行为，而新潮、品牌、时尚、前卫等也成为青年群体追逐新生活的价值标签，影响着青年群体消费的发展趋势。与此同时，许多青年人为满足自身对这些时尚、新潮等标签的追求，投入了大量的资金。他们对物质欲望的过度追求会进一步促使自己丧失理性思考，长此以往会造成社会资源的浪费等问题。

三、盲目超前消费行为凸显

现在的青年群体大多为独生子女，较少体验生活的艰辛与不易，所以无论在消费观念还是消费行为上都呈现出与父辈大相径庭的消费特征。部分青年秉持"今日钱，今日花""今朝有酒今朝醉"和"我想花钱时就能花"的观念，通过不断贷款、分期付款等方式最大限度地满足自己的购物欲望，挣多少花多少，习惯超前消费。在一些青年看来，"幸福就是消费更新和更好的商品，服饰、饮食、烟、酒、电影、娱乐和性欲的消费成了衡量人尊卑贵贱的新尺度，而享乐、炫耀和时尚也成为实现人生价值和成就的标准"②。

此外，一些年轻人缺乏消费计划，消费易冲动，这个月的钱不够花便预支下个月的生活费，认为该花就花，结果是越花越多，如此循环，往往深陷入不敷出的经济局面中。因为在他们看来，消费"不过是给我们神经以不同程度的刺激，并不会使人真正感到幸福和快乐。消费不过是一种没有快乐的生活迫使人们不断追求新的刺激的一种享乐行为"③。更有甚者，为满足一时的消费欲望而过度消费信用卡，以卡养卡，最终成为"卡奴"。有的年轻人甚至因盲目消费，不能按时还款而产生不良信用的记录。调查显示，当前"卡奴"中，40岁以下的中青年占比超过70%，而这背后的超前消费、以卡养卡是其主要原因。

学者丹尼尔·贝尔曾言："这种永远不满足现状、永无止境的欲望消费便是

---

① 侯万锋. 当代青年消费价值观的道德审视及其调适新机制的构建——一项基于1185份调查问卷的实证分析 [J]. 河北青年管理干部学院学报, 2015, 27 (06): 1-4.
② 曾燕波. 青年消费观变迁的时代特征 [J]. 人民论坛, 2024 (08): 38-42.
③ 关山. 评弗罗姆的两本畅销书——《爱的艺术》和《占有还是生存？》[J]. 国外社会科学, 1986 (05): 65-68.

消费异化。"① 当人们的消费行为不是以满足自身的基本需求为出发点，而是沉溺于无节制的欲望满足时，这被视为消费异化。21 世纪的青年在时尚前锋、新潮等标签的影响下，在消费过程中不再追求物品本身的使用价值，而是追求物品的符号性和炫耀性，原本满足基本生存需要的消费也蜕变为"时尚消费""符号消费"等异化消费，在这个过程中则暗自滋生了"卡奴""月光族"等青年群体缺乏理性消费的行为。值得注意的是，这种异化的消费除了会直接导致青年群体在消费过程中缺失理性精神，日积月累，他们会逐渐遗忘消费本身最基础的功能，变成一种纯粹的"符号消费"。这种消费行为并不会使青年群体真正感到幸福，因为生活本身的意义已经在盲目消费中逐步偏离。

四、理性消费和"虚假需求"并存

随着可持续发展概念的提出，现代社会对人的发展和社会的可持续发展都提出了更高的要求。与过去相比，现在社会物质生活水平得到了很大的提升。随着经济条件的改善，21 世纪的青年群体对物质生活品质也提出了更高的要求，更乐意为文化消费和知识付费买单。这一方面能充实自己的知识储备，另一方面也体现出当今的青年群体更注重自我管理与成长，其消费倾向发展性消费等理性消费。其具体表现为青年群体进行消费时会更注重物品的性价比，会更强调物品的科技性等。例如，随着国货产品质量的不断升级、更新，新时代的青年群体开始逐渐对国外品牌祛魅，转而将目光投向更具性价比的国货商品上。此外，一些青年也开始对冲动消费设防，不再盲目地追求商品的品牌效应，当他们进行消费时会理性地评估消费的必要性，简而言之，相较于"只买贵的"，现代青年更倾向"只买对的"。

尽管如此，一些奢靡消费、超前消费和"虚假欲求"等消费异化的现象仍存在青年群体中。比如，当今时代自媒体行业盛行，风格各异的自媒体博主为赢得流量吸引眼球，拍摄各种尺度的视频诱导消费者消费。加之在算法技术加持下不断推送相关商品的信息，一些年轻人容易受此影响购买一些他们并不需要的各种奢侈品和时尚单品，有的年轻人甚至使用小额借贷平台，不顾后果地接受"先消费再还款"的消费理念，毫无计划、没有节制地进行炫耀消费和超前消费以及奢靡消费等。据董艾辉和张婉卿的研究，当前 8.8% 的青年群体认为

---

① 董艾辉，张婉卿．马克思主义消费观视域下当代青年消费文化的现状审视及建构路径[J]．湖南省社会主义学院学报，2024，25（03）：84-89.

通过消费能展示其经济能力、生活品位和个性，24.8%的青年群体比较看重别人对自身经济水平的评价。为此，有的年轻人愿意花高价购入最新款数码产品，如智能手机、蓝牙音箱、游戏设备等，并且会持续更新这些产品。他们频繁更新的背后并非出于实际需求，而是将使用最新款数码产品视为彰显个人经济地位的体现。有的年轻人不顾自身实际经济能力，通过购买名牌包、珠宝首饰、服装和手表等消费行为来追求奢侈的生活，为此不少青年深陷债务无法自拔。

第二节 青年群体消费行为的规模与结构

青年群体作为最具活力与创新性的潜在消费群体，在整个社会经济发展中占据重要地位。具体而言，青年群体在消费行为上表现为快速接受新事物、追求新鲜与刺激、注重情感连接和个人体验以及偏好线上支付和移动消费等便捷方式。这些特性使青年群体成为引领新兴消费形式、塑造市场新潮流的重要力量。青年群体的消费偏好和习惯往往预示着未来市场的走向，青年群体的消费数据分析可以帮助政府或企业更精准地把握市场动态。同时，青年群体在消费过程中可能产生的问题或困难，如信息泄露、负债消费等，能帮助政府有针对性地制定法规政策，保护青年群体的合法权益。可见，研究青年群体的消费行为与规模，无论是对青年群体本身还是对整个社会经济发展都起着不可忽视的作用。

一、消费规模持续扩大

据 Quest Mobile 数据显示，截至 2024 年 2 月，19—35 岁的网民规模已超过4.06 亿，占全网用户较大的比例。青年群体不仅人数众多，而且消费能力较强。当前，青年群体的消费规模不断扩大，其消费习惯和趋势更多地呈现出多元化和个性化的特点。Quest Mobile 数据显示，就线上消费而言，青年群体中的高消费（每月线上消费 2000 元以上）人群占比高达 43.4%，远远高于全网人均水平（28.8%），这进一步表明青年群体拥有巨大的消费潜能和市场空间。

二、青年群体消费结构特征

（一）追求个性化和高品质生活

当今的青年群体在进行消费时尤其关注个性化表达，对创意内容更加敏锐。例如，抖音、微博和小红书等 App 成为他们获取信息和分享购物体验的重要渠道。此外，一些关键人物也通过这些社交媒体平台发布创意内容，如视频、图文等，这些社交媒体平台从视听等多个维度潜移默化地引导着青年群体的消费行为。例如，某知名美妆博主通过小红书，以日常分享的形式向大家推广一款小众品牌香水，其生动形象的讲解和个性化的表达在短时间内获得大量关注，刺激人们前去购买。

当代青年群体除了在消费时追求个性化的表达方式外，还追求高品质生活。具体表现为，不少年轻人愿意为了高品质的产品和服务买单。例如，在选择家电方面，与老一辈相比，当代年轻人为了简便家务和提升生活质量，更热衷于购买一些智能化和一体化的家电产品。比如，现在市场上大力推广的智能扫地机器人，其便捷的操作程序和高效的清洁能力，受到不少青年的青睐。

（二）理性消费和性价比追求

《2024 年轻人消费趋势调查》显示，41.04% 的受访青年群体在购物时经常会再三比价，而 19.29% 的受访者表示他们在购买任何商品的时候都会进行价格和品质等方面的对比。也就是说，现在年轻的消费者正逐渐变得更加精明慎重，比起一些外在属性，现在青年群体会更加注重产品的性价比和实际价值。具体表现为当他们购物时，他们愿意花更多的时间进行多渠道比价和寻找平替商品，从而确保自己花的每一分钱都能获得超值的购物体验。例如，在国内咖啡产品的消费中，青年群体逐渐从过去的高价商业咖啡慢慢转向性价比更合适的咖啡，如近两年，库迪咖啡和瑞幸咖啡推出全场 9.9 元的促销活动，吸引了大量年轻消费者，而星巴克、Costa 和 Times 等高价商业咖啡在国内也正面临着流失青年客户的困境。

当代年轻人更加注重产品的性价比，但这并非意味着他们赞同"低价至上主义"。实际上，他们更看重的是商品的质量、品牌和服务等综合因素，即追求的是商品的质价比。在《2024 年轻人消费趋势调查》中，38.88% 的受访者表示在消费时虽然有时会倾向选择同等价格较低的产品，但产品的质量、品牌和售后等其他因素对消费决策同等重要。这就意味着，年轻人在消费时除了强调产品的性价比外，还追求高品质的生活。

（三）国潮文化与文化自信

近年来，随着国潮文化的兴起，越来越多的年轻消费者开始将目光转投到具有中国传统文化元素的产品上。在敦煌、故宫，及《山海经》、三星堆等中国鲜明文化特色元素的加持下，当今的国潮产品备受青年群体的喜爱。举例来说，某线上品牌联合故宫博物院推出原创文化产品和服饰，一经上线便吸引了广大青年，出现了"供不应求"的狂热购买现象。当代青年群体在国潮文化产品方面的消费持续增加，这反映出年轻一代对本国传统文化的认同感和自豪感，彰显出青年群体的文化自信。

青年群体在国潮文化消费方面的热情度与参与度，成为推动国潮经济发展的重要力量。以汉服为例，2023年，其市场规模达到144.7亿元，并预计在未来几年呈持续增长的趋势。此外，在抖音、小红书等社交媒体平台上，相比其他关键词，有关汉服体验的检索词也呈现出大幅增长的态势，此类现象都显示出青年群体对我国传统文化的追捧和支持。作为汉服重要元素之一的马面裙，其成交订单量在抖音电商平台上同比增长了84.1%，京东平台的交易数据显示，有关汉服品类的成交额已实现超300%的增长。2023年，中国市场成交总额数据显示，国潮经济市场规模达到20517.4亿元，同比增长9.44%，其中"90后"和"00后"是国潮文化产品崛起背后的主力军，他们贡献了主要的市场份额。①

人们通过一些现代手段，可以实现文创产品与古老的非遗技艺的完美结合，从而吸引更多青年人关注中国传统文化，并在一定程度上推动文化产业的发展。故宫博物院联名服饰、彩妆和三星堆青铜面具雪糕等创意文化产品，不仅满足了当代青年群体对美的追求，而且还激发了他们对传统文化的自信感和认同感。

除了国潮文化产品周边，全国各大城市的博物馆和公园等具有历史韵味的景点也成为大量年轻游客新的打卡地。这一方面可以刺激青年群体购买相关的文创和研学产品，另一方面也能培养青年一代的文化审美和自信，助力传统文化走向更广阔的舞台。购买文化产品、旅游打卡等国潮文化消费狂潮的出现，也更直观地体现了年轻一代的审美追求和文化涵养，这也为中国经济的增长注入了新鲜的血液。

---

① 李春丽，朱峰，崔佩红. 基于亚文化视角的青年"汉服文化"透视 [J]. 当代青年研究，2015（01）：40-46.

（四）解压消费和情绪价值

随着社会生活的变化和工作压力的增大，解压式消费已成为青年群体的消费新风向。现如今，市场上出现了各种类型的新型解压玩具和线下解压消费场景。例如，捏捏乐、指尖陀螺和敲木鱼等各种类型的解压玩具受到青年群体的喜爱，而如 Live house、射箭和拳击等解压项目也受到不少年轻人的喜爱。此外，泡温泉、洗浴按摩和健身等线下体验也成为年轻人新的解压方式，特别是在节假日期间，一些年轻人为了暂时从忙碌的生活中抽离出来，获得身心的放松，将这些消费方式视为休闲娱乐的新方式。层出不穷的新型解压项目不仅能帮助青年群体愉悦身心，还能丰富他们的日常生活，增添生活乐趣。

除了解压消费，青年群体在进行消费时也越来越注重获取产品的情绪价值，这就意味着他们愿意为能给他们带来愉悦、放松等情绪体验的商品和服务买单。具体表现为，当前的一些咖啡馆和书店愿意将时间和精力更多地花在场景的搭建和环境气氛的营造上，因为在他们看来，舒适的环境和高质的服务是吸引年轻消费者前来消费打卡的重要法则。此外，一些品牌也会通过跨界合作或开办主题游玩活动来吸引消费者的关注，促使消费者消费。诸如此类消费新现象，究其原因在于，当代青年群体不再局限于物质上的满足，而更重视获得心理上的愉悦感和满足感。不少青年表示他们愿意通过观看影视剧、购买新奇玩具或报名兴趣课程等渠道为自己的情绪价值买单。

三、青年群体消费规模与结构的影响因素

青年群体，特别是大学生和刚步入职场的青年，其消费规模与结构受到多方面因素的影响，经济因素、社会因素和技术因素在其中起着重要作用。

（一）经济因素

家庭经济条件是影响青年群体消费的重要因素。当前，随着经济条件的改善和家庭收入水平的提高，年轻人的消费能力和消费水平也随之提高。调查数据显示，一般情况下，家庭经济条件较好的年轻人无论是在电子产品、服装还是休闲娱乐等方面的消费支出明显高于经济条件一般或较差的年轻人，大学生群体中这类现象尤为显著。收入是消费的基础和前提，因此青年群体的收入水平是直接影响其消费规模的决定性因素。对大多数大学生而言，其经济收入主要来自父母或家里其他成员的支持，所以其消费能力也相对较弱。然而，随着社会交往范围的扩大，他们外出实习和兼职等机会不断增多，部分大学生也逐

渐能获得除家庭以外的收入，这也是青年群体消费规模扩大的重要原因。一项针对大学生的调查数据显示，每月生活费在 600 元—1000 元之间的学生群体，其消费频数和消费基数相对较高，且其消费类型也随基础生活费用的增加而增多①。

（二）社会因素

同伴、学校、媒体等社会环境也会对青年群体的消费行为产生潜移默化的影响。比如，同学、朋友日常消费过程中产生的攀比心理往往会促使一些年轻人追求更高质量的生活，同时也容易给一些不法之徒提供可乘之机，他们会引诱青年群体进行网贷等。此外，媒体（特别是社交媒体）的出现，其传播面大、影响深远和形式多样化等特点也进一步激发了青年群体的消费欲望。青年群体的消费观和价值观是影响其消费行为的重要因素。21 世纪以来，随着社会生活的变化，越来越多的青年人追求新颖的品质化的生活，热衷于进行体验性和个性化的消费。比如，平板电脑、智能手机和蓝牙设备及相关的电子产品在青年群体中有极高的使用率。出现这一现象的原因不仅是因为这些电子产品本身能满足青年群体对电子设备的高需求，还因为智能手机、电脑等产品是青年群体体现身份和个性的重要标志。

（三）技术因素

随着互联网技术的革新和移动支付方式的普及，青年群体的消费方式发生了深刻的变化。根据 CNNIC 发布的数据，截至 2024 年 6 月，我国网络购物用户规模已超过 9 亿人，其中"00 后"网络购物使用率达 88.5%。当前，传统的线下消费正逐步被线上消费、移动支付等新兴消费形式取代，连接网络轻触屏幕便能完成支付的移动消费方式也为青年群体提供了更加高效便捷的购物体验。随着移动设备的普及和思维方式的更新，以互联网为主的消费已成为青年群体的重要消费渠道。此外，借助算法和大数据等技术的分析，淘宝、京东等电商平台通过用户浏览记录、购买历史等数据能够精准地推送年轻人喜爱和需求的商品和服务，从而为青年群体推送更具个性化的信息，这进一步刺激了年轻人的消费欲望。

以大学生群体为例，其消费结构和规模的变动反映了社会、经济和技术三种因素的共同作用。从经济方面而言，在家庭经济条件改善和日常兼职收入的

① 调查：大学生一个月花多少钱"合适"？［EB/OL］．［2024-09-07］. https：//baijiahao. baidu. com/s？id=1809523961282150613&wfr=spider&for=pc.

加持下，大学生群体的消费能力也呈现出上升趋势；从社会方面而言，当前大学生容易受到同学、媒体和校园等多方面因素的影响，从而更关注消费产品的个性化和品质；从技术层面而言，移动互联网技术的革新和在线支付的普及，使大学生能随时随地进行消费，电商平台提供的个性化服务进一步激发了其消费欲望。诸多因素共同作用，助推了大学生消费结构的优化升级和消费规模的不断扩大。

综上所述，青年群体的消费规模与结构受到经济、社会和技术这三者的共同影响。首先，收入和家庭经济条件决定了青年群体的消费能力，起着基础性的作用；其次，青年群体的消费理念和价值观的变化则反映了新时代青年的追求和偏好；最后，互联网和移动支付等技术的发展，则为青年群体的消费提供了更加便捷、高效的消费形式。未来，随着经济社会的持续发展和变化，青年群体的消费规模与结构也将继续发生改变。

第三节　青年群体网络消费行为特征

一、定　义

青年群体通常指年龄在 14—35 岁之间的人群，其涵盖青少年和年轻成人。[①]这个阶段是个体成长和发展的关键阶段，涉及其身体、心理和社会身份的转变。青年时期是人们从依赖家庭向独立生活过渡的重要时期，同时也是塑造个人价值观、人生观和世界观的关键时期。

在社会和文化背景下，青年群体的特征多样。他们通常具有较强的创新意识和探索精神，渴望寻找自我认同，追求独立思考和个性表达。同时，信息技术的迅猛发展使青年群体更容易接触各种信息和文化，增强了他们的多元包容意识。在信息技术高度发达、电子商务迅速崛起的背景下，这一群体成了网络消费的重要参与者和推动者。他们从小接触互联网，具有较高的数字素养，网上消费已成为他们日常生活中不可或缺的一部分。

---

① 朱丽丽，姜红莉．消极绩效主义实践：基于社交平台青年群体数字囤积行为的研究［J］．国际新闻界，2024，46（06）：154-176.

消费者行为指的是消费者为索取、使用、处置消费物品所采取的各种行动。这些行动的决策过程，甚至包括消费收入的取得等一系列复杂的过程。消费者行为是动态的，它涉及感知、认知、行为以及环境因素的互动作用，也涉及交易的过程。网络消费行为是指消费者通过互联网对商品或服务进行购买的行为。这一行为涵盖了从信息获取、比较到最终购买的一系列步骤，反映了现代消费者在数字化时代日益变化的消费习惯和心理特征。①

网络消费行为受到多种因素的影响，包括消费者的个人需求、品牌认知、社会影响和技术便利性。在网络环境中，消费者可以轻松访问产品信息、用户评价和价格比较的网页，因此具备做出明智购买决策的能力。社交媒体和在线推荐也在这一过程中发挥着重要作用，消费者往往会参考他人的意见和反馈，从而进行自己的选择。与传统消费模式不同，网络消费通常具有更强的便利性和灵活性，消费者可以随时随地访问在线商店，这提升了购物的参与度。同时，网络消费也鼓励了个性化和定制化产品的兴起，这使市场可以更好地满足消费者的独特需求。

二、网络消费行为特征

（一）基于青年群体属性的网络消费行为特征

1. 消费个性化

消费个性化作为一种趋势，影响着消费者的购买决策和品牌的营销策略。②消费个性化指商家根据消费者的个别需求、偏好和行为特征，量身定制产品和服务，来提升消费者的购物体验水平和满意度。随着科技的发展和信息传播方式的变化，青年消费者的需求变得日益复杂多样，他们不再满足于一刀切的产品和服务，他们渴望能够反映自我身份的购物体验。青年群体消费个性化有以下几方面的表现。

第一，青年群体消费个性化源于对独特性的追求。现代青年消费者普遍追求个性化和独特性，他们希望在消费中能够体现自己的个性和品位。这种需求驱动了定制化产品的流行。例如，Nike By You 允许消费者根据自己的喜好定制

① 潘文年，李祎雯. 新媒体情境下电商直播对个体消费行为的影响研究——基于淘宝直播的 SOR 模型分析 [J]. 现代传播（中国传媒大学学报），2023，45（10）：132-143.

② 彭兰. 媒介化、群体化、审美化：生活分享类社交媒体改写的"消费" [J]. 现代传播（中国传媒大学学报），2022，44（09）：129-137.

运动鞋，用户可以选择鞋款、颜色、材料，甚至可以在鞋上添加个人的名字或标语。这种高度的个性化选择不仅满足了年轻消费者对独特性的追求，还提高了他们的品牌忠诚度。同时，社交媒体的兴起也改变了青年消费者的购物方式。年轻人常常通过社交平台获取购物灵感，并关注网络红人和影响者的推荐，从而做出自己的消费决策。以抖音为例，许多时尚博主在平台上分享自己的穿搭，并附上购买链接，这种影响力促使年轻消费者迅速做出购买决策。通过这种方式，消费者不仅是在购买产品，还是在表达自我、展现个性。

第二，随着大数据和人工智能技术的发展，品牌能够更好地理解消费者的需求，从而提供更加个性化的产品和服务。大数据技术使品牌能够通过分析消费者的购买历史、浏览行为和社交媒体互动来识别和预测他们的偏好。利用这些数据，品牌可以制定个性化的营销策略。技术的不断进步也为消费个性化提供了支持。与此同时，人工智能（AI）和机器学习技术的应用，使品牌能够实时分析消费者的行为，并做出调整。此外，虚拟现实（VR）和增强现实（AR）技术的出现，为消费者提供了全新的购物体验，使消费者能够以更具互动性和个性化的方式与品牌产品进行接触。购物软件的个性化推荐是一个典型的例子。通过分析消费者的购物历史和浏览行为，软件能够向用户推荐符合其兴趣的商品。这种精准的推荐不仅提高了消费者的购物效率，还增强了他们的购物体验，使他们在购物时感受到被理解、被重视。

第三，品牌营销策略也是促进消费个性化的手段。品牌在面对年轻消费者时，需要采用精准的营销策略。通过对消费者进行细分，品牌能够更好地理解不同群体的需求，从而制定相应的营销方案。例如，运动品牌可以根据消费者的运动习惯和偏好推出定制化的产品和服务。这种精准营销不仅提高了品牌的市场竞争力，还增强了消费者的购买意愿。

第四，青年消费者在购物时常常寻求情感上的满足。他们希望通过消费来提升自我形象，获得他人的认可。例如，许多年轻人购买奢侈品，不仅是为了满足物质需求，还是为了在社交场合中展示自己的品位和地位。这种消费行为反映了他们对自我认同和社会认同的追求，而这种情感满足的需求在一定程度上也促使消费个性化的出现。

第五，消费个性化的表现形式多种多样，最明显的就是产品定制化。品牌可以根据消费者的需求提供定制化的产品。例如，Nike 的"NIKEiD"平台允许消费者根据自己的喜好选择鞋子的颜色、材料和款式，实现产品的个性化定制，让消费者能够创建独一无二的产品。此外，个性化推荐也是其表现形式之一。

基于大数据和算法的个性化推荐是消费个性化的重要组成部分。Netflix 和 Spotify 等平台利用用户的观看历史和听歌历史，推荐个性化的内容，提高了用户的参与度和满意度。这种精准的内容推荐能够提高用户对平台的忠诚度，并提高其使用频率。

同时，个性化营销与广告的精准投放也是消费个性化的表现。品牌通过社交媒体和数字广告精准投放个性化营销信息。例如，抖音和 Instagram 允许品牌根据用户的兴趣和行为进行广告定向。这种个性化广告不仅提高了消费者的关注度，还增强了其购买意愿。通过传递与消费者个人价值观一致的信息，品牌能够建立更深层次的情感链接。

2. 需求差异化

随着互联网的迅猛发展，网络消费已成为青年人生活中不可或缺的一部分。青年人群体因其独特的消费观念和行为方式，展现出明显的消费需求差异化。青年群体网络需求差异化是指在互联网环境下，不同青年消费者因为个性、背景、价值观和生活方式的不同，在消费行为、偏好和需求上呈现出各异的特征。① 这种差异化体现在多方面，包括消费品类的选择、购物渠道的偏好、品牌认同感及对产品属性的重视程度等。

个人需求是网络消费差异化的主要原因之一，其主要分为两个方面：个性化需求和心理需求。个性化需求是指当代青年人追求个性化和独特性，他们希望通过消费来表达自己的个性和价值观。这种需求促使他们在选择产品时，倾向于寻找能够体现个人风格和生活态度的商品。例如，许多青年人更喜欢定制化的产品，如个性化的手机壳、定制的服装等，来满足其对独特性的追求。同时，心理需求也是重要表现之一。消费不仅是物质需求的满足，还是心理需求的体现。青年人可能会通过消费来寻求认同感、归属感或进行自我表达。例如，他们购买某一品牌的服装或配饰，可能是为了融入某个社群或展示自己的生活方式。这种心理需求的差异也会导致他们消费行为的不同。

同时，社会文化与生活环境的影响也促使消费需求出现差异化趋势。社交媒体和网络文化对青年人的消费行为产生了深远影响，青年人常常受到流行趋势、同龄人推荐和网络红人的影响。例如，短视频平台上的直播带货，吸引了大量年轻的消费者，他们通过观看网络红人的视频来选择购买产品。不同的生

---

① 林磊，阮亦南．"平台化"的生产与消费：短视频作为一种"情动"媒介［J］．现代传播（中国传媒大学学报），2024，46（03）：148-160．

活方式和价值观也导致青年人在消费时的选择不同。例如，有些青年人注重健康和环保，倾向选择有机食品、环保产品等，而另一些青年人则可能更关注科技产品的创新性，愿意尝试最新的电子产品。这种生活方式的差异使他们在网络消费中表现出不同的偏好。

在新技术接受程度上，青年人对新技术和新兴消费方式的接受度普遍较高，他们愿意尝试新的购物平台和支付方式。例如，许多青年人习惯使用移动支付和在线购物，这使他们能够更方便地获取信息和选择商品，从而导致其消费需求的多样化。具体来说，青年的需求差异化有以下几方面的表现。

青年人的消费品类呈现出多样化的趋势。除了传统的服装、电子产品外，青年人还积极参与美妆、健身、旅行、游戏等领域的消费。在美妆和护肤品方面，许多年轻消费者倾向选择新兴品牌和小众产品，追求个性化和独特性。

随着电商平台的兴起，青年人的消费渠道变得更加多元化。他们不仅在传统的电商平台上购物，还通过社交媒体、直播平台、短视频等新兴渠道进行消费。这种渠道的多样化使他们能够更方便地获取信息和选择商品，进而进行消费决策。同时，青年人对品牌的偏好往往具有较强的流动性。他们可能会因为某一时刻的流行趋势或网络红人的推荐而迅速转向新的品牌，不再支持传统的知名品牌。这种品牌偏好的变化使市场竞争更加激烈，品牌需要不断创新来吸引青年消费者。

消费心理的变化体现在需求差异化上，相较于以往单纯的物质消费，现代青年人更注重消费体验和消费情感。例如，他们更倾向体验式消费，如参加音乐节、艺术展览等活动。这种消费心理的转变促使商家在营销策略上进行调整，来满足消费者的需求。例如，随着环保意识的增强，越来越多的青年人开始关注可持续消费。他们倾向选择环保产品、二手商品以及可持续品牌，这种消费观念的变化反映了他们对社会责任和环境保护的重视。这一趋势促使品牌在产品设计和生产过程中更加注重可持续性，来迎合青年消费者的需求。

3. 消费主动化

主动性消费特征是指消费者在购买决策过程中表现出的积极态度和主动行为。对青年人而言，消费主动性体现为他们在网络环境中不是被动接收信息和选择商品，而是积极参与消费决策的各个环节，包括信息搜索、产品选择、品牌比较、社交分享等。青年消费者通过主动探索、比较和参与，拥有了个性化的消费体验。

青年人主动性消费特征的增强，促使市场更加注重个性化和多样化的产品。

商家需要通过创新和灵活的营销策略来满足这一群体的需求，无形中推动了整个市场变革。同时，主动性消费使品牌与消费者之间的关系变得更加紧密。品牌需要更加重视消费者的反馈和建议，来适应市场的变化和消费者的需求。这种互动关系的建立，有助于提升品牌的忠诚度和市场竞争力。青年人的主动性消费特征不仅改变了个人的消费行为，还推动了消费文化的变迁。传统的消费观念逐渐被更为开放和多元的消费文化取代，青年人更加注重消费体验、情感价值和社会责任。

随着互联网的发展，特别是社交媒体和电商平台的普及，青年人获取信息的渠道变得极为丰富。通过搜索引擎、社交平台和用户评价等，青年消费者能够轻松获取产品信息、价格比较和用户反馈。这种便利性使他们在消费过程中更加主动，他们愿意花时间进行调研和比较，从而做出更加明智的消费决策。伴随着互联网的发展，网络社交逐渐兴起，这使青年人在消费决策时受到同龄人和网络红人的影响更加显著。通过社交媒体，青年人能够分享自己的购物体验、获得他人的评价，这种互动使他们在消费过程中表现出更强的主动性。他们不仅关注产品本身，还关注产品在社交场合中的表现和接受度。

个性化需求推动了消费主动性的产生。当代青年人追求个性化和独特性，希望通过消费来表达自我和展现个性。这种需求促使他们主动寻找符合自身价值观和生活方式的产品，而不是依赖传统的品牌和广告宣传。青年人更加关注产品的设计、功能和文化内涵，主动探索能够满足这些需求的商品。同时，随着教育水平的提高和就业机会的增加，越来越多的青年人具备了一定的经济独立性。这使他们在消费决策上有了更多的自主权和选择权。经济独立使青年人更愿意尝试新品牌和新产品，使他们更愿意积极参与消费过程。

消费主动化最大的体现就是青年群体信息搜索的积极性提升。青年人在购物前往往会进行大量的信息搜索。他们会通过浏览电商平台、查阅用户评价、观看产品评测视频等途径来获取信息。这种信息搜索不限于价格和功能，还包括品牌背景、用户体验和售后服务等方面。

青年对个性化产品的追求同样是主动性消费的表现。在网络消费时，青年人更倾向选择能够体现个人特色和品位的产品。他们会主动寻找小众品牌，定制商品或限量版产品，来满足自身的个性化需求。这种趋势促使市场上出现了越来越多针对青年消费者的个性化产品和服务。

与此同时，青年群体活跃于社交媒体平台上，并利用这些平台进行讨论和分享。他们会在社交网络上发布自己的购物体验、产品评价，甚至参与品牌的推广活动。青年群体可利用社交媒体与品牌进行交流，青年消费者对品牌的互动性有着较高的期待，他们希望品牌能够倾听他们的声音并与他们建立情感链接。这种期待促使他们主动参与品牌的活动，如在线投票、产品设计建议、社交媒体互动等，提高了他们的品牌忠诚度和参与度。这种社交化的消费行为使他们不仅是消费者，还是信息的传播者和意见的引导者，促进他们消费的个性化与主动化。

4. 选择理性化

青年人群网络消费的选择理性化是指在网络购物过程中，青年消费者在面对多样化的商品和服务时，能够基于理性的思考和分析，做出符合自身需求和价值观的消费决策。这种理性化的选择不仅体现在价格的比较、产品质量的评估上，还体现在对品牌的认知、服务的考量以及对社会责任的关注上。

随着科技的进一步发展和消费观念的不断演变，青年人群的网络消费行为将更加多样化和复杂化。商家和平台需要更加关注消费者的需求变化，提供更加个性化和优质的服务，来适应这一趋势。同时，社会也应加强对青年消费者的引导，帮助他们在消费中实现理性与个性的平衡。

消费观念的转变是青年人群消费走向理性化的重要原因。随着生活成本的增加，青年人面临着较大的经济压力。在这种情况下，他们更倾向理性消费，来确保每一笔支出都能带来相应的价值和效益。这就导致青年人群的消费观念逐渐向理性化转变。大多数青年人更注重消费的性价比和实用性，追求高质量的生活，而不是追求品牌和奢侈品。这种观念的变化促使他们在网络消费时更加理性。

在网络这一大背景下，信息技术的飞速发展使青年消费者能够轻松获取大量的产品信息。互联网的普及使各种商品的价格、评价、使用体验等信息唾手可得。通过搜索引擎、社交媒体和电商平台，青年人群能够在短时间内对比多个产品，从而做出更加理性的选择。与此同时，社交媒体的普及使青年消费者在消费决策中受到同龄人和网络关键人物的影响。通过关注社交平台上的评价，青年人群能够获取更加真实和全面的产品信息。这种社交影响不仅帮助他们做出理性选择，还促使他们在消费时更加谨慎和理性。

在进行网络消费之前，青年消费者往往会进行充分的调研。他们会通过搜索引擎、社交媒体、购物网站等多种渠道获取产品信息，对比不同品牌的优缺点。这一过程不仅帮助他们了解市场动态，还使他们在购买时更加自信。在选择网络消费产品时，青年消费者越来越重视品牌和口碑。他们倾向选择那些在市场上有良好声誉的品牌，并会参考其他消费者的评价和反馈，避免因盲目跟风而造成消费失误。

青年人群在网络消费中表现出较高的价格敏感度。他们通常会关注促销活动、折扣信息，力求以最低的价格购买到高质量的商品。这种对价格的敏感性促使他们在购物时进行理性分析，他们会选择性价比更高的产品。例如，青年消费者在网络购物时，往往会主动进行价格比较，并关注各大电商平台的促销活动。他们会选择在打折、特价或满减的情况下进行购买，来最大化地节省开支。

（二）基于互联网属性的网络消费行为特征

1. 消费模式融合化

青年群体消费模式的线上线下融合化趋势，指的是在消费过程中，线上（网络购物、社交媒体等）和线下（实体店、面对面服务等）两种渠道相互交织、相互促进，形成一种新的消费生态。这一趋势不仅体现在消费行为上，还涉及营销策略、品牌建设、客户体验等多个方面。具体而言，青年消费者在选择商品和服务时，往往同时利用线上和线下资源，通过信息搜索、价格比较、评价查看等方式，做出更加理性的消费决策。

青年群体消费模式线上线下融合化趋势的兴起，既是科技进步和消费者需求变化的结果，也是市场竞争加剧和新冠疫情影响的必然现象。① 这一趋势不仅改变了消费者的购物行为，还对企业的营销策略和服务模式提出了新的挑战。在未来，随着技术的不断进步和消费者需求的进一步演变，线上线下融合化的消费模式将会更加普及，成为商业发展的重要方向。企业应积极适应这一趋势，通过创新和变革提升自身的竞争力，实现可持续发展。

消费模式出现融合化趋势的因素多种多样。第一，网络的快速发展是推动消费模式线上线下融合化的首要原因。智能手机的普及使消费者可以随时随地获取信息，进行购物。社交媒体的兴起则为品牌与消费者之间的互动提供了新的平台。通过这些技术手段，消费者可以更方便地进行价格比较、产品评价和社交分享，从而影响其消费决策。

第二，年轻一代消费者的需求日益多样化和个性化。他们不仅关注商品的价格，还注重购物体验和品牌价值。他们不仅追求商品的实用性，还注重购物

① 王艳玲，刘可．网络直播的共鸣效应：群体孤独·虚拟情感·消费认同［J］．现代传播（中国传媒大学学报），2019，41（10）：26-29.

过程中的体验感和参与感。线上线下融合的消费模式能够更好地满足他们对个性化、即时性和互动性的需求。线上购物的便捷性和信息的透明性，使消费者在选购商品时更倾向于通过线上渠道获取信息，而线下购物提供了实物体验和即时满足感。因此，线上线下的融合能够更好地满足消费者的多元需求。

第三，网络的出现加剧了市场的竞争，企业必须通过不断创新来吸引和留住消费者。线上线下融合的消费模式为企业提供了更多的营销和服务手段。通过整合线上线下资源，企业能够实现精准营销，提升客户体验，从而在竞争中脱颖而出。为了适应年轻消费者的变化，许多品牌开始实施全渠道营销策略，力求在不同平台提供一致的购物体验。品牌通过线下体验店、线上直播等方式，增加了与消费者的互动，提升了品牌的认知度和忠诚度。

消费模式的线上线下融合表现在以下几个方面。

第一，购物渠道多样化。线上线下融合化的消费模式使消费者在购物时可以选择多种渠道。许多品牌通过建立线上商城、社交媒体平台和线下实体店，形成了全渠道的销售网络。消费者可以根据自己的需求和习惯，灵活选择购物渠道。例如，他们可能在社交媒体上看到某款产品的广告，然后在实体店体验后再通过手机下单。这种多渠道的购物方式使消费者能够根据自身需求和情况灵活选择最适合的购物方式。

第二，购物体验的提升。线上线下融合化的趋势使消费者的购物体验得到了显著提升。企业通过整合线上线下资源，可以为消费者提供更加个性化和便捷的服务。许多品牌通过线下体验店提供试用、互动等服务，吸引消费者亲身体验产品。同时，线上平台也通过直播、短视频等形式增强了消费者的参与感和互动性。这种体验式消费模式不仅提升了消费者的满意度，还促进了销售转化。例如，一些品牌推出了"线上下单、线下提货"的服务，消费者可以在家中选择商品并下单，然后在附近实体店提货，这种模式既节省了时间，又提升了购物的便利性。

第三，营销策略的创新。为了适应线上线下融合化的趋势，企业在营销策略上也进行了创新。许多品牌通过社交媒体与消费者进行互动，利用用户生成内容（UGC）进行品牌宣传。此外，企业还通过数据分析、了解消费者的偏好，制定精准的营销策略。例如，某些品牌会根据消费者的购买历史和浏览记录，推送个性化的产品，从而提高转化率。

2. 购物社交化

青年群体网络购物社交化，指的是在网络购物过程中，青年消费者不仅仅将购物视为一种消费行为，还将其与社交活动相结合，通过社交平台、社交网络和社交互动来提升购物体验。

青年群体网络购物社交化是一个多维度的现象，既反映了青年消费者的社交需求，也展示了现代消费文化和技术发展的趋势。随着社交媒体和电商平台的不断融合，网络购物的社交化趋势将愈加明显。

青年人群网络购物社交化的原因有以下两点。第一，社交需求的增加。青年群体正处于社会交往的关键阶段，他们渴望建立和维护人际关系。网络购物社交化满足了他们的社交需求，使购物不仅仅是购买商品的过程，还是与朋友分享和互动的过程。现代消费者，尤其是年轻人，越来越重视购物过程中的体验和互动。他们不仅希望购买到高质量的商品，还希望在购物过程中能够与他人分享、交流和互动。社交化购物能够满足他们对社交互动的需求，使购物过程更加丰富多彩。通过社交平台，青年消费者可以与朋友讨论产品、分享购物心得，这种互动增强了购物的乐趣。

第二，消费文化的变化。现代消费文化强调个性化和体验化，青年群体更倾向于追求独特的购物体验和个性化的产品。社交化购物的兴起，正是这一消费文化变化的反映。通过社交平台，青年消费者能够找到符合自身兴趣和价值观的商品，参与更具参与感和互动性更强的购物活动。

青年购物社交化主要表现为以下几个方面。第一，社交平台的整合。青年消费者在进行网络购物时，往往会利用社交媒体平台（如微信、微博、抖音等）获取产品信息、分享购物体验和进行互动。这种整合使购物不再是孤立的行为。青年消费者在网络购物后，往往会在社交平台上分享自己的购物体验，包括产品使用情况、购买心得等。这种分享不仅可以帮助朋友们做出购买决策，还能够获得他人的反馈和互动，形成一种良性的社交循环。此外，购物评价也成了影响其他消费者购买决策的重要因素，许多青年消费者在购买前会仔细阅读他人的评价。

第二，社交化电商平台的兴起。随着社交化购物的发展，许多电商平台开始整合社交功能。例如，拼多多通过社交拼团的方式，鼓励用户邀请朋友一起购买，从而享受更低的价格；小红书则以分享和社区为核心，用户可以在平台上分享自己的购物体验和生活方式。这些社交化电商平台的兴起，是青年群体购物社交化的直接体现。这些平台不仅具有商品交易的功能，还鼓励用户分享购物体验、发布产品评价，从而形成一个互动性强的社区。这种社交电商模式使消费者在购物时能够获得更多的支持和信息。

第三，网红经济的崛起与直播购物的流行。在网络购物社交化的过程中，关键人物和网络红人扮演了重要角色。他们通过在社交平台上分享购物体验、做产品评测等，影响了大量青年消费者的购买决策。青年群体更倾向相信这些真实的用户而非传统的广告宣传，这使 KOL 和网红成了网络购物中不可忽视的力量。近年来，直播购物作为一种新兴的购物方式，迅速在青年群体中流行开来。通过直播，消费者可以实时与主播互动，获取产品的详细信息和使用技巧。这种形式不仅增强了购物的社交性，还提升了消费者的参与感和体验感。许多青年消费者在观看直播的同时，能够即时进行购买，形成了"边看边买"的新模式。许多品牌和商家通过社交媒体平台进行直播，展示产品的使用效果和特点，吸引消费者的关注。年轻消费者在观看直播时，不仅可以实时获取产品信息，还可以与主播进行互动，增强了购物的趣味性和参与感。

3. 体验临场化：VR+AR

临场化，源于"临场"一词，意指在特定场景下的即时体验。[①] 在网络购物的语境中，临场化指的是消费者在进行在线购物时，能够感受到与实体店购物相似的真实体验。这种体验不仅包括对商品的直观感受，还涵盖了购物过程中的情感共鸣和社交互动。临场化的购物体验强调的是一种身临其境的感觉，消费者在虚拟环境中也能获得类似于实体店的购物乐趣和满足感。青年群体网络购物体验的临场化是技术进步、消费者需求变化和社交媒体影响等多种因素共同作用的结果。这种现象不仅提升了消费者的购物体验，还为品牌和商家提供了新的营销机会。在未来，随着技术的进一步发展，临场化的购物体验将会更加丰富和多样化。青年群体的购物行为正在不断演变，临场化的购物体验将成为他们消费生活中不可或缺的一部分。

临场体验化的重要原因是技术的进步。近年来，虚拟现实（VR）、增强现实（AR）等技术的飞速发展为网络购物的临场化提供了技术支持。通过这些技术，消费者在家中就能"试穿"衣物、"试用"化妆品，甚至"体验"家居产品在自家环境中的效果。网络购物的临场化体验变得更加可行和普及。这些技术能够为消费者提供沉浸式的购物体验，让他们在虚拟环境中"试穿"服装、查看产品细节，与销售人员进行实时互动。这种技术的应用大大增强了消费者的参与感和体验感，使网络购物不再是单纯的信息获取过程，而是一个富有情

---

① 苏涛，彭兰. 人的价值与自主性：智能传播时代的人类关切——2022 年新媒体研究述评［J］. 国际新闻界，2023，45（01）：50-67.

感和互动的体验过程。

　　临场体验化的表现有以下三个方面。第一，虚拟试用与试穿。许多电商平台和品牌开始提供虚拟试穿和试用的功能，消费者可以通过 AR 技术在手机或电脑上"试穿"服装、"试用"化妆品等。这种功能不仅能够帮助消费者更好地了解产品的适用性，还能提升消费者购物的趣味性和参与感。一些品牌和电商平台通过创建沉浸式购物环境，增强消费者的临场感。例如，通过 VR 技术，消费者可以在虚拟商店中自由浏览商品、参与促销活动，甚至与其他消费者进行互动。这种沉浸式体验使消费者在购物时能够感受到更多的乐趣。第二，视觉体验增强。在网络购物中，视觉体验是影响消费者决策的重要因素。通过高质量的图片、360 度全景展示以及 AR 技术的应用，消费者能够清晰地了解商品的外观、材质和使用效果。这种视觉上的增强，使消费者在浏览商品时能够获得更真实的感受，他们仿佛置身于实体店中。第三，实时的反馈与互动。在临场化购物体验中，消费者能够获得实时的反馈和互动。例如，消费者在浏览商品时，可以看到其他消费者的评价和反馈，也可以直接与品牌的客服进行沟通。这种实时互动不仅能够增强消费者的购物信心，还能够提升消费者购物的满意度。

第四节　网络消费的类型

一、网络直播带货

（一）网络直播带货的兴起与影响

　　互联网技术的迅猛发展与消费者购物行为模式的转型，使网络直播带货成为一种不可逆转的趋势。随着 4G、5G 网络的普及，以及智能手机的广泛使用，消费者可以随时随地通过直播平台观看商品，与主播互动，享受即时的购物体验。这种模式打破了传统电商的时间与空间限制，为消费者提供了更直观、可互动的购物方式。

　　网络直播带货的参与者呈现出多元化特征，包括知名主播、品牌代言人、商家以及爱心助农人士等。这些主体通过多种多样的方式和风格，为消费者提供丰富的购物体验。2024年1月9日，董宇辉在个人IP直播间"与辉同行"开启带货首秀，首场直播商品交易总额达1.5亿元，并在开播两天后因为订单量太大导致没货，停播了一天。他们的成功，不仅在于个人魅力和专业技能，还在于他们对市场的敏锐洞察和对消费者需求的精准把握。直播带货这一新兴模式，有效加强了商家与消费者之间的纽带，优化了消费者的购物体验。同时，作为品牌宣传的新途径，有效提升了品牌的知名度，削减了传统广告渠道的费用支出。此外，针对农业的助农直播活动，更是在一定程度上极大地促进了农产品的销售，帮助农民实现了更加丰厚的收益。

（二）网络直播带货的挑战与问题

主播的个人素质与专业能力是直播带货的核心驱动力，主播表现出的亲和力、情绪管理能力以及面对突发状况的应变能力都至关重要。主播应对带货商品的专业知识有一定的了解，具备敏锐的市场洞察力以及高效的沟通技巧等专业能力。只有对商品有足够了解，在直播过程中，主播才能够准确、生动地介绍产品的特点与优势，满足消费者的信息需求。主播拥有敏锐的市场洞察力能帮助其把握当前消费趋势，从而精准定位目标受众，制定有效的营销策略。高效的沟通技巧能使主播清晰、流畅地传达信息，主播通过恰当的沟通方式解答消费者的疑问，能够激发消费者的购买欲望。

网络直播带货的市场竞争日益激烈，一些主播为了追求短期利益，不惜采取违规手段，如虚假宣传、播放低俗内容等，这些行为严重损害了消费者权益，也破坏了行业的健康发展。有的主播为吸引流量或是提高销售额采取一些不正当的竞争手段，通过扮丑或擦边等低俗手段吸引流量，雇用网络水军进入直播间充人数、刷单、刷评论等制造虚假繁荣，在直播间恶意诋毁竞争对手来获取市场份额。这些不正当的竞争行为不仅违背了社会道德规范以及市场运行规则，还损害了行业整体形象，对网络环境的健康发展造成破坏。

（三）网络直播带货的规范

网络主播作为连接商品与消费者的桥梁，其职业素养与专业能力至关重要。网络主播不仅要具备责任心与道德感，还应对带货商品进行全方位的深入细致的调查研究，为消费者提供健康安全且符合需求的商品。在快速变化的市场环境中，网络主播如果能把握消费者的购物心理与需求，敏锐地捕捉当前消费趋势的变化，这样不仅能帮助其在激烈的竞争中脱颖而出，还能够为消费者提供更加贴心、个性化的购物体验。

网络直播平台应承担起营造健康有序网络消费环境的重任，加强网络直播监管，对违规直播内容进行严格惩处，营造健康舒适的网络消费环境。平台还应建立完善的审核机制，将先进的人工智能技术与人工审核相结合，实现对直播内容的实时精准监控，确保违规内容一旦出现便能被迅速识别并妥善处理。主播是直播带货生态中的重要一环，平台应加强对主播的培训和指导，帮助他们提高职业素养和直播技能，确保他们能够以专业、负责的态度面向消费者。此外，平台还可以设立激励机制，鼓励主播创作高质量、有深度的内容，推动整个直播行业良性发展。

有关部门应制定有利于直播行业良性发展的政策与法规，通过法律手段以及跨部门协作等方式对直播带货领域进行全方位、多层次的监管。相关部门要建立健全消费者权益保护机制，畅通投诉举报渠道，及时妥善处理消费纠纷，让消费者在享受直播带货便利的同时，也能拥有权益得到充分保障的安全感。

总体而言，网络直播带货作为一种新兴的零售业态，有广阔的发展空间，但也不可避免地面临一系列挑战与考验。只有通过各方的共同努力，才能确保这一模式在健康、有序的轨道上发展，使其为消费者带来更加丰富和优质的购物体验。同时，网络直播带货也将不断推动中国电子商务的创新和发展，为经济社会的繁荣做出更大的贡献。

二、网络社群消费

（一）网络社群消费的兴起与影响

社群，这一概念在社会学和地理学中有着丰富的内涵，既可以指代具有地域性的社区，也可以涵盖基于共同兴趣或目标而形成的网络群体，甚至可以指一种特殊的社会关系，其中包含着社群精神和社群感知。在网络时代，网络社群（或称虚拟社群）通常被定义为一群拥有共同认同感的网络用户，他们通过网络平台相互连接，形成一个具有相似行为的集体。

社群经济就是以社群作为主体，管理自身经济和社会发展的经济发展模式，这种发展模式更加重视社群成员的投资、就业和需求，社群利用自身拥有的经济、社会、文化等资源，通过自身的努力来满足需求和提升社群自我发展的能力。① 网络社群消费的多渠道发展，对促进消费增长具有显著作用。网络社群凭

① 路征，邓翔，廖祖君. 社群经济：一个农村发展的新理念 ［J］. 四川大学学报（哲学社会科学版），2017（01）：120-126.

借其定向、精准的推送能力，已经成为一种深受消费者欢迎的购物方式。这种模式在继承网络购物便捷性的同时，还能有效弥补传统电商平台的一些不足，从而吸引更多的消费者转向社群消费。随着社群影响力的迅速扩大，社群消费模式迅猛崛起，社群内部的营销举措多样化。从微信群内的热销商品推广，到直播社群中生动的带货活动，这些方式体现出社群经济与社群消费正处于一个蓬勃发展的黄金时期，展现了社群消费旺盛的生命力和市场潜力。

网络社群的兴起，在一定程度上弥补了传统电商平台的不足。人们利用网络社群的特征，可以更有效地帮助消费者进行产品选择。网络社群主要通过微博、微信等社交平台建立微群、微信群等，吸引对特定概念感兴趣的消费者加入其中。这些社群定期发布商品信息和折扣信息，消费者可以在群内提出疑问，分享使用体验，从而促进商品销售。

（二）网络社群消费的成功因素

社群的显著特点是消费者之间可以直接沟通。这种直接性不仅缩短了信息传递的距离，还赋予了消费者真实的体验。相比商家的精心策划与宣传，来自社群内部用户的亲身体验与正面评价更具吸引力。社群成员之间如评论、点赞和分享的互动，都作为一个丰富而多元的信息宝库，为潜在消费者提供了参考依据。这些方式往往能够更直接、更有效地触达潜在消费者的心弦，从而激发消费者的购买欲望。

在群体压力面前，个体会在知觉、判断、行为等方面表现出与群体中的大多数成员相一致的行为，这种现象称之为从众行为。在消费领域，消费者以其他消费者的行为作为参照，做出与多数人一致的消费行为或反应倾向，这被称为从众消费行为。① 这种现象在不同群体中表现不同，并受多种因素影响。当社群中某一成员率先表达购买意愿或分享购买体验时，这一行为往往会迅速成为社群内的焦点，并引发一系列连锁反应。购买人数的增加会进一步放大这种效应，形成一种正向的循环。这种心理现象在网络社群中尤为明显，因为社群成员往往希望通过与群体保持一致，来获得认同感和归属感。

（三）网络社群消费中的问题

在当今这个信息化高速发展的时代，社群消费已成为人们日常生活中不可或缺的组成部分。然而，随着社群消费模式的普及，消费者个人信息和购买数

---

① 谢莹，李纯青，高鹏，等. 直播营销中社会临场感对线上从众消费的影响及作用机理研究——行为与神经生理视角［J］. 心理科学进展，2019，27（06）：990-1004.

据的安全问题也日益凸显。这些敏感信息，如消费记录、浏览历史、购买物品详情乃至收货地址等，无一不被详尽地记录在网络空间之中，使原本应属于个人隐私的数据变得不再私密。在某些情况下，这些信息可能被不法分子利用，产生严重的隐私泄露问题。

此外，一些社群营销存在虚假宣传或误导消费者的行为。为了增加产品销量，部分不良商家会通过文字游戏或在包装上做手脚，来误导消费者。某线上渠道在售的一款标题为"海尔智家空调大 1P/1.5 匹壁挂式冷暖两用节能家用一级能效变频品牌"的空调产品，在宣传页最上方采用与海尔商标同色系底色标注了"海尔智家（广东）电子商务有限公司"，其产品并不是来自海尔集团旗下的"海尔智家"。一些商家会通过雇用网络水军制造产品很抢手的假象，刺激消费者疯抢，这种行为不但损害了消费者利益，还破坏了市场的公平竞争。

（四）网络社群消费的策略与建议

为了构建能够长期健康发展的社群环境，应打造真实的内容生态与和谐的互动体验。这不仅意味着商家要提供高质量、原创且贴合社群主题的内容，还应注重内容的多样性与时效性，来满足不同社群成员的兴趣需求。社群管理者可以定期举办线上聚会、研讨会、挑战赛等丰富多彩的活动，这样不仅能加深成员间的相互了解，还能激发社群活力，增强社群成员对社群的认同感和归属感。同时，社群应设立专业顾问团队或邀请行业专家入驻，为成员提供咨询服务，分享前沿知识与实战经验，进一步加强社群的权威性与吸引力。

利用数据分析和用户反馈来优化营销策略，提高转化率，这成为企业赢得市场竞争力的关键。除了对传统营销方式进行升级，社群还要对消费者行为、市场趋势以及企业运营模式进行深刻的洞察与精准把控。社群在关注消费者购买行为的同时，通过大数据分析技术，追踪消费者的浏览记录、点击行为、购买历史等多维度数据，深入挖掘数据背后的动机需求以及偏好，通过这些数据的潜在规律描绘出消费者独一无二的画像。消费者反馈也应是社群营销关注的重点，消费者是产品或服务的最终使用者，他们的声音是最真实、最直接的。因此，应该积极收集用户反馈，通过这些反馈，获取用户对产品或服务的真实感受和需求，从而不断完善产品和服务，提高用户体验度和满意度。

企业建立健全的数据保护机制，确保消费者信息的安全，是企业和组织不可推卸的责任与义务。随着大数据、云计算、人工智能等技术的飞速发展，消费者信息的安全问题日益凸显，网络中关于用户的数据涉及方方面面，任何数据泄露都可能给个人带来无法估量的损失，同时也会影响企业的声誉和生存。企业和组织应从多个维度出发，构建全方位、多层次的数据保护体系，采取加强数据加密技术、限制员工对数据访问的权限、严格审批敏感数据的访问、加强员工的安全意识培训、提高员工对信息安全的认识和重视程度、与第三方安全机构合作引入专业的安全服务和技术支持等措施。

网络社群消费作为一种新兴的消费模式，对促进消费增长和经济发展具有重要作用。然而，其潜在的风险和问题也不容忽视。通过采取有效的策略和建议，可以促进网络社群消费的健康发展，同时保护消费者的利益。未来的研究可以进一步探讨如何平衡社群消费的便利性与安全性，以及如何通过政策和技术创新来解决当前面临的问题。

三、网络游戏消费

随着互联网的普及和科技的发展，网络游戏在过去的 10 年里经历了巨大的变革。从最初的简单娱乐到如今的几乎全民参与，网络游戏已经深入了人们的生活中，成为休闲娱乐、社交互动、竞技挑战等的重要载体。《2023 年中国游戏产业报告》数据显示：2023 年，国内游戏市场实际销售收入达到 3029.64 亿元，同比增长 13.95%，首次突破 3000 亿关口。用户规模达到 6.68 亿人，同比增长 0.61%，创历史新高。通过数据可以发现，网络游戏国民普及度越来越高，国内游戏市场实际销售收入也逐步增加。

网络游戏消费可以分为直接消费和间接消费。直接消费是指直接在游戏平台或游戏官方渠道进行的付费行为，这些费用直接用于获取游戏内的资源、服务或提升游戏体验。其主要包括购买虚拟物品、增值服务、游戏时间等。间接消费则是指玩家在享受网络游戏过程中，因游戏而产生的其他相关消费，这些费用并不直接支付给游戏运营商，但与游戏体验和游戏生活密切相关。其主要包括网络费用、购买相关软件或资料的费用。

（一）网络游戏的特性和社会评价

网络游戏，这一融合了社交、娱乐与极致画质的数字平台，正深刻影响着当代青年的生活方式与人际交往模式。随着人工智能技术的发展，场景被赋予了新的意涵，其指的是一种可以为用户带来沉浸式体验的情境，主要包括虚拟场景和应用场景。其中，"虚拟场景指的是在社交媒体中呈现的非真实情景，如移动网游中的游戏场景；应用场景是指用户应用社交媒体时所处的场景"。① 在这一全新的场景生态中，网络游戏凭借游戏中的沉浸感、在场感体验，巧妙地填补了玩家在现实生活中难以触及的情感与体验。通过"线上+线下"的交互模式，网络游戏打破了地域的桎梏与社交的隔阂，让玩家能够跨越时间和空间的限制，轻松汇聚成各式各样的游戏社群，通过团队合作、策略布局、即时通信等多元化互动方式，在游戏构建的虚拟场景中实现了交友与聊天的目的。

对存在社交焦虑困扰的青年群体而言，网络游戏在一定程度上可以称为这一群体的避风港与展示平台。网络游戏的线上交流或沉浸式自我通关场景，能有效减轻面对面交流所带来的心理压力，为社恐青年打造相对无压力、自由开放的社交环境。在网络游戏虚拟场景中，他们以更加真实、自在的状态享受游戏带来的快乐。在休闲娱乐的同时，他们潜移默化地提升社交技巧，通过在游戏中取得的成就增强自我认同，并展现出网络游戏作为当代青年亚文化不可或缺部分的丰富内涵与多元价值。

随着网络游戏的不断发展与成熟，社会各界对其的看法也逐渐趋于多元化。一方面，网络游戏因其潜在的成瘾风险，对青年学习生活的潜在影响而饱受争议。当青年沉迷于虚拟的游戏世界中，他们的人生观、价值观容易发生扭曲，进而影响其学业及身心健康发展。对大学生来说，网络游戏会弱化青年的社会功能。② 另一方面，其正面价值亦不容忽视。对青年群体而言，网络游戏不仅是休闲娱乐的载体，还是实现自我认同、扩大社交圈层的重要途径。在游戏中，他们可以找到与自己志趣相投的伙伴，共同探索未知、追求胜利，这种经历无疑是对个人能力与价值的肯定与提升。随着社会对电子竞技认知的逐步深入与包容度的提升，这一曾经被视为"不务正业"的领域正逐渐获得主流社会的认可与尊重。以2022年杭州第19届亚运会为例，电子竞技被正式纳入比赛项目，这一历史性事件不仅标志着电子竞技体育地位的显著提升，还为广大专业游戏爱好者提供了展示自我、实现梦想的广阔舞台。

---

① 谭天，汪婷. 接入、场景、资本：社交媒体三大构成 [J]. 中国出版，2018（08）：22-27.

② 赵文东. 手游上瘾对大学生思想行为负面影响的研究 [J]. 现代交际，2019（03）：124-125.

（二）网络游戏消费的主要项目

装备与道具是玩家在游戏过程中提升角色能力、增强战斗力或解锁新技能的重要手段。在王者荣耀等游戏中，高级武器和防具能够显著提升角色的生存能力和攻击力，使玩家在战斗中更具优势。部分玩家也注重游戏角色的外观，游戏平台会推出各种皮肤、时装、坐骑等个性化装扮物品，这些物品不仅让角色更加独特、引人注目，还能满足玩家的审美需求，提升游戏的趣味性和沉浸感。

购买加速升级服务、参与游戏抽奖、购买游戏礼包等，是游戏消费中的一部分。玩家通过购买加速升级服务或一键完成任务，可以大大节省时间并提高游戏效率，能够让玩家在短时间内达到更高的等级或完成繁琐的任务。玩家也可以通过购买抽奖机会或礼包来获得游戏中的稀有物品、道具或资源，这种随机性的奖励机制更能刺激玩家的购买欲望和好奇心。

游戏手办和模型是玩家喜爱的周边产品之一，它们设计精美、细节丰富，具有极高的观赏和收藏价值。玩家可以通过购买游戏周边或手办来展示自己对游戏的喜爱和支持。《黑神话：悟空》游戏上线前，京东平台开启两款游戏礼盒预售，其中价值820元的实体豪华版礼盒限量2万套，价值1998元的实体收藏版礼盒限量1万套，而预订者高达26万人。一些热门游戏还会推出与游戏相关的服装和服饰产品，如T恤、帽子、背包等，这些产品不仅具有实用性，还能让玩家在现实生活中展现自己的游戏爱好和个性，"线上+线下"的消费方式在一定程度上也能够增强游戏的互动性和趣味性。

（三）网络游戏消费动机

玩家通过购买和装扮游戏角色来展现自己的个性和审美。不同的装备、皮肤、时装等装扮物品能够塑造出独特的角色形象，来满足玩家的心理需求，提升他们的游戏满意度和归属感。王者荣耀中鲁班七号的"电玩小子"皮肤将鲁班七号塑造成了一个背着小书包、戴着耳机、手持游戏手柄的电竞少年形象，其以独特的设计理念赢得无数玩家的喜爱。小乔的"山海·琳琅生"皮肤以宝石和珠宝为主题，将小乔打造成光彩夺目的公主，其技能特效如宝石闪耀、珠宝雨，璀璨夺目。个性化皮肤在游戏场景中发出的技能特效也有别于原皮英雄，能增强玩家的体验感。玩家还通过购买与角色相关的装扮物品或周边产品来表达自己对游戏角色的喜爱和支持，加深与游戏之间的情感联系。

玩家对游戏皮肤的消费凸显了当前消费社会的新景观——从现实中身体形

象的关注，转移到虚拟世界中游戏英雄的形象消费。此时的消费并不是玩家用来满足自身的需求，也不是对商品本身的使用和消耗，是通过游戏皮肤这一种商品符号背后所隐含的内在信息，来表现其中的人际关系，彰显自身的经济收入、政治权利及社会声望等。① 通过购买游戏皮肤、装备，升级 VIP 等，玩家在游戏中拥有更引人注目的形象，提升了自己的形象魅力，满足了自己的虚荣心和社交需求。通过游戏结交朋友并加入相应的社群是许多玩家的社交需求之一。购买与游戏相关的装扮物品或周边产品可以成为玩家之间共同的话题和兴趣点，增强彼此之间的情感联系和归属感。

购买 VIP、充值金币等行为能够快速提升玩家的账号等级和实力，这种实力的提升让玩家在游戏中获得更多优势，还能提升他们在游戏中的地位和声誉。一些玩家将购买游戏中的虚拟物资视为一种投资，他们相信随着游戏的发展和玩家数量的增加，这些虚拟物资的价值会不断上升，因此他们愿意花费一定的资金来购买这些物品并期待未来的经济回报。这种投资动机能够激发玩家的购买热情，推动游戏市场的繁荣和发展。

数字化时代，网络游戏成为青年群体的一种主流娱乐方式，而"氪金"，即在网络游戏中进行大量货币投入的行为，也逐渐演变为这一群体独特的消费风尚。这一新兴消费模式，不仅满足了青年们追求即时快乐的心理需求，还悄然触及了个人满足感的深层次探索，包括他们对虚荣心的适度滋养、社交圈层的扩大以及虚拟资产投资的尝试。然而，网络游戏氪金热潮的背后，也暴露出了一系列不容忽视的问题。其中，最被社会诟病的是未成年人非理性消费现象，未成年人在未经家长同意的情况下，盗刷家长银行卡为游戏大额充值。这类事件频发，不仅损害了未成年人的健康成长，还引发了公众对网络游戏消费市场监管力度的质疑。

网络游戏"氪金"作为当代青年的一种新兴消费模式，既有其积极的一面，也有其消极的一面。相关部门只有通过加强监管、完善制度、引导理性消费，才能促进网络游戏消费市场持续健康发展，并让这一新兴消费模式真正成为青年群体享受数字生活、实现自我价值的有益途径。

---

① 赵红勋，侯珮桦. 媒介依赖视域下青年群体的游戏实践探析——基于《王者荣耀》青年游戏玩家的学术考察 [J]. 青年发展论坛，2023，33（03）：78-86.

第五节　青年群体消费行为对青年社会心态的影响

一、消费行为作为网络社会心态的反映

在互联网发展的背景下，青年群体的消费行为不仅仅是物质需求的满足，还是网络社会心态的一种外在体现。社会心态的概念界定学界目前普遍采用涂尔干的说法，即社会心态是在经济、政治或社会文化等因素影响下形成的集体性心理状态或倾向。网络社会心态则是社会心态在网络空间的映射和延续，可通过网民表态等掌握其现状及发展走向。[①] 当前，网络社会心态出现极化和社群化现象，一定程度上影响了人们的消费行为。

（一）消费行为中的从众心理与社会认同需求

当前，网络社会心态出现社群化现象，青年群体在消费过程中往往表现出强烈的从众心理。从众心理下，人容易受到外界的干扰，使自己的观点和行为发生改变，因此个人渴望通过与网络社群一致的消费行为来获得社群认同。在社交媒体平台上，青年人通过"种草""拔草"等形式参与集体消费，这反映了其在消费选择上受外界影响的特点。青年群体会通过网络上其他用户的推荐、评价、使用心得等信息来决定是否购买某种商品，这种从众行为并非单纯出于对商品的实际需求，而更多的是与他人保持一致，来避免在社交中处于不利地位。例如，当周围人购买某个直播间的商品时，他们为了不脱离群体，也会关注该直播间并购买其商品，他们通过从众消费的方式维持群体关系。

另外，消费行为成为青年群体获取社会认同的一种方式。20 世纪 60 年代，英国学者亨利·泰弗尔正式提出社会认同理论，其观点是对种族主义、群体偏见和歧视等现象进行研究的成果。发展至今的社会认同理论认为，个体通过认知投入进行自我分类，逐步建立起自身的社会认同，而当他们认为自己是某一社会群体的成员时，他们便会对该群体产生一种积极的情感依恋，这有助于提

---

① 刘洋，尚虎平. 消极网络舆情事件中政府回应对网络社会心态的影响——基于微博舆情事件的模糊集定性分析［J］. 武汉大学学报（哲学社会科学版），2024，77（05）：123-134.

升群体内部的士气和凝聚力。① 如今，各类产品都有品牌，并积累了一大批品牌忠实消费者，如苹果的"果粉"、小米的"米粉"。这类消费者对品牌的黏性高，对品牌归属感强，自发形成了专属该品牌的消费者社群。通过购买这些流行品牌，青年人希望能融入特定的群体中，获得认同感和归属感。这种现象在网络社交中尤为明显，如在小米汽车发布时，大量"米粉"纷纷下单预订，在社交媒体上晒出订单照片。这类行为背后实际上是寻求点赞、评论等形式的社交反馈。这类行为反映了青年群体希望利用从众的消费行为赢得他人的认同，从而缓解自身孤独与不安的心理状态。

（二）消费行为中的炫耀性与虚拟身份建构

炫耀性消费一词跟随《有闲阶级论》一书进入人们视野中。该书认为炫耀性消费是指个体购买昂贵的商品来达到彰显其自身社会地位的目的。② 进入 21世纪后，当代青年的心态发生明显改变，个性的展现成为其主要的目的。这种心态体现在消费行为中就是大量炫耀自己购买的产品。社交媒体提供了一个开放的平台，使人们可以轻松地展示自己的生活方式和消费的产品，为炫耀性消费的扩散起到推波助澜的作用。年轻人的心态更加个性化和多元化，加之有较强的经济实力和消费意愿，更愿意进行炫耀性的消费行为。很多青年人会通过网络展示自己的高消费商品或精致生活，如购买奢侈品牌、网红产品，或通过打卡热门餐厅、旅游景点来彰显个人品位。这种消费方式不仅是青年个体身份表达的方式，还是他们在网络社交中获取地位和影响力的手段。这种消费行为背后反映的是青年群体在网络虚拟空间中对自我身份的重新建构，他们通过消费塑造及呈现出某种理想的生活状态，以此赢得他人对其身份、地位的认可。

炫耀性消费的背后还有深层次的社会心态动因。青年人在网络上的消费展示，不是简单的个人选择，而是带有强烈的社会互动性。网络社会成员可以通过展示自己的消费行为来建构和维持某种理想化的虚拟身份。通过消费展示，青年人建构的这种身份在虚拟世界中获得关注、羡慕与赞美，这实际上是对其个人价值的一种确认。这种确认不仅源于自我的满足，而且更重要的是通过外界的反馈，其在虚拟社区中获得了特定的身份和地位。因此，消费行为不仅是

---

① 刘佳炜. 社会认同理论视角下的网络粉丝社群集体行为研究 [J]. 湖南师范大学社会科学学报，2024，53（03）：130-140.

② 金文静，耿耀国，詹婷婷，等. 黑暗三联征对炫耀性消费的影响：成名期望和权力感的中介作用 [J]. 中国临床心理学杂志，2024，32（01）：51-56，64.

青年人物质上的满足，还承载了青年人对个人身份和地位的渴望。

（三）消费行为与自我实现

马斯洛需求层次理论将需求分为生理需求、安全需求、爱和归属感、尊重、自我实现五种类型，其中生理需求是最基础的需求。只有生理需求得到满足后，人们才会开始追求心理需求。当今，我国经济飞速发展，脱贫攻坚战取得胜利，人们的需求开始发生显著变化。继欧美国家之后，我国社会发展也将人们带入了物质需求满足后心理需求不断增加的阶段，其典型表现是人们希望通过消费来获得精神愉悦和内心快乐。①

随着社交媒体的发展，人们得到了展示自我的机会，并开始希望通过网络交流达到自我实现的目的，消费成为他们自我实现的现实途径之一。比如，青年群体喜欢购买一些特定商品，如奢侈品、潮流服饰等，并将其展示在社交网络上。此外，现在社交网络到处都可以看到一些网红打卡，这也是自我实现心态体现在消费中的一种典型行为。消费行为不仅是向外界表达自己的个性、展示个人形象的方式，还是实现自我形象构建，表达自我价值和个人品位的重要途径。

人们通过消费行为来展示个人形象和表达自我价值，从而完成自我实现。这在许多时候已经改变了消费最初的目的，即满足生理需求，转而成为一种满足心理需求的手段。然而，这种通过消费来实现的自我建构往往带有虚幻的性质。青年过度依赖外在的物质容易忽视内在的成长和精神上的满足，特别是当这种消费行为无法持久时，青年可能会感到强烈的失落感和无力感。这种虚幻的自我实现过程，反映了网络社会中人们对自我价值的认知不稳定性，这种现象也是现代社会浮躁、虚荣的网络心理在消费行为、心理上的体现。

二、消费主义价值观的渗透

随着全球化和互联网的发展，尤其是在社交媒体的推动下，消费主义逐步融入了我国当代居民的日常生活当中，逐步影响他们的价值观和社会心态。这种消费主义价值观的渗透使人们的消费行为不仅仅是为了满足最基本的生理、物质需求，还逐渐成为人们获取身份认同、展示自我、提升社会地位等心理需求的核心手段。以下将具体阐述消费主义价值观的渗透。

---

① 郑秋莹，姚唐，曹花蕊，等. 是单纯享乐还是自我实现？顾客参与生产性消费的体验价值 [J]. 心理科学进展，2017，25（02）：191-200.

（一）消费主义价值观的体现

法国社会学家鲍德里亚在其《消费社会》一书中说，消费主义指的是这样一种生活方式：消费的目的不是实际需要的满足，而是在不断追求被制造出来、被刺激起来的欲望的满足。也就是说，消费主义是一种把无限占有物质财富、贪婪追求无度消费作为人的生活方式和价值观念，消费主义思潮代表了一种意义的空虚状态以及不断膨胀的欲望。① 在全球化与市场经济的推动下，消费主义价值观深刻影响了青年群体的思维方式和行为习惯。消费主义的特征之一就是把物欲满足等同于社会地位和身份的建构。消费主义鼓吹消费是财富的象征、身份的标志和生活幸福的显示，消费什么、怎么消费，本身就意味着人将成为什么样的人。② 在消费主义的影响下，消费行为不仅是一种经济活动，还逐渐演变为价值观的表达方式。广告、网红经济和品牌文化通过各种媒介渗透到青年的日常生活中，潜移默化地塑造了青年对幸福、成功和自我价值的认知。例如，星巴克作为咖啡公司，它通过塑造特定的品牌文化，将自己定位成象征"优雅、精致、都市化"的生活方式，增强星巴克消费者的身份认同感。在这种营销的刺激下，许多青年的消费心理开始转变，这种消费主义价值观的渗透就完成了。

消费主义不断强化物质至上的观念，使青年群体逐渐将消费行为作为构建和展示个人生活方式的重要手段。这种消费主义价值观的深度渗透不断产生负面的影响：一方面，青年人越来越注重物质基础，试图通过不断追求新商品和潮流来获得社会认同感和满足感；另一方面，精神层面的追求与内在成长被逐渐忽视。在消费的过程中，青年人更倾向于考虑外界对自己的评价，依照外界的标准塑造自我，而不是根据自己的内在需求和兴趣去塑造自我。这导致他们在消费过程中陷入了物质追求的恶性循环中，并越来越多地依赖消费行为来获取他人的关注和评价，进一步定义自我。长期来看，这种依赖物质消费的现象不仅加剧了青年群体的消费焦虑，还会使他们忽略精神成长与内在满足的重要性。他们过度关注外在的物质生活，会让其对自我价值产生不稳定的认知，一旦无法通过消费行为满足这种对外部认同的需求，便会感到迷茫和失落。

（二）价值消费转变为符号消费

在消费主义价值观的驱动下，青年群体中的消费行为变得越来越符号化，

---

① 任忠惠，赖雄麟. 消费主义思潮与大学生价值观嬗变 [J]. 高教探索，2015（04）：122-125.

② 林于良，曾晨. 消费主义及其在高校渗透的文化心理机制分析 [J]. 商业经济研究，2016（05）：42-43.

消费的背后承载着强烈的社会认同需求和身份认同的构建。马尔库塞（Herbert Marcuse）指出，在人们抱着展示自己社会身份的心态进行消费时，商品的身份价值或社会标志价值便得到了实现。① 在消费主义价值观的渗透下，物质消费和个人的身份、地位紧密挂钩，物质消费越多，身份地位就越高。例如，某些高端品牌、潮流服饰或电子产品，不仅因为其功能被青睐，而且更重要的是其代表了"成功""时尚""独特"等身份象征。为了提高自己的社会地位，人们会主动模仿上层社会的消费行为，通过消费这些品牌，来获得心理上的优越感。此时，人们消费某种商品不仅是对实物的简单占有，还是一种社会展示，告诉别人自己的经济能力、身份地位和阶级属性。

在互联网时代，网络言论和意识的传播速度空前迅捷，如果符号消费行为持续蔓延，它会对民众的价值观、社会的稳定产生消极影响。一方面，符号消费的观念占据社会主流后，由于人们对经济和社会地位的过度追求，容易导致阶级歧视等乱象出现，背离中国特色社会主义的精神文明建设之主题；另一方面，过度消费、明星文化、低俗娱乐等在青少年中传播，容易使青少年陷入拜物教和纵欲主义的危机和窘境中，妨碍青少年形成正确的世界观、人生观和价值观。② 比如，我国前几年的某档网络选秀节目，人们可以线下购买联名牛奶来为喜欢的选手进行投票。青少年尚未形成正确的消费观，便出现倾倒牛奶的现象，导致大量的牛奶浪费。

（三）对消费主义价值观渗透的原因探究

消费主义价值观的广泛渗透是由社会环境、消费者心理等多种因素共同作用而形成的结果，对此可以从以下几点入手进行分析。

首先，全球化进程为消费主义价值观的渗透提供了基础。随着全球化进程的加速，商品、文化的跨国流通变得更加便捷，市场经济在全球范围内进一步发展。各国企业之间的竞争更加激烈，它们需要不断推出更多创新的产品和服务。为了吸引消费者，各企业、品牌开始注重突出自身特色，强调差异化，树立品牌调性。在这一过程中，消费被赋予了更独特的社会象征意义，并逐渐超越了满足基本需求的层面，成为人们生活方式的核心部分，这使消费主义在全

---

① 马超. 数字消费主义的逻辑生成及其批判性考察［J］. 思想教育研究，2023（02）：76-82.
② 陈雪娇，庞立生. 符号消费主义的意识形态批判［J］. 东北师大学报（哲学社会科学版），2023（03）：49-54.

球范围内迅速传播。

其次，互联网时代青年群体的个性化和圈层化心态显著，而消费行为正好为青年提供了展示自我、融入圈层的渠道。在消费主义的推动下，个体被鼓励通过消费行为来彰显其独特性和差异性，消费行为被赋予了个人身份表达的功能。他们在塑造自我形象的过程中，通过购买独特的商品来表达个人的兴趣、品位和生活态度，消费因此成为人们自我实现和表达的重要途径。由于存在圈层壁垒，圈外人想加入圈层的难度变大，圈外人如果与圈内人有相同的消费行为，就能和圈层成员在交流中产生情感共鸣、价值共鸣，从而获得圈层的认同，找到存在感和归属感。

最后，消费文化迎合当今民众的心理需求，这是消费主义价值观得以渗透的关键。以大学生为例，刚进入大学的学生不再以学习成绩作为衡量自身价值的唯一标准，一时间难以找准社会定位，容易出现身份焦虑。此时，消费主义价值观为大学生提供了一条便捷路径，即通过消费奢侈品、潮流品牌等来包装自己，并通过宣扬消费行为来顺应社会的发展趋势，进而找到社会归属感。

三、消费焦虑与身份认同

现代社会中的个体对自我表达高度重视，这使消费成为展示个性的重要方式。在消费主义的推动下，个体被鼓励通过消费行为来彰显其独特性和差异性，消费选择被赋予了个人身份表达的功能，尤其是青年群体，消费成为他们自我实现和表达的重要途径。

（一）社会转型导致消费焦虑与身份认同危机

首先，我国目前正处在经济社会的转型期，大多数人的经济和社会地位并不稳定。在地位变动过程中，人们经常对自己的地位感到不确定（如求而未得、得而怕失、寻求他人承认等），无法对自己的身份和地位产生认同感。[①] 消费行为能够对个人产生心理暗示，在身份认同过程中具有重要地位，尤其是在消费主义价值观不断渗透的社会中，消费者通过购买特定商品，选择某些品牌，来向外界传递关于自己身份的信号，标榜自己属于某个特定的文化或社会群体。青年通过消费品建立身份认同，找到自己的社会定位。

---

① 王春晓，朱虹. 地位焦虑、物质主义与炫耀性消费——中国人物质主义倾向的现状、前因及后果 [J]. 北京社会科学，2016（05）：31-40.

然而，青年对身份认同的消费构建也有一定的焦虑。许多青年担心自己无法跟上快速变化的消费潮流，或者害怕自己的消费选择不被认同，从而产生身份危机和自我怀疑。这种焦虑在中低收入群体中表现得尤为明显，因为他们面对的经济压力更大，却仍然希望通过消费与主流社会的"成功"标准保持一致。长期处于这种状态，他们就会掉入消费主义的陷阱中，进入"焦虑、消费、再焦虑、过度消费"的恶性循环中。

（二）社交媒体放大消费焦虑

社会的快节奏和媒介的传播，导致消费群体在面对多样化消费选择时容易产生焦虑，并增强了消费焦虑与身份认同之间的张力。在社交媒体的渲染下，青年群体更频繁地将自己的消费行为公之于众，通过点赞、评论等形式获得即时反馈，还通过在网络上与他人的交流完成对自我身份的认同。这种互动增强了人们对消费的依赖，人们逐渐将消费作为构建自我的主要方式。

网络环境中，消费主义的价值观已经形成，各类商品或品牌被贴上不同的标签。消费者选择购买某一种商品，就会被自动归入某一群体或是消费圈层中。这就导致他们在消费过程中追求个性与自我表达的同时，又不得不考虑社会期望与经济负担。在这种环境中，许多人感受到来自网络环境的压力，认为自己一旦进行过较高层级的消费后，就必须通过更高的消费来维持自己在社交网络中的人设。结果，社交媒体不仅使青年不断与他人进行消费比较，还进一步推动青年产生焦虑。当消费者无法维持这种高强度的消费时，他们往往会产生失落感和身份危机，陷入更深层次的消费焦虑中。

因此，消费行为往往成为个人塑造身份和寻求社会认同的重要途径。对部分青年而言，消费不足或消费能力降低，可能会直接影响其自我认同感，进而引发其焦虑与自卑心理。一些民众则通过高消费来标榜自己的身份，期望通过物质符号来获得他人的认可。

四、消费行为与社会阶层感知

社会阶层是根据个体所占有的社会资源形成的社会分类，据此产生由社会地位相似的社会成员组成的群体。① 社会阶层感知是指对目前个体自身所处的社

---

① KRAUS M W, PIFF P K, MENDOZA - DENTON R, et al. Social Class, Solipsism, and Contextualism：How the Rich are Different from the Poor［J］. Psychological Review, 2012（3）：546.

会阶层有清晰的认识。在如今消费主义日益蔓延的社会环境中，消费行为不仅是个体经济实力的体现，还是消费者自我定位和判断社会地位的重要参考标准，因此消费行为与社会阶层感知息息相关。

（一）消费行为与社会阶层的联系

前文已述及，消费行为常常被视为社会阶层的象征，不同社会阶层的个体通过购买特定的商品或参与某些消费行为，来表明自己的身份和社会地位。例如，奢侈品、定制商品或高端服务，通常被视为上层阶级的象征，而中低收入群体则可能更多地选择大众化商品、平价品牌。通过消费，个人和群体不仅在物质层面上满足生活需求，还在符号层面上展示其阶层位置。像奢侈品牌的手袋、豪华轿车、私人旅行等，这些商品和行为传递出一种"成功"和"优越"的社会形象，是消费符号化的典型表现。

符号化的消费行为在现代社会中得到了进一步加强，因为人们越来越依赖消费符号来定义和展示他们的身份和社会阶层。例如，在社交媒体平台上，展示奢侈品或高端生活方式，这已经成为许多青年表达自己社会身份的方式。这种消费文化不仅影响了个人对自身阶层的感知，还影响了他们对他人阶层的看法。

（二）品牌消费造成社会阶层认知失衡

品牌消费往往被赋予了象征性意义，特定品牌被视为某一阶层或文化群体的标志。奢侈品牌如 Gucci、Louis Vuitton 等，通常被认为是上层社会的代表。这些奢侈品牌通过其高昂的价格、精致的工艺和特定的品牌文化，将自己与大众消费区分开来，并创造了一种排他性文化。在这种文化背景下，青年拥有这些品牌的商品，就意味着他们有足够的经济资本和文化资本去参与这一消费活动，这不仅是对物质财富的展示，还是对某一社会阶层的归属感的确认。这种象征赋予了品牌极强的阶层识别功能，使品牌成为社会阶级认同的重要工具。消费者不再仅仅是为自己的需求购买商品，这种品牌消费更像是为了向他人展示自己拥有某一阶层的消费能力，并证明自己属于这一社会阶层。

品牌的阶层识别功能和身份象征功能，往往导致了社会阶层认知失衡，特别是在社交媒体的助推下，品牌消费成为一种公开展示的行为，许多青年将这种品牌消费行为当作个人社会阶级的体现。然而在实际生活当中，青年群体的经济实力与消费行为严重不符，他们难以负担长时间的品牌消费行为。在此背景下，为了维持自身上层阶级的人设，在网络中开始出现拼单拍照打卡的现象，如多人共同出资购买一件某奢侈品牌的服饰，轮流拍照并将照片上传到社交媒体上。这实际上就是对自身社会阶级感知的偏差。此外，社交媒体的信息传播也会造成青年群体的认知失衡。网络上，人们进行大量高消费生活方式的展现，塑造了一个人人都能进行高端品牌消费的拟态环境。缺乏品牌消费能力、认知能力不足的青年，可能会因此产生较强的阶层焦虑感，认为自己处于下层社会，这样会加剧青年群体对自身社会地位的认知失衡。

总体来看，消费行为深深影响了青年群体对社会阶层的感知和认同。消费不仅使个体表达了自己的社会身份，还加剧了他们的阶层分化和焦虑感，导致他们社会阶层认知的失衡。展示性消费的兴起、消费文化对社会不平等的加剧，都推动着现代社会中消费与阶层感知之间联系的加深。未来如何阻止消费主义价值观蔓延，塑造青年积极的消费观念，进而使青年有正确的社会阶级认知，是亟须解决的问题。

第六节　实证研究：移动游戏虚拟产品消费行为的影响因素分析
——基于青年玩家行动、心理因素的实证研究

一、问题的提出

2024 年上半年，国内游戏市场实际销售收入 1472.67 亿元，同比增长 2.08%，增长趋势较为平稳。游戏用户规模 6.74 亿人，同比增长 0.88%。[①] 面对近些年人口红利消失、游戏资本遭遇寒冬等不利现状，中国移动游戏市场仍呈持续发展趋势。据报道，《王者荣耀》在 2020 年除夕当天，收入高达 20 亿元人民币。移动游戏消费带来了新的消费模式，改变了人们的生活习惯和正常的社会关系网络构建，[②] 得到了国内业界和学界的高度关注。不过，其关注视角并不相同，业界关注市场营业额，学界关注游戏带来的社会问题。在市场和用户的博弈中，玩家作为消费者的身份经常被忽视。当下的网络社会，消费作为一

---

① 中国音像与数字出版协会发布的《2024 年 1—6 月中国游戏产业报告》。
② 董建蓉，李小平，唐丽萍. 基于网络游戏的产品属性与消费行为研究——以大学生游戏成瘾为例 ［J］. 中南民族大学学报（人文社会科学版），2007（S1）：83-85.

种手段可以在圈层文化中构建群体纽带，青年通过彰显个性抵御现实社会，或通过消费突出自身的某种标志与其他群体进行区分。消费在文化构建中产生了很大的作用。

网络游戏诞生之初，国内外学者就从不同角度对 PC 端网络游戏消费行为进行研究，创新扩散理论和 TAM 技术接受模型是被广泛使用的理论指导模型。感知有用性和感知易用性作为模型中最重要的变量条件，对玩家消费意向和消费行为有较大的影响。我国学者曹树金、卢泰宏同样以 TAM 模型为基础，不仅证明了感知易用性、有用性对消费行为有影响，还证明了服务质量、感知娱乐性、感知风险性也是影响玩家消费行为的重要因素。学者 Choi 和 Kim 对网络游戏这一客体进行综合性考量，证明网络游戏主体特征、知觉特征、社交特征和交互特征是网络游戏消费行为重要的构成要素。

在移动游戏研究方面，便携性、互动性和社交性作为移动游戏的主要特征被学界关注，游戏社群互动、社交互惠行为、游戏消费等成为移动游戏新的研究方向。例如，学者孔繁世、王慧萍在研究中探讨了虚拟社群互动与网络消费行为的关系，证明了虚拟社群互动的频率、程度、互惠、投入的情感和互动的环境对游戏消费行为有重要的影响；学者李仪凡通过实证研究证明玩家消费行为受到消费动机的影响，包括成就、情感、社交和愉悦动机，社交动机越强消费动机越强。

从现实状况来看，玩家对游戏的消费主要包含两个方面：一是对游戏本身的消费，如只有付费才能使用游戏；二是对游戏内虚拟产品消费。过去，玩家的主要购买动机是提高游戏角色的能力或者技能加成，"人民币玩家"在游戏过程中实力碾压"非人民币玩家"。以《王者荣耀》为代表的移动游戏只需要下载到移动终端，无须付费就可正常使用，这样更加注重游戏的公平性，使游戏内的虚拟产品对游戏结果没有实质性影响，但为什么玩家在游戏中还会投入大量金钱呢？PC 端网游以男性玩家为主导，但《王者荣耀》中男女玩家比例趋于均衡，不论是玩家构成还是使用动机都和传统 PC 端网游有较大差异，这也决定了玩家们移动游戏的消费机制有更大的差异。传统的基于 PC 端的研究模型是否能够适用于移动端？可否建构起更具解释力与预测力的、能够揭示影响移动游戏消费行为的研究模型？这便是本部分试图通过对大型 MOBA 移动游戏《王者荣耀》进行实证研究，并加以解决的核心问题。

二、研究设计

（一）研究对象的选择

本部分选择《王者荣耀》作为研究对象主要基于以下理由。一是该款游戏市场广阔，深受各年龄段玩家的喜爱，其样本来源丰富。作为网络游戏的领军者，《王者荣耀》自 2015 年公测以来，便牢牢占据市场第一的位置。据 Sensor Tower 发布的数据显示，《王者荣耀》2019 年、2020 年连续获得全球手游收入冠军，成为全球游戏市场中最受欢迎的游戏之一。《王者荣耀》大部分收入来自玩家购买虚拟人物角色皮肤，该款游戏将各种名著、神话里的人物开发成游戏角色，引发 IP 大热，深受玩家喜爱。二是《王者荣耀》强大的经济效益引发了社会各界的关注。一种声音认为《王者荣耀》让中国游戏走向世界，带来了"国创崛起"的浪潮，也带动了多个行业的发展。另一种声音则认为《王者荣耀》对利润渴望太过强烈，利益至上的商业模式解构了游戏文化的本质，让无数玩家误入歧途。[①]"90 后""00 后"甚至"10 后"是《王者荣耀》消费主力军，他们可以少买件衣服，但不能没有炫酷的皮肤。游戏吸引玩家投入大量的时间、金钱，游戏玩家复杂的消费心理机制已成为学界亟须研究的课题。

（二）研究框架与变量测量

1. 自变量的设计

研究团队通过对 16 位《王者荣耀》游戏玩家的深度访谈，发现移动游戏玩家在参与游戏的行为和心理上与 PC 端玩家存在差异。在参考其他学者研究框架的基础上，[②] 本部分结合访谈内容，将游戏玩家的消费影响因素分为行动因素与心理因素两个层面。行动因素包括玩家游戏卷入度、游戏互动程度；心理因素包括虚荣特质、自恋特质、感知有用性、感知娱乐性、感知风险、化身认同。其研究模型如下。

在本研究模型中，卷入度主要是指个体和某项事物的关联程度，这种关联程度是基于个体内在动机需求或者兴趣价值产生的。游戏卷入度的测量参考学者 Laurent 和 Kapferer 设计卷入度量表。根据游戏玩家的游戏使用情况，该量表

---

① 樊大彧. 监管者应该拿"王者荣耀"怎么办 [J]. 公关世界，2017（13）：76-77.

② 汪涛，魏华，周宗奎，等. 网络游戏消费的影响因素 [J]. 心理科学，2015，38（06）：1482-1488.

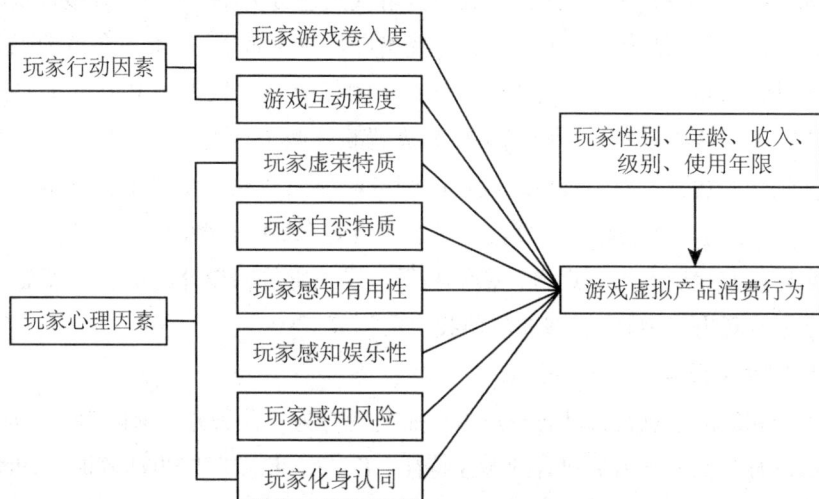

图 3-1 研究模型图

分为游戏卷入程度、游戏卷入强度、游戏卷入频率等维度,[1] 设计的测量题项如
"我会主动搜寻关于《王者荣耀》的相关信息""《王者荣耀》对我来说意义重
大""我会在游戏中投入较多的时间"等。游戏互动程度参考学者 Hoffman 和
Hawkins 设计互动行为量表。该量表根据游戏玩家的实际游戏互动情况分为人际
互动、游戏互动、社群互动、决策互动等维度,[2] 设计的测量题项如"会和朋
友组队进行游戏""参与游戏社群讨论""游戏过程中的语音互动""购买游戏
产品时的信息共享"等。玩家感知风险测量参考学者 Stone 对风险感知量表进行
改编。该量表分为付费风险、身体风险、时间风险、社会风险四个维度,[3] 设计
的测量题项如"玩游戏会对我的身体造成损害""玩游戏会占用我大量有用的时
间""玩游戏会让我浪费大量的金钱""玩游戏会让我和社会脱离"等。玩家化
身认同是指个体在参与游戏虚拟互动的过程中产生的情绪、态度和自我知觉。
关于化身认同的测量,采用 Li 和 Angeline Khoo 的化身认同量表,选取玩家对虚
拟化身的积极态度和化身对自我认同的重要性两个维度进行测量,设计的测量

---

① BURNKRANT R, SAWYER A. Effects of Involvement and Message Content on Information Processing Intensity [M]. Information Processing Research in Advertising, 1983:215.

② HOFFMAN D L, NOVAK T P. Marketing in Hypermedia Computer-Mediated Environments: Conceptual Foundations [J]. Journal of Marketing, 1996, 60 (3):50-68.

③ STONE R N, GRØNHAUG K. Perceived Risk: Further Consideration for the Marketing Discipline [M]. European Journal of Marketing, 1993:39-50.

题项如"我对游戏角色很满意""我会因游戏角色厉害而自豪""我很喜欢游戏当中的自己""我认为游戏内的自我是现实自我的一部分""虚拟角色的强大会让我提升自信心"等。著者采用 Netemeyer 的虚荣特质量表和 Raskin 的自恋特质量表，虚荣特质量表分为成就关怀和成就观感两个维度，自恋特质量表分为外表知觉和游戏自信两个维度，设计的测量题项如"我在游戏中在意别人的评价""我渴望得到其他玩家的赞美"等。著者将 TAM 技术接受模型测量量表修改，来测量游戏玩家的注意力、感知利得、娱乐感等，设计的测量题项如"我在游戏中注意力集中""游戏能够使我快乐"等。

2. 因变量设计

本研究的落脚点是移动游戏虚拟产品消费行为，在研究玩家的消费特征时，要先探讨游戏玩家作为消费者的属性特征。Kollat，Engel 和 Blaekwell 在 1968 年对消费行为进行了定义，他们认为网络游戏消费行为是指消费者（游戏玩家）在寻找、参与和消费游戏产品或服务时，所涉及的各项活动。这一过程包括消费者的消费意愿和消费态度以及最后所产生的行为实践，本部分从此维度测量消费行为，具体题项包括"我会在游戏当中产生消费行为""我会推荐他人进行消费""未来我还会持续购买游戏虚拟产品"等。

本研究的调查问卷分为三个部分，共有 55 道题项。第一部分是玩家基本信息，包括性别、年龄、收入、游戏级别、游戏使用年限等。第二部分是各个变量相关题项的测量，问卷采用李克特 7 级量表，从非常不同意到非常同意，分别对应 1—7 七个分值。第三部分是开放性问题，对玩家的消费动机进行更深入的了解。

3. 样本收集

为了保证问卷的有效性，问卷的发放分两种方式展开。一是选择游戏玩家的聚集地进行发放，如游戏大厅、相关论坛、贴吧等，发放范围涉及全国各地。问卷收集时间持续一个月，收到问卷 193 份，有效问卷 112 份。同时，研究团队还对游戏 KOL 进行访谈并发放问卷，加入新浪微博等超级话题，在话题之下进行问卷发放，还选取 8 个较高质量、互动较为频繁的 QQ 群发放问卷。通过以上方式，研究团队共收到问卷 307 份，有效问卷 289 份。本研究共发放问卷 500 份，回收问卷 499 份，删除无效、乱答问卷 98 份，有效问卷 401 份，有效问卷回收率为 80.2%。

三、研究假设

首先，本部分想要探讨不同年龄层的玩家购买虚拟产品的消费行为是否存在差异。Lu 和 Wang 研究表明，不同年龄层的游戏玩家在参与游戏过程中其消费行为和心理存在差异，随着年龄的增长，玩家在选择消费的过程中更有自主权。① 学者张春华、温卢在研究中发现，游戏玩家在性别和学历上的差异使网络游戏消费行为存在差异。② 他们在观察中发现，高游戏级别的游戏玩家虚拟产品消费行为很积极。因此，本部分提出研究问题：玩家在性别、年龄、收入、游戏年限和游戏级别上的差异是否会导致游戏虚拟产品消费行为的差异？

由于游戏体验感较好，游戏卷入程度较高，个体会感觉时间比平时过得快，他们对事物的沉浸感和行为投入更强。研究团队通过访谈发现很多玩家的消费行为是在社群互动中形成的，他们在互动的过程中被群体规范，或者受社群关键人物的影响从而产生消费行为。因此，本部分提出研究假设 H1：游戏卷入度对游戏虚拟产品消费行为有正向影响作用。研究假设 H2：玩家互动程度对游戏虚拟产品消费行为有正向影响作用。在玩家心理因素方面，学者 Fam 证明个体的虚荣心理会影响其游戏消费行为的投入，部分游戏玩家在游戏过程中享受自我实现的过程。一是因为自身玩游戏的水平让其他玩家赞不绝口；二是游戏虚拟产品的包装突出了玩家虚拟角色的个性化特点，从而为其带来自信。因此，本部分提出研究假设 H3：玩家虚荣特质对游戏虚拟产品消费行为有正向影响。研究假设 H4：玩家自恋特质对游戏虚拟产品消费行为有正向影响。前文已提及，TAM 技术接受模型是研究游戏玩家技术接受和使用行为的重要模型基础。③ 基于此模型，玩家的感知价值性会对消费行为产生影响，知觉娱乐性和知觉有用性与虚拟商品消费行为有正相关关系。④ 然而，此研究结论在移动游戏消费行为中是否适用还需要进一步探究。

① LU H P, WANG S M. The Role of Internet Addiction in Online Game Loyalty：An Exploratory Study [M]. Internet Research, 2008：499-519.

② 张春华，温卢. 网络游戏消费行为及其影响因素的实证研究——基于高校学生性别、学历的差异化分析 [J]. 江苏社会科学，2018（06）：50-58.

③ DAVIS F D. User Acceptance of Information Teclinology：System Characteristics, User Perceptions and Behavioral Impacts [M]. International Journal of Man-Machine Studies, 1993：475-487.

④ HAMARI J, KERONEN L. Why Do People Buy Virtual Goods：A Meta-Analysis [M]. Computers in Human Behavior, 2017：59-69.

因此，本部分提出研究假设 H5：玩家感知娱乐性对游戏虚拟产品消费行为有正向影响作用。研究假设 H6：玩家感知有用性对游戏虚拟产品消费行为有正向影响作用。学者 Liao 认为当人们在消费过程中感知到风险的存在时，便会终止消费行为。对移动游戏而言，不同玩家对游戏的风险感知不同，这也会影响他们的消费行为，因此本部分提出研究假设 H7：玩家风险感知对游戏虚拟产品消费行为有负向影响作用。《王者荣耀》的虚拟产品不再刻意强调功能性价值，学者 Cleghorn 通过质性调研发现，玩家对移动游戏的相关角色有较为亲密的情感，甚至产生自我知觉转移，认为游戏虚拟形象是现实自我身份的象征，由此形成深层次的游戏消费行为。本部分立足移动游戏虚拟产品的特性，根据玩家化身认同对消费行为的影响机制进行深入探讨，提出研究假设 H8：玩家化身认同对游戏虚拟产品消费行为有正向影响作用。

四、研究发现

（一）样本基本特征

本研究中，男性玩家 212 名，占总人数的 52.9%；女性玩家 189 名，占总人数的 47.1%；样本年龄集中在 19—30 岁，占样本总量的 63.3%。玩家使用移动游戏的频率大部分集中在每周玩两次以上，每天玩两次以上（包括两次）的玩家占比为 18.8%，每天玩一次的玩家占比为 27.35%，这说明玩家对移动游戏有很强的黏性。玩家每天花费的游戏时长多集中在 30 分钟到 1 个小时，其比例达到 46.86%，这表明《王者荣耀》玩家中以中轻度使用者为主。在游戏级别方面，大部分玩家级别在黄金到钻石之间，占比为 60.57%，玩家游戏水平和经验级别都处于中等位置。在收入上，样本多集中在 4001 元—8000 元（每月），占比为 62.9%。在信效度方面，本部分 Cronbach's Alpha = 0.925，KMO = 0.913，信度和效度均高于建议值（$\alpha > 0.7$，$KMO > 0.6$），这表明此量表有较好的信度和效度。

（二）方差分析

本研究运用（One-Way ANOVA）单因素方差分析，在固定因素的影响条件下考虑一个因素对另一个因素的影响，来检验单个因素各个水平分组差异化的显著情况。本研究通过单因素分析法对不同性别、年龄、收入、游戏级别和使用年限的游戏玩家的虚拟产品消费行为进行检验，具体结果如表 3-1 所示。

表 3-1　人口统计学变量与游戏虚拟产品消费行为单因素方差分析表

性　别		平方和	自由度	均　方	F	显著性
游戏虚拟产品消费行为	组间	3.426	1	83.518	0.253	0.184
	组内	52.018	400	0.731		
	总计	55.444	401			
玩家年龄		平方和	自由度	均方	F	显著性
游戏虚拟产品消费行为	组间	2.369	1	82.549	0.648	0.133
	组内	41.206	400	0.548		
	总计	43.575	401			
游戏级别		平方和	自由度	均方	F	显著性
游戏虚拟产品消费行为	组间	10.107	1	13.164	4.532	0.005
	组内	92.384	400	0.284		
	总计	102.491	401			
游戏使用年限		平方和	自由度	均方	F	显著性
游戏虚拟产品消费行为	组间	40.952	1	59.472	1.968	0.002
	组内	133.494	400	0.384		
	总计	174.446	401			
玩家收入		平方和	自由度	均方	F	显著性
游戏虚拟产品消费行为	组间	43.340	3	32.439	3.698	0.822
	组内	101.706	398	0.548		
	总计	145.046	401			

从方差分析结果来看，玩家性别、年龄和收入的 P 值分别为 0.184、0.133和 0.822，均大于 0.05，因此游戏虚拟产品消费行为在性别、年龄、收入上不存在显著差异。玩家游戏级别和游戏使用年限的 P 值分别为 0.005 和 0.002，均小于 0.05，因此玩家的游戏级别和游戏使用年限对游戏虚拟产品消费行为有不同程度的影响。

（三）相关性检验

本部分运用 SPSS 相关分析的统计方法，进一步探讨自变量七个因子和因变量之间的相关关系，本问卷为 8 级量表，自变量均属于定距变量，因变量是三个维度之下题项相加后的均值，因此也属于定距变量，因此本研究采用 Pearson

系数对变量相关性进行测量。相关系数的取值范围在 -1 和 1 之间，正值代表正相关关系，负值代表负相关关系，具体结果如表 3-2 所示。

表 3-2　玩家行动、心理因素各变量与游戏虚拟产品消费行为关联性分析汇总

变量		未来购买行为	持续购买行为	推荐他人购买行为
玩家游戏卷入度	Pearson 相关性	0.442 ***	0.526 ***	0.457 ***
玩家互动程度		0.454 ***	0.422 ***	0.410 ***
玩家虚荣特质		0.250 **	0.189 **	0.198 **
玩家自恋特质		0.133 **	0.147 **	0.162 **
感知有用性		0.451 ***	0.402 ***	0.360 ***
感知娱乐性		0.302 **	0.263 **	0.154 **
感知风险		-0.294 **	-0.312 **	-0.236 **
玩家化身认同		0.276 ***	0.373 ***	0.261 ***

注：** <0.05，*** <0.01。

由上表可知，玩家游戏卷入度、玩家互动程度、感知有用性、玩家化身认同在游戏虚拟产品消费行为三个维度的相关系数在 99% 置信水平上呈现显著相关关系（P<0.01）；玩家虚荣特质、玩家自恋特质、感知娱乐性和感知风险在游戏虚拟产品消费行为三个维度的相关系数在 95% 置信水平上呈现显著相关关系（P<0.05）。行动和心理因素的 8 个自变量与因变量间存在显著的相关关系。

（四）回归分析

本部分接下来采用线性回归分析进行数据的验证，以此来了解各个因子对因变量的影响程度和贡献值。在控制人口统计学变量的前提下（性别、年龄、收入、级别、使用年限），本部分将玩家游戏卷入度、玩家互动程度、玩家虚荣特质、玩家自恋特质、感知娱乐性、感知有用性、感知风险、玩家化身认同等设置为自变量，将游戏虚拟产品消费行为设置为因变量，运用 SPSS 进行多元线性回归分析。在本研究中，影响游戏玩家购买游戏虚拟产品的影响因素有多个，因此使用多元线性回归中的逐步回归法。研究者通过保留模型中对因变量有影响的自变量，把对因变量没有影响的自变量移出模型，从而更加直观地展现数据。下图为 8 个因子相互作用形成的最终回归结果表，具体结果如表 3-3 所示。

表 3-3 逐步回归最终模型因子呈现结果表

因变量		玩家游戏虚拟产品消费行为			
模型	预测变量	标准化回归系数 β	T	调整后的 R^2	P
最终模型	（常数）		0.152	0.483	0.720
	玩家游戏卷入度	0.458**	20.413		0.005
	玩家互动程度	0.542**	9.827		0.005
	感知娱乐性	0.358**	5.481		0.004
	感知有用性	0.428**	6.392		0.007
	玩家化身认同	0.535**	4.521		0.002
	玩家虚荣特质	0.275	5.047		0.166
	玩家自恋特质	−0.204	−4.742		0.207
	感知风险	−0.372	−6.055		0.179
	性　别	0.317	2.03		0.244
	年　龄	0.368	5.675		0.136
	收　入	0.253	4.264		0.349
	游戏级别	0.395	5.348		0.283
	使用年限	340	5.953		0.151

从回归结果表中可以看出，玩家行动、心理因素的 8 个因子在游戏虚拟产品消费行为的方程中预测能力达到了 48%（调整后的 R^2 = 0.483）。其中玩家游戏卷入度、玩家互动程度、感知娱乐性、感知有用性和化身认同对游戏虚拟产品消费行为有显著的正向影响，标准化回归系数 β 值可以看出因子的模型贡献程度分别为 0.458、0.542、0.358、0.428、0.535（P<0.05），这五个因子在不同程度上影响了玩家游戏虚拟产品消费行为。可以看出，玩家互动程度对虚拟产品消费行为的贡献值最大，其次是玩家化身认同，但玩家虚荣特质、玩家自恋特质和感知风险在模型中没有显著的影响作用。玩家游戏卷入度越高、玩家互动程度越高、感知娱乐性越强、感知有用性越强、玩家化身认同感越强，越能产生游戏虚拟产品消费行为，研究假设 H1、H2、H5、H6、H8 成立，H3、H4、H7 不成立。

五、结论与讨论

（一）实证结论

本研究通过 401 份有效问卷的量化数据和 16 位玩家的深度访谈发现，玩家虚拟产品消费行为的动机和心理较为复杂，一方面来自游戏产品本身的吸引力，另一方面则主要源于玩家复杂的个人心理因素。通过上述实证数据分析，可知以下几方面内容。

1. 在移动游戏中，玩家的移动游戏虚拟产品消费行为在游戏级别和使用年限上存在显著差异，但在性别、年龄、收入等因素上不存在显著差异。自变量各个因子与游戏虚拟产品消费行为均存在显著的相关关系。本研究还发现，与以往的游戏研究不同，在移动游戏当中，男性和女性在消费投入上不存在差异性，女性玩家的游戏消费正在崛起，不同收入和年龄的玩家消费行为也不存在显著差异。网络游戏不再是男性的专属，女性玩家具有较大的发展潜力。

2. 最终回归结果显示，玩家游戏卷入度越高、玩家互动程度越高、感知娱乐性越强、感知有用性越强、玩家化身认同感越强，游戏虚拟产品消费行为越积极。其中，玩家互动程度在模型中的影响最大，其次是玩家化身认同感。游戏玩家对虚拟化身有较高的期待，认为游戏场域给予个体更加广阔的表演空间，这种虚拟人物的扮演方式让玩家以更加完美的状态呈现，从而制造更加有意义的互动和表达，实现玩家的身份认同。这也能够解释为什么游戏虚拟产品的工具性被削弱，玩家还是会积极购买。

3. 本研究通过实证研究发现，移动游戏中男性玩家多追求游戏的刺激性和挑战性以及游戏过程中的沉浸互动感，但女性玩家多追求游戏过程中的趣味性，所以不同性别的游戏玩家在游戏使用动机上存在差异，游戏过程中存在"男高女低"的性别歧视现象。

（二）社交性游戏与玩家消费的关系构建

通过实证访谈，大部分游戏玩家表示，游戏的吸引力在于作战胜利的喜悦感与成就感，而作战成功的关键在于团队合作，游戏本身的吸引力是产生游戏消费的重要原因，正如《王者荣耀》的宣传语："不是一个人的战斗，而是五个人的荣耀。"作为一款团队合作的推塔类游戏，《王者荣耀》积极的社交体验和游戏临场感是吸引玩家持续投入的关键，这种社交感也就是 Wellman 提到的游戏对关系连接的补强作用。相比于在真实世界中处理微妙、复杂的人际关系，

《王者荣耀》俨然成为一款清晰明确、可把握、可操控的社交地图。匹配到的玩家因追求共同的目标，投入相同的活动中，放大了这种"临场感"。

不同玩家有不同的站位分布、英雄角色配置以及合作的默契程度，玩家之间相互认可，形成了彼此间的信任感。无论是怎样的角色分工，玩家的行动对彼此来说都是被接受的、有意义的。这一过程让共同作战的玩家产生了团队的归属感和情感连接，产生了只有玩家能够相互理解的"意义共享"，这是一套只有玩家可以传递的规则。

麦克卢汉认为，游戏作为一种大众日常压力反应的延伸，在实践过程中形成一种文化准确可靠的模式，使群体和个人在尚未延伸的部分中实现重构。① 同样，《王者荣耀》中的玩家形成了统一的认知，游戏产生的整体风格以及"意义"的共享，来指导日常的游戏实践，创造了一种从无到有的"玩家社群精神"，这种精神是维持陌生人之间共同合作、即时默契的关键。《王者荣耀》中，玩家经过长时间的探索和经验积累达成共识，队伍的最佳匹配模式是"法师+坦克/战士+射手+刺客+辅助"，这样的阵容最合理。

玩家即可在配合互动之中相互熟悉，于无形之间增进关系，玩家之间的合作善意在游戏过程中得以体现。在麦格尼格尔看来，玩家从游戏当中获得的满足感是一种无限可再生的资源，玩家在游戏中产生的情绪体验本身就是奖励。玩家为了探索虚拟世界，为了团队成功而认真投入，那么参与本身就是一种奖励机制。② 通过访谈，发现不少玩家在时间和金钱上大量投入，他们认为虚拟游戏带来的成就感和自尊自信感是现实社会很难拥有的。

有的玩家说："好几次逆风局，我一个射手迂回到对方家中偷塔，本来是输的局，因为我，我们最后取得了胜利，队友都感觉不可思议。"《王者荣耀》中紧张的游戏氛围和清晰的推塔目标，以及团战合作的互帮互助，让所有玩家的平凡行为在游戏世界中都变成了非凡的壮举。《王者荣耀》将虚无缥缈、难以把握的社交途径清晰明确、具象化地展现在消费者面前，构建了一套涵盖时间规划、关系构建、语言交流、行为表现、自我呈现、共情培养等各种社交要素的完整社交地图，并最终反哺于现实生活中的社交关系，从而对具有强社交诉求的游戏消费者产生了强大的吸引力。

---

① 麦克卢汉. 理解媒介——论人的延伸［M］. 何道宽，译. 北京：商务印书馆，2000：291-300.

② 简·麦格尼格尔. 游戏改变世界［M］. 闾佳，译. 北京：北京联合出版公司，2016：141-168.

由此可以看出，游戏中的消费行为是与社交行为强关联的，游戏玩家愿意为自己的爱好和兴趣买单，也就是所谓的"为爱氪金"，玩家基于共同的兴趣走在一起，也因为这种共同的游戏行为举止，他们开始使用共同构建的认知话语和虚拟符号来进行互动交流。① 与其说是对游戏虚拟产品的喜爱，不如说是圈层内部符号交往力量作用的结果，这是游戏玩家自我赋予虚拟产品地位的方式。

（三）游戏消费中的"自我呈现"与"化身认同"

关于《王者荣耀》虚拟产品消费行为的讨论，仅仅停留在简单的消费主义研究层面上显然是不够的。MOBA 类游戏皮肤工具属性单一，在注重公平的游戏环境下，游戏皮肤更是显得"无用"。本部分的量化研究在一定程度上能够揭示虚拟产品消费行为的影响因素，但更加深层次的原因需要质性方法来辅助研究。事实上，玩家与游戏角色通过互动构成了一种利益交换的关系②，很多受访者都提到游戏角色就像自己一样，他们之所以沉迷网络游戏，是因为游戏虚拟世界能够让自己以更加强大、美好的身份呈现，缩小理想与现实的差异，弥补现实生活中的不足。③

《王者荣耀》多种多样的角色、皮肤，描绘出理想化的人格特质（如浴血奋战的嗜血枭雄、妩媚轻盈的绝世舞姬），为玩家枯燥、单调的现实生活提供了心理补偿，使其在游戏过程中获得丰富多彩的心理刺激与认知体验。一些玩家表示，会想要花钱让虚拟人物变得更完美，使其有别于其他角色，所以会在各类型的角色皮肤上进行消费，希望看到有别于现实生活的自我人格。

一些玩家为了增加自己主页的人气值，刻意设置主页英雄角色动画，以及与其他玩家在游戏大厅进行聊天互动，互相点赞，互粉。研究团队在对一个社群成员的花费从几百到上万不等的游戏社群的访谈中发现，他们花钱的原因主要就是证明自己在虚拟的世界中可以成为游戏的佼佼者，向别人和自己证明在虚拟的世界中自己一样有能力成为顶尖玩家。玩家会不时提到关于成就感和攀比的字眼，他们认为不管是男性玩家还是女性玩家，他们都会想让自己的角色变得独一无二。男性玩家想让自己的角色在战斗时变得最强，成为其他玩家羡

---

① 安迪·班尼特，基思·哈恩哈里斯. 亚文化之后：对于当代青年文化的批判研究 ［M］. 中国青年政治学院青年文化译介小组，译. 北京：中国青年出版社，2012：103.

② MILLS J, CLARK M S. Exchange and Communal Relationships, Review of Personality and Social Psychology, Beverly Hills ［M］. CA：SAGE, 1982：121-144.

③ DUNN R A, GUADAGNO R E. My Avatar and Me：Gender and Personality Predictors of Avatar-Self Discrepancy ［M］. Computers in Human Behavior, 2012：97-106.

慕的对象；女性玩家则是会像现实社会一样，将自己打扮成历史故事里面的四大美女，让自己可以完成心中理想的样貌，来满足她们内心的认同感。

研究也发现，女性玩家更渴望在游戏当中获得尊重和认同。在游戏中，女性玩家污名化现象严重，存在普遍的性别歧视现象，所以不少女性玩家渴望得到男性玩家的认同和尊重，她们通过消费或者较高的游戏技术来证明自己的能力。

在戈夫曼看来，表演无处不在。MOBA 类游戏的沉浸体验感会让玩家相信自己已经进入了所扮演的游戏角色中。在现实世界中，人们通过前台展示和自我呈现来塑造个体的社会身份，个人前台由"外表"（appearance）和"举止"（manner）的刺激构成。人们期望在外表和举止之间能有确定的一致性来塑造自身的角色，这一方式可以让社会互动持续进行。① 在虚拟游戏的场域中，通过游戏场景的搭建，每个玩家也会获得虚拟身份，他们一旦将自己"伪装"起来，可能就有另外的一个新的身份。这个身份可能是超越现实自我的，可能是与现实身份一致的，甚至有可能是有巨大差异的。这种"表演式"的自我呈现，需要靠皮肤为自己"打扮"，游戏虚拟场域的个体表演是一种新的实践，玩家可以按照个体意愿去塑造和定义自己，这种自主编辑外貌形象的过程，使身体不在场的虚拟互动与表演在网络场域中成为新的实践。

有一些玩家完全沉浸于虚拟世界塑造的"全能自我"形象之中，无法真正判断自己的身份，造成了身份构建的混乱。② 在移动媒介大力发展的今天，真实的现实世界显得更加重要，自我认同是信息洪流中保持自我身份的关键，移动游戏玩家要区分虚拟和现实之间的差异，要认识到虚拟自我并非单独存在的，而是现实自我身份的延伸。游戏玩家要保持独立自主的主体意识和消费观念，才能实现虚拟化身和现实自我的有机统一。

六、本研究的贡献、不足与展望

本研究贡献是在吸纳先前学者研究成果的基础上，从心理和行为两个层面设计出移动游戏虚拟产品消费行为的研究模型，并将化身认同纳入模型之中，通过量化研究，验证了变量的可测量性和适用性，也验证了该模型具有较好的

---

① 欧文·戈夫曼. 日常生活中的自我呈现［M］. 周怡，译. 北京：北京大学出版社，2008：24.

② 张国华，雷雳. 青少年的同伴依恋自我认同与网络成瘾的关系［J］. 中国学校卫生，2008（05）：454-455.

解释力、预测力与适应性。本研究局限在于样本规模和调研范围有限，在全国范围内仅收回 401 份有效问卷。另外，本研究虽然没有年龄限制，但大部分样本是年轻的游戏玩家，未来的研究需纳入更多其他年龄段的玩家，使研究结论更具普适性。

第四章

青年线上交往行为与网络社会心态

第一节　青年线上交往的现状与特征

年龄是自然规律下的一种数字化表达，可划分为儿童、青年、中年和老年。在工业文化的压缩下，年龄成为划分人群的标签。在年龄的基础上，市场也顺应年龄的差异"做年龄"的产品。线上社交平台的搭建，为青年线上交往行为分析提供了可见性的数据样本。同时，以青年群体为主要定位人群的青年社交媒体也预示着"蓬勃经济"。青年主导着市场的同时，也是媒体影视剧本中的"主角"，人们通过描绘青年的形象，构建了以青年才俊为主导的话语权力。在这种工业文化的影响下，作为主导的青年也成为线上活动的主要测量对象。①

根据中国青年网发布的调查显示，在 2812 份的青年网络社交问卷中，超 8 成的青年经常使用社交平台进行线上活动，主要是为了与朋友交流，其中线上网络使用时间大于 3 小时的人超过了 5 成。线上交友越来越多样化，其覆盖范围广，从传统的社交媒体平台（如微信和微博）到新的社交媒体平台（如探探和陌陌）。这些平台提供不同的沟通方式，如文字、声音和视频，来满足不同情况下青年人的社会需要。

---

① 曲茜，倪晓莉．网络社交媒体使用对青少年生活满意度的影响：自我同一性状态的中介作用 [J]．心理与行为研究，2020，18（02）：214-219.

　　根据人民智库的调查数据，近一半的年轻人倾向在互联网上社交。同时，3/10的年轻人愿意在社交媒体上花费时间，这表明线上交友已成为年轻人的主要社交方式之一。

　　交友成为线上主要活动的同时，数字身份也成为现实的"拟剧"，数字人的身份重新定义着人与人之间的关系①，青年线上交往行为也呈现出自我分离化和展演化的日常表达状况。

　　麦克卢汉认为媒介是人的延伸，延伸意味着截除和脱离。从莎草纸到互联网，媒介在发展变化，文字、声音、表情等逐渐脱离人这一主体，在视频生成助手sora诞生后，这在一定程度上意味着"灵韵"从人体的分离，而技术也迎来了向人体的进一步逼近。基于前者的分离，数字身份和现实身份的分离也成为近年来学术讨论的热点。数字身份依托网络环境诞生，是数字派生的产物。数字身份基于不同的社交平台也展现出不同的特性，强链接性的微信平台相较于弱链接性的抖音平台，两者的数字身份有较大的差异。微信以朋友圈人设打造来进行"自我展演"，其聊天内容多是基于现实人际关系和生活展开。抖音平台中的数字身份是数字具身的切入，抖音通过美颜工具的叙事修饰将身体进行视觉化的呈现。因此，不同平台的数字身份呈现出差异化的分离现象。展演化的日常表达一定程度受工业文化的影响。在工业文化的冲击下，潮流文化、消费文化和土味文化接踵而至。青年作为工业文化的参与者，在文化的互动中，形成了文化仪式。他们在仪式中传达、展演并表露着自我。线上的活动与交流宛如一场"假面舞会"，青年原有的身份被隐藏，青年通过数字身份，可以展现自己的喜好和兴趣，可以拥有任意的身份。在伪后台的呈现中，真实的后台被隐藏在数字身份之下。

　　与此同时，青年线上交友方式还呈现为缘趣圈层化、情感需求化，以及付费意愿提升的消费文化状况。以兴趣为导向的交友，在年轻人中尤为明显。年轻人倾向加入有共同兴趣的"圈子"中，如时尚化妆圈、二次元圈子和游戏圈子等。在这些圈子里，他们不仅可以交流思想和经验，还可以结识志同道合的朋友。这种以兴趣为基础的社会模式，不仅提高了他们的满意度和社交深度，还促进了年轻人在特定领域的技能和认同感的发展。在线交友是青年之间情感交流的重要方式。许多独居的青年通过使用在线交友来减少孤独感，并寻求情

---

① 郑静.青年女性的情境化性别实践——以商业性相亲场域为例［J］.当代青年研究，2019（04）：110-117.

感上的满足和慰藉。在快节奏的城市生活中，他们期待通过社交网络结识新朋友、分享生活中的快乐和恐惧，甚至在考虑重要的决定（如买房、结婚、照顾孩子）和个人疾病时，在网上与朋友交谈并寻求建议也成了他们的首选。

近年来，消费交友模式逐渐出现。许多年轻人通过购物、看电影和旅行等消费活动结交新朋友，这一定程度满足了消费文化下的经济需求。例如，bilibili视频平台推出"一起看"应用插件功能，可以实现在线上与朋友共同观影的目的。线上和线下联动的方式，也使青年在线上交友时获得了更加丰富的交友体验。在线交友市场正在蓬勃发展，青年已经提升了付费意愿。许多年轻人愿意为积极的、优质的人际关系体验付费，购买良好的线上服务。例如，一些提供专业服务、智能咨询等的增值服务网站，被大量付费用户青睐。青年线上交友呈现出人设虚拟化、叙事断裂化、话语多重化、数字档案化以及展演景观化的一般性特征。青年人在线上的社会互动方式是深度的流动。随着互联网生态学的发展，年轻人将影响中国互联网下一代社会产品的规模，并不断改变人们对社会产品的需求。

以抖音为例，青年可以发布自己的生活日常，但其对自我的包装是任意的，现实生活的人际关系并不会完全迁移至网络中①，而是以新的身份进行人设扮演。青年可以自由表达意见，而不局限于他们在现实生活中的地位，这使网络成为他们表达意见和扩大社会圈子的重要平台。由于虚拟的人设搭建，人设维护也具有了潜在的风险。视频博主小英一家穷苦人设的曝光，都一定程度说明了线上交友人设的虚拟化以及虚拟化人设带来的全新语境和叙事方式。

全新的叙事和人设依托虚拟的人设展开，在呈现上是断裂的。相较于传统现实生活中人的风格特点，线上的叙事以一种蒙太奇般的片段进行。② 用户从断裂的叙事片段中、从暧昧的符号语义中进行遐想，从而完成对叙事主体的理解。这种线上社会行为是零散和肤浅的，这意味着年轻人经常使用社交媒体进行小型、零散的互动，而不是深层和持久的互动。由于平台自我设置的热搜榜、热点内容等推送机制，青年线上交友时追随不同的语境和话题来曝光自己，从而获得流量。话语的多重化还体现在语义符号的丰富性上，可以是网络热梗，抑

---

① 黄婕，汤星语，彭靖茗. 分享房屋：一种青年人的生活政治 [J]. 青年探索，2019（02）：14-26.

② 周夏萍. 后真相时代：传播新技术下的"断层"及审视 [J]. 青年记者，2017（33）：33-34.

或是圈子文化中的符号内容。① 青年可以与想法相同的人进行交流，并建立密切的数字圈子。这种社会阶层帮助年轻人参与特定的活动，但这种信息交流方式也会产生深远的影响。纷繁的语义符号差异和语境话题的丰富也使青年线上交友的话语多重化。

青年依托网络进行线上交友，同时依托各个平台进行交流。交流数据由平台数据中心保留，即便是进行了撤展式的删除，数据中心的代码中也会留下痕迹，其可见性和永久保留性也使人人都具有了电子化的档案。这也使在一些热点话题中被关注的主体，很容易被曝光在网络当中。以时间脉络展开的原有言论和展演可以被轻松曝光，不论是非议还是捧场，对青年个体来说，他们都被剥夺了"数字隐私"。

一、青年群体线上交往平台

青年线上交友平台大致可分为两类：一类是平台生产信息的社交型，另一类是关注青年情感需求的交友型。

（一）平台生产信息的社交型平台

1. 微信

微信是一种免费的智能即时通信服务应用程序，由腾讯公司于 2011 年 1 月 21 日推出，由张小龙领导研发设计。微信平台向互联网发送语音、视频和短信信息，使用少量网络流量，并通过基于网站的内容和位置的"朋友圈""摇一摇""公众平台"等方式服务用户交友。

到 2016 年第二季度，中国超过 94% 的智能手机被微信覆盖，每月有 8.06 亿的用户活跃在微信平台上，微信覆盖 200 多个国家和地区，包含 20 多种语言。此外，所有品牌的微信公众号提供的小额账户总额超过 800 万个，微信拥有超过 85000 个移动应用链接，广告收入增至 3.679 亿元，近 4 亿用户在使用微信支付。青年群体既可以阅读微信公众号的内容，也可以使用其"朋友圈""摇一摇"等功能交友。微信以一种半嵌入的方式链接了现实生活中的人，是以强链接为主的社交性平台。

2. 微博

微博是指基于用户关系，简短实时地共享和访问用户相关信息的在线社交

---

① 刘懿璇，何建平. 土味视频生产消费中的情感结构与趣味区隔 [J]. 新闻与传播评论，2022，75（03）：53-63.

媒体平台。微博允许用户通过互联网网络 Web、Wap、邮件、应用程序、IM、SMS 以及计算机和移动电话等各种移动平台接入平台，并通过文本、图像和视频等多媒体及时共享和交流信息。① 微博为用户提供了一个信息交流的便捷平台，受众既可以查看相关信息，也可以传播信息。微博发布的信息通常很短，最多只有 140 字。它还可以发布照片、分享视频等，其信息传播速度快。此外，微博也允许大量用户通过手机、网络等方式及时更新他们的个人信息。微博的即时通信功能非常强大，只要有手机在场，就可以及时更新内容。在面对一些重大紧急情况或全球重要性事件时，其信息传播速度和规模超过大部分媒体。

微博的传播性很强，是具有草根性的社交平台。在微博上，信息访问是高度自主和自愿的，青年可以根据对方发布的内容类型和质量来选择是否"关注特定用户"；微博上的游说效果非常灵活，与内容的质量高度相关。微博影响取决于作为"贡献者"的用户。他们被吸引得越多、越活跃，追随者和影响者就越多。

3. 小红书

小红书是 2013 年 6 月推出的生活方式交流平台，小红书社区内容包括美容、个人护理、运动、旅游、家居、酒店和餐厅、消费者体验和人们独特的生活方式等。小红书用户画像中女性为主要用户，用户年龄主要集中在 18~25 岁，这一年龄阶段主要是"95 后"和"00 后"。这一群体具有一定的消费能力和消费意愿，渴望新的生活方式，追求潮流并且对新事物的接纳程度较高。用户也主要集中在广东、上海、北京、浙江等一、二线城市。同时，青年群体在使用小红书时，更侧重中高端消费。其中中等消费者占比为 36%，而高消费者占比为 26%，他们更关注产品的服务和品质。

青年使用小红书具有追求时尚与个性的表达、注重生活和自我的提升以及社交互动与认同的特点。青年人通过小红书了解最新的时尚趋势，从国际大牌到小众设计师品牌，他们不断尝试新的搭配，成为时尚的引领者。例如，当一种新的色彩搭配流行起来时，青年人会迅速在小红书上寻找灵感，然后运用到自己的日常穿搭中。他们不满足于随波逐流，而是通过分享自己的独特见解和创意，展示个性。比如，一些青年会在小红书上分享自己的 DIY 服饰、手绘鞋子等，表达对个性和自我的追求。

---

① 方金云，何建邦. 网格 GIS 体系结构及其实现技术 [J]. 地球信息科学，2002 (04)：36-42.

4. YouTube

世界上最大的视频共享平台 YouTube 于 2005 年 2 月由美籍华人陈士骏等人创建，并于同年注册。该公司的总部设在美国加利福尼亚州圣诺。YouTube 最初的核心任务是解决当时通过互联网分享视频的问题。

YouTube 自成立以来迅速发展，吸引了大量用户上传、观看、分享和评论视频。截至 2023 年，全世界有 20 多亿人使用 YouTube 学习、分享视频和塑造文化。此外，YouTube 每天处理数千万视频，它的广告收入也非常重要。YouTube 功能非常多，包括短片、视频和直播。用户可以使用多重账户，并且不需要经常更改账户。该平台还提供核心模块，如专用建议系统、反馈系统和内容上传与发布系统。有报告显示，YouTube 的男性用户略多于女性用户，用户主要集中在 25 岁到 44 岁，他们每周使用时长约为 5 小时，用户主要源于北美和欧洲。

青少年使用 YouTube 有依赖性高、使用时间长和偏好青睐等特点。超八成的美国青年每天都会使用 YouTube，他们每日视频时间占每日总视频花费时间的 29%。YouTube 还成了青少年观看视频的首选平台。

（二）关注青年情感需求的交友平台

1. 北辰青年

北辰青年拥有较广的社交媒体网络，在微信、微博、抖音和小红书等多个主要社交媒体平台上都有账号。所有平台上有超过 150 万粉丝，在线私营用户超 10 万名。这些粉丝大多数是青年，其活跃度和参与度都很可观。其中"Yesgo""有趣人类实验室"和"有趣人类大会"等活动是由北辰青年通过线上社交账户发布的，吸引感兴趣的青年参与，并进行交流和互动。这些活动的目的是让年轻人发现自己，丰富他们的经验，使青年通过体验式社交来发展自身。

2. 青藤之恋

青藤之恋是一款主打高学历优质青年交友的社交媒体应用，以学历认证为核心，致力于打造人群更高端、资料更丰富、交友更严肃的交友平台，营造真实、可靠、温暖、走心的交友氛围。青藤之恋主要面向高学历、高素质的单身青年。官方数据显示，80% 的用户年龄集中在 23—30 岁，本科以上的用户高达90%。青藤之恋采取严格的学历和身份双重认证机制，要求用户提交真实头像、真实身份和真实学历信息，确保交友空间的真实性。用户上传的照片也会经过认真审核，一定程度上保障了用户的信息真实性和可靠性。

青藤之恋之所以吸引高学历青年使用，一定程度是因为它的学历认证机制保障了用户在恋爱交友过程中对另一半的学历需求。同时，青年结交学历水平相当或更高的人，有利于他们建立更加稳定的交流关系。青年在使用青藤之恋进行婚恋交友时也会考察对方的综合素质、个人修养、兴趣爱好等。此外，个人介绍和兴趣标签也在一定程度上进行了合理的展演，以便青年自主选择与自己匹配的对象。

部分青年用户为了获得更好的交友体验会购买会员服务，但同时也会对会员功能的性价比进行考量。一些用户认为会员价格相对较高，而所获得的特权如增加推荐嘉宾数量、查看访客等功能并没有带来实质性的改变，与预期存在差距。关于平台的"精选"功能等额外收费项目，用户会觉得这是一种"氪金"式体验，在使用过程中可能会产生抵触情绪。

3. Yubo

Yubo 是一款面向青少年的社交媒体应用，支持英语、西班牙语、葡萄牙语、波兰语、法语、德语、挪威语、荷兰语、芬兰语和瑞典语等 10 种语言。Yubo 以直播功能著称，与一般直播平台不同，这里很少出现一个主播被很多观众围观的情况，更常见的是 2—10 人一起在直播间上麦聊天，用户之间互动性很强。主播掌握谁能在自己的房间上麦的权利，观众可以通过点击"举手"功能申请上麦或等待主播邀请。用户还可以根据自己的兴趣进入不同主题的房间，如游戏房间等，并且可以按距离、国家等条件筛选房间。

同时，Yubo 采用平面化的方式为用户提供筛选朋友的通道，支持通过特定的地理位置和标签来寻找朋友，并去除了点赞和关注的功能，更加侧重用户之间的真实情感交流，而不是用户的影响力或者人气的追捧。Yubo 主要面向 13—25 岁的青年群体，为他们提供了一个相对封闭、安全的社交环境。在注册过程中，系统会根据用户填写的出生日期，自动将用户划分到 13—17 岁或 18—25 岁，不同分组的用户之间不能交流。

由于 Yubo 仅面向 13—25 岁的青年用户，这一机制使平台上的交友人群年龄范围相对固定。在这个特定的年龄区间的青少年们有着相似的成长背景、共同的兴趣爱好和话题，他们因此更容易建立起联系并产生共鸣，交流起来障碍较少。

二、网络游戏与虚拟世界

网络游戏和虚拟世界是青年在线互动的另一个重要领域。通过游戏，青年可以结交新朋友，组成团队，一起完成任务和挑战。这种游戏不仅培养了他们的沟通技巧和合作精神，还为他们提供了一个展示自己和实现自己价值观的舞台。此外，一些虚拟社交平台，如《我的世界》，也为青年创造了一个虚拟世界，让他们自由地表达自己、探索自己。通过游戏，青年可以结交来自不同地区和背景的新朋友。这些新朋友可能有不同的生活经历和文化背景，但是在游戏世界里，他们因为共同的目标和兴趣走到一起。

青年还可以组成团队一起完成任务和应对挑战，在团队合作中，每个人都发挥自己的优势，共同努力实现目标。这种团队合作的经历不仅培养了他们的沟通技巧和协作精神，而且让他们学会如何在团队中承担责任，发挥自己的作用。例如，在一场激烈的电子竞技比赛中，青年团队需要紧密合作，通过文字发送、连麦指挥、技能合作，制定战略来赢得比赛。在这个过程中，他们不断地交流、调整战术，并拥有良好的团队合作能力。

同时，网络游戏也为青年提供了一个展示自我和实现自我的平台。在游戏中，他们可以通过高超的游戏技巧、独特的游戏策略或优秀的领导能力获得别人的认可和尊重。"00后"少年喻文波，在2018年S8英雄联盟全球总决赛对阵SKT的决胜局中，取得比赛的胜利，凭借超凡的操作技能和敏锐的战略眼光成了游戏中的知名玩家，他精彩的比赛视频在互联网上得到了广泛的传播，赢得了很多粉丝的赞扬。

此外，一些虚拟社交平台，如第二人生，也创造了一个虚拟世界，让青年自由表达自己、探索自己。在这个虚拟世界中，年轻人可以自由地设计自己的形象，建造自己的家园，参与各种社会活动。他们可以尝试不同的角色和生活方式，探索自己的兴趣和潜力。例如，对时装设计感兴趣的青年可以在虚拟世界中设计和展示自己的服装，并与其他玩家交流设计想法，来获得反馈和灵感。所以，网络游戏和虚拟世界为青年提供了丰富多彩的在线交流方式，让他们交到朋友，锻炼自己的能力，在虚拟世界中展示自己，并为他们的成长和发展带来了新的机遇和挑战。

第二节　青年群体线上交往行为特征

互联网作为一个巨大的无形网络，深刻地改变了人们的生活方式和交流方式。网络交往是一把双刃剑，它为青年提供了更大的社会空间和更便捷的交流方式，使他们能够突破地域和时间的限制，与世界各地的人们建立联系，但同时它也带来了一系列新的挑战和问题，如网络暴力、信息超载、隐私泄露等。研究青年网络交往行为的特点，对了解青年的心理需求，指导青年正确使用网络，促进青年健康成长具有重要意义。

一、匿名性与真实性并存

在线交流的匿名性，就像一层神秘的面纱，为青年提供了一些保护，在这个虚拟的世界里，他们可以隐藏自己的真实身份，用一个虚拟的用户名或昵称来代表自己。这种匿名性允许青年更自由地表达他们的想法和感受，而不必担心现实生活中的限制和压力。例如，在小红书上，有人曾使用 momo 作为账号昵称，隐藏自己的信息，同时使用"不减到 90 斤不改名"作为个性签名，展现自己最近的动态。青年可以匿名表达他们对社会问题的看法，而不必担心因其观点不同而受到批评。

然而，随着社交媒体对实名制的要求以及用户对真实身份验证的重视，在线互动的真实性也在不断提高。一方面，网络实名制使网络空间更加规范，减少了不良行为的发生；另一方面，青年在寻求真实表达的同时，也更加注重表现自己的真实一面。例如，在朋友圈里，他们会分享自己的生活照片、心情，以及与朋友的真实互动。这也会带来新的问题，青年需要学会在保护自己的隐私和尊重他人之间取得平衡。当分享他们自己的生活时，他们需要注意不要透露太多的个人信息，对姓名、身份证号、编号等进行打码隐藏标记，以避免网络欺诈的风险。

二、虚拟和现实的交织

网络交流虽然发生在虚拟空间中，但其对青年现实生活的影响不容忽视，网络关系的建立和维护往往需要投入大量的时间和精力，这在一定程度上缩短了青年的真实社交时间。虚拟的场景和对象，会给青年营造虚假的环境，使他们进行脑补，形成立体而又不真实的映像。例如，一些青年沉迷网络游戏或社交平台，经常与虚拟世界中的朋友交流，将对方营造的人设作为真实的形象，进行深度的交流，而忽视了现实生活中与家人和朋友的感情。

同时，网络交流中的情绪波动和冲突也可能对青年的心理状态产生负面影响。例如，在网络争论中，青年可能会受到言语攻击，从而产生焦虑、抑郁等症状，这种现象在青年群体中屡见不鲜，尤其是从事媒体职业的网红、演员、明星等。此外，虚假信息和不良价值观的在线交流也可能影响年轻人的认知和行为。一些不良网络名人会发布不良信息，从事不良行为，这会误导青年，使他们产生错误的价值观。

三、信息传播速度快

在线交流打破了地域和时间的限制，允许青年结识来自不同地区和背景的人，从而扩大了他们的社交圈。他们可以通过社交平台、在线游戏、在线论坛和其他渠道与世界各地的人们进行交流和互动。这样的社交圈子为青年群体提供了更多学习和成长的机会，也让他们更好地理解不同的文化和价值观。在线通信具有信息传播速度快、范围广的特点。一条信息或一张图片可以在短时间内被转发和分享，并形成强大的舆论力量。例如，在一些热门的社交活动中，青年通过社交媒体迅速传播信息，引起广泛的关注和讨论。这种信息传播的特点不仅为青年提供了获取信息和表达观点的便利，也不可避免地带来了网络暴力、谣言传播等风险。同时，信息的传播经历即时、实时乃至全时的阶段，直播间的兴起让用户看到相隔万里正在发生的事件，打破了青年交往的地域与时间的限制。

四、高效性与即时性

青年能够在网上互动中充分利用各种即时通信工具和社交平台，实现信息的快速传递。无论是文本、语音还是视频通信，这些都可以在瞬间完成，极大地提高了通信的效率，同时也更加简单化。随着网络和电子设备的普及，青年的交往方式呈现出过于简单化的倾向。比如，手机中的表情包和红包开始逐渐取代传统的问候；发微信和刷朋友圈替代了传统的面对面交流、写信或者打电话交流。[①] 例如，当青年有紧急问题需要讨论时，他们可以在聊天群里发送一条信息，从朋友那里得到快速的回应。这种效率和即时性满足了青年快节奏的生活需求，使他们除了繁忙的学习和工作之外，还能及时与他人保持联系。此外，在线交流的效率也反映在一次与多人交流的能力上。例如，在腾讯会议中，青年可以实时与来自不同地方的人交流，讨论问题，提高工作效率。然而，这种效率也会导致信息超载，让青年感到疲惫。

---

① 徐艺方. 大学生包容性社会交往探析［J］. 榆林学院学报，2023，33（04）：94-97.

五、多元化与个性化

网络交流为青年提供了多种交流方式和平台，他们可以选择自己感兴趣的交流方式。在当代青年的情感实践和人际关系构建中，社交媒体占据了重要地位，正在赋予青年亲密关系和情感交往以更多可能。① 一些青年喜欢在社交媒体上分享他们的生活和创作的作品，来展示他们的个性，而另一些人则热衷于参加在线论坛和社区讨论，来表达他们的观点和意见。此外，青年也可以通过各种个性化的设置，如头部、签名、空间装饰等，来展示他们独特的风格。例如，一个热爱摄影的青年可以在照片社交平台上分享自己的作品，吸引其他对摄影充满热情的人的注意；对音乐有独特见解的青年可以在音乐论坛上发表自己的评论，并与其他音乐爱好者进行深入讨论。这种多样化和个性化的互动，使青年能够更好地表达自己，找到志趣相投的人。

六、情感表达的直接性

在网络互动中，青年倾向于更直接地表达自己的感受。他们使用文字、表情符号、图片和其他方式来表达他们的情绪，而不必像在现实生活中那样受到约束。例如，当青年感到快乐时，他们会发送一系列笑脸和快乐的表情包；当他们感到难过时，他们会直接谈论他们的痛苦和烦恼。这种情绪表达的直接性使青年能够更好地释放自己的情绪，从他人那里获得理解和支持。例如，在一个情感社区中，青年可以分享他们的情感经历，安慰和鼓励彼此。然而，这种直接性也会导致冲动的情感表达和不必要的冲突。

总之，青年网络交往行为具有高效性和即时性、多样化和个性化、互动性和参与性、情感表达的直接性和社交圈的广泛性等特点。这些特点不仅反映了青年群体的特点和需求，而且对他们的生活和成长有着深远的影响。应充分认识这些特点，引导青年正确使用互联网，使他们在网络传播中发挥积极作用，避免其负面影响，促进青年健康成长，促进社会和谐发展。

---

① 李佳讯. "电子亲人"：媒介依赖视角下的当代青年赛博情感交往实践 [J]. 科技传播，2024，16（10）：117-120.

第三节　线上交往对网络社会心态的影响

一、虚拟社交与现实社交的冲突

虚拟社交打破了时间和空间的限制，让人们能够跨越地域、文化和社会背景的差异，与来自不同地方的人进行沟通和交往。在虚拟社交中，人们可以随时随地与朋友、家人或同事保持联系。此外，虚拟社交提供了多种多样的交流方式，如文字、语音、视频等，使人们的沟通更加丰富和有趣。人们可以在虚拟社交中表达自己的观点，不受约束。

随着互联网以及移动互联网的不断发展，微博、微信等社交媒体平台应运而生，它们推动了传统社交模式的转变和虚拟社交的发展，人们越来越多地通过虚拟平台进行交流和互动。社交方式的变革显著改变了人们的社交习惯和社交环境，重塑了当代社交生态，呈现出虚拟社交和现实社交交织在一起的图景。这无疑为人们的生活带来了便利和乐趣，但这种虚拟社交与传统的现实社交之间存在着一种微妙的冲突。

首先，用户在时间和情感分配上存在冲突。人们过度依赖虚拟社交，可能导致其忽视现实生活中的交往和情感需求。虚拟社交和现实社交之间难以平衡时间分配，在虚拟世界中，人们往往过于依赖屏幕和键盘来沟通，而忽视了面对面的交流和真实的情感表达，人们过度投入虚拟社交可能导致现实社交时间减少。虚拟社交中的人际关系相对较弱，其交流往往基于有限的信息和表面的互动，可能仅仅围绕某个共同的兴趣爱好、某个话题或一张照片进行交流，但这种联系通常比较浅。当下也存在在虚拟社交中投入过多情感，而在现实社交中却变得冷漠和疏离的现象，这会在一定程度上导致人们在现实生活中感到孤独和疏离，无法建立深厚的情感联系。随着虚拟社交的发展，人们逐渐被虚拟社交中不同性质的圈层包围。人们为了维护和完善自己的"前台"形象，又会花大量精力投入虚拟社交平台中，这样会增加人们的社交成本，使人们的私人时间与空间受到挤压，抑或是使人们无法平衡虚拟和现实的时间。

其次，用户在社交行为差异上的冲突。虚拟社交和现实社交中的社交行为存在差异，正如社会学家欧文·戈夫曼在《日常生活中的自我呈现》一书中提出的"自我呈现"的理论认为，人与人之间的互动交往呈现出显著的表演特质，每个人都拥有多个各异的"自我"，而这取决于他们在现实生活的不同情境里所采用的不同自我展现方式，这种社交行为差异主要体现在以下几点。第一，表达方式的差异。虚拟社交给人们提供了更加广阔的交流空间，相较于面对面交流，在虚拟社交中，人们可能更加随意、放纵。用户可以精心塑造一个理想的自我形象，通过选择发布美好的照片、分享成功的经历等，展示自己想要被看到的一面，隐藏自己真实的一面。这种虚拟与现实的差距可能导致人们在两种不同的环境中的社交行为产生差异。第二，沟通方式的差异。在虚拟社交中，人们更倾向使用文字、表情符号和图片进行沟通，而在现实社交中，人们则更多地使用语言和肢体语言。它们各有特点，文字沟通使人们有更多时间思考和编辑自己的信息，而语言和肢体语言则更直接、生动。第三，交往深度的差异。由于虚拟社交的匿名性和跨地域性，人们在交往过程中往往更注重表面的交流，难以建立深层次的情感联系。在现实社交中，人们可以更容易地建立情感联系，从而形成更加紧密的社交关系。

最后，用户心理上的冲突。人们在心理上不断徘徊于依赖和焦虑之中，既不能舍弃优越便捷的现代通信平台，又对传统社交方式充满依赖，故而在日常生活中表现为依赖现代社交方式的同时，又忧虑现代化可能造成的不适和后果，但是又由于惰性和惯性而不得不使用现代社交方式，二者产生了源自内心归属和感受的矛盾与抗争。① 除此之外，心理上的冲突还体现为以下两点。

第一，认同感与孤独感的冲突。

在虚拟社交中，用户往往渴望获得他人的认同。人们通过发布动态、分享生活点滴、展示自己的才华等，期待得到点赞、评论和关注。当获得大量积极反馈时，人们会产生强烈的认同感和满足感。虚拟社交让用户能够结识来自不同地区、不同背景的人，扩大了社交圈子。然而，这种广泛的社交关系往往缺乏深度。用户可能拥有众多的"好友"，但真正能够倾心交谈、相互理解的却寥寥无几。用户可能会发现，在热闹的虚拟社交场景背后，自己内心深处依然孤独。这种对认同感的追求与孤独感的存在，形成了一种心理冲突。

第二，理想自我与现实自我的冲突。

如上文所说，人们在虚拟社交中乐意把自己打造成一个完美的人设，在虚

---

① 刘懿璇．"交互式沉浸"下文化社区虚拟形象的自我重构与社交体验［J］．青年记者，2022（24）：110-112．

拟世界中，人们可以通过精心的包装和展示来塑造一个理想的自我形象，而在现实生活中，人们则必须面对真实的自己和他人。这种差异可能导致人们在两个世界中产生不同的身份认同和价值观。同时，这种理想自我与现实中的自我往往存在差距，当用户在虚拟社交中沉浸于理想自我的展示时，他们回到现实生活中可能会感到失落和沮丧。这种理想自我与现实自我的冲突，会给用户带来心理压力。虚拟社交的确给用户提供了便利和乐趣，提供了实现理想自我的平台。然而，过度依赖虚拟社交可能导致人们的现实自我与理想自我差距越来越大，并由此感到孤独和失落，这种害怕孤独的心理又使人们更加依赖虚拟社交，这就形成了一种恶性循环。

二、线上交往中的孤独感和归属感

在数字化时代，线上交往已成为人们日常生活的一部分。人们通过社交媒体、即时通信工具等平台与世界各地的人建立联系，但这种新型的交往方式却带来了两种独特的情感体验：孤独感和归属感。

（一）孤独感

雪莉在其著作中第一次对群体性孤独做出描述：人们为了保持亲密关系希望"在一起"，但同时又"在别处"；"我们似乎在一起，但实际上活在自己的'气泡'中"[①]。线上交往的孤独感主要缘于人际交往的表面性。近年来，单身率居高不下、抑郁症人数普遍增多、众多逐渐兴起的"孤独营销"无不揭示了当下愈加庞大的"孤独"市场，虚拟社交时代下的群体性孤独现象已成为无法回避的时代症候。线上交往存在孤独感的原因可以总结为三点：缺乏深度情感联结、符号代替身体在场、社交比较下的真实感缺失。

1. 缺乏深度情感联结

线上交往主要通过文字、图片、表情等进行交流，面对面交流可以直接捕捉对方的情绪、动作，网络上的信息传递往往无法完整地表达情感和思想，缺乏面对面交往中的眼神交流、肢体语言和语气变化等丰富的情感表达元素。这使交流往往停留在表面，难以深入内心深处，人们在网络上难以建立起真正的情感链接，从而产生孤独感。此外，线上交往的碎片化特性也是导致孤独感的原因之一。在快节奏的网络环境中，人们的交流往往被碎片化处理，信息传递

---

① 雪莉·特克尔. 群体性孤独［M］. 周逵, 刘菁荆, 译. 杭州：浙江人民出版社，2010：36.

的速度快。人们在网络上不断切换话题、发布动态、回应信息，但却很少有时间和机会深入地思考和了解自己和他人。这种碎片化的交往方式使人们难以建立真正的情感和认同感，并且过度依赖线上交往也可能导致人们在现实生活中缺乏真实的社交互动，进一步加剧其孤独感。

2. 符号代替身体在场

柯林斯在"互动仪式链理论"中提出互动仪式的发生要身体在场，人们要有共同关注的焦点，并且产生共同的情感。身体语言在人际交往中起着至关重要的作用，它能够传达许多微妙的情感和意图，而这些在虚拟社交中往往难以准确传递。在虚拟社交中，人类的社会活动都是通过远程媒介，以强度较低的互动仪式来开展的，当人们习惯在线上用表情包和文字与人交流时，人们面对面交流的能力会逐渐弱化，人们无法宣告在场，只能将意义附在符号上，再将符号通过电子媒介传递给用户，并对意义进行解读，这个传播的过程中也会产生"噪音"，因此受众接收的都是被过滤后的情绪。

符号代替了身体在场，隔开了人与人之间的直接接触，人们会因此缺少团结感，缺乏对共同符号的尊重，而且情感能量形式所表现的热情也会减少。日本学者野牧在《现代人的信息行为》中描述现代人形象时提出了"容器人"的概念，人们的内心世界被困在容器中，人们既希望打破孤独与人接触，又与言语符号包裹的外壁相碰撞，内心世界并没有真正的交流。在虚拟社交的平台上，双方身体在场的交流变成了符号传输的过程，人们接收到的也只能是对方用语言二度整合后的结果，这无形中增加了孤独感。

3. 社交比较下的真实感缺失

线上交往中，人们会接收到大量的信息，但其中很多的信息可能是虚假的、夸张的或者与自己无关的。所谓的"毛坯的人生，精装的朋友圈"即人们常常会在虚拟空间中展示自己美好的一面，于是便容易引发社交比较。在线上交往中，当人们看到别人丰富多彩的生活、成功的事业、幸福的家庭时，他们可能会觉得自己的生活相形见绌，产生自卑和孤独感。为了在社交平台上获得关注和认可，人们可能会不断地追求完美，这种压力也会加剧孤独感。除此之外，信息过载让人们难以分辨真假，也难以从中找到真正有价值的内容，虚拟世界中的形象和交流往往经过精心修饰，缺乏现实生活中的真实感，这种不真实感会让人们觉得自己与他人之间存在着一道无形的隔阂，孤独感也由此而生。

（二）归属感

孤独感是线上交往中常见的情感体验，归属感也同样如此。归属感是人们在社交关系中寻求认同和得到安全感的体现，线上交往的归属感是人们在数字世界中建立情感和认同的重要方式之一，它能够增强个体的自尊心和自信心，促进人们合作和团结，它在人与人之间的交流中起到关键作用。线上交往作为人与人之间的另一种联系方式，也孕育着这一强烈的情感需求。虚拟交往虽然与面对面的交往方式不同，但线上交往同样能产生情感纽带和认同感。

归属感在线上交往中具有多种表现形式。首先，它表现为对群体的认同和忠诚。当一个人在某个社群中找到了自己的位置时，他会更加认同这个群体，并愿意为这个群体付出时间和精力。其次，归属感也体现在个体在社交中的存在感和满足感上。在线上交流中，当个体与他人建立了稳定的联系并获得了肯定和支持时，个体会感到自己在群体中是有价值的、被接纳的。归属感产生的原因有以下几点。

1. 共同兴趣和自我身份认同

首先，在虚拟社区中，人们通过分享信息、观点、情感等方式，与他人建立联系，这些联系可能基于兴趣、爱好、信仰、价值观等因素，也可能仅仅因为人们共享了某种经历或情感，形成了一种特殊的归属感。这些社群通过共享信息、互相支持和参与活动等方式，使成员感受到彼此之间的联系和依赖。

其次，虚拟社交的归属感还源于人们对自我身份的认同。在虚拟世界中，人们可以塑造自己的形象，展示自己的个性和特点。例如，在社交媒体上，人们分享自己的生活照片、心情日记、旅行经历等，这些内容反映了用户的生活方式和价值观，也让人们感到自己属于某个特定的群体或社区。人们分享着自己生活的点点滴滴，无论是喜怒哀乐还是日常琐事，这些信息都在无形中构建着人们的社交身份和归属感。这种自我表达的过程，让人们感到自己被他人理解和接纳，在某种程度上减少了孤独感，从而产生归属感。同时，归属感也促进了人们之间的交流与合作，推动了虚拟社区的共同发展。

2. 社会互动与支持

虚拟社交中的互动行为对归属感的培养起着关键作用。积极的评论、点赞、私信交流等互动方式，能够让人们感受到他人的关注和重视。当用户在虚拟社交平台上分享自己的生活点滴、心情感悟或遇到的问题时，他们如果能得到其他用户的及时回应、鼓励和建议，这种情感上的支持会让用户觉得自己并不孤单，而是身处一个温暖的社交圈子中。在虚拟社交空间中，用户通过点赞、评论、私信等方式表达自己的想法和情感，这些互动行为构建了人们的社交网络，也塑造了归属感。当下火热的移动直播，也是将这种虚拟的空间从单一的文字、图像逐步转向以屏幕为介质的视听传播和互动，使用户获得满足感和归属感。

线上交往的归属感产生的影响是多方面的。第一，情感寄托。在当下快节奏的生活中，人们常常面临各种压力，虚拟社交提供的归属感为人们提供了一个情感寄托的空间。当在现实生活中遇到挫折或困难时，人们能够在虚拟社交群体中找到安慰和支持，缓解心理压力。第二，虚拟社交中的归属感有助于扩大社交圈子，建立更广泛的人际关系网络。当人们融入一个虚拟社交群体后，会结识来自不同地区、不同背景的人，这些人际关系不仅丰富了社交生活，还可能带来各种机会和资源，在这个过程中也能体会到群体的归属感，并且这种归属感还能够促进人们的合作和团结。当个体感受到自己是某个群体的一部分时，他们更愿意为这个群体的共同目标而努力，这种合作精神有助于他们实现更大的成就和目标。第三，能够增强个体的自尊心和自信心，在群体中找到归属感意味着个体能够获得认同和支持，这种支持感会提升个体的自尊心和自信心。例如，豆瓣小组中有"书籍分享小组""电影爱好者小组"等不同类型的小组，当人们加入这些小组后，便可以和其他组员一起推荐好书、好电影，讨论作品的情节和内涵。当某个成员的推荐被其他人采纳或者引起共鸣时，这会让其觉得自己在这个小组中有价值，这种共同的意义会使他们产生自信心，增强归属感。

孤独感和归属感都是青年线上交往行为中产生的重要心理，两者相辅相成、互为影响。某种程度上，人们可以通过线上交往，在群体中感受到团结和情感纽带，获取群体的归属感，但是虚拟世界的匿名性，以及其缺乏面对面的交流和直接的情感体验，可能导致人们难以建立真正的信任和亲近感，人们可能更难以在虚拟世界中感受到真正的归属感，甚至在当下的网络空间中，网络欺凌和网络暴力的存在也影响了人们在网络上建立和维护社交关系的意愿，由此人们又会感到孤独。总之，孤独感和归属感在不断互动和转化，共同构成了人们复杂的线上交往体验，两种感受相互依存、相互影响，促使人们在虚拟世界中不断寻找着真正属于自己的那份情感寄托和归属之地。

因此，为了更好地理解和应对线上交往中的孤独感和归属感，应该在虚拟社区中积极与他人建立深层次的关系，在现实生活中保持一定的社交活动，来平衡线上与线下的交往。这样可以帮助人们更好地将线上交往与现实生活相结合，减少孤独感的影响。

三、线上交往与社会信任

线上交往的核心理念在于建立和维系人际关系。然而，这些关系并非直接等同于现实生活中的交往，而是依赖互联网平台和技术进行信息交流和情感互动。在虚拟空间中，人们往往需要借助文字、表情符号、语音甚至视频等方式来传达自己的意图和情感。但是，线上交往也引发了关于社会信任的讨论，线上交往在为人们带来便利的同时，也带来了社会信任的挑战。一方面，由于网络环境的匿名性，人们在网络上容易隐藏自己的真实身份和意图，这给线上交往带来了极大的不确定性。另一方面，网络欺诈、虚假信息等不良行为的存在，使人们对线上交往的信任度有所降低。下文就线上交往与社会信任的关系，分析其积极、消极影响，并提出建设性的建议。

（一）线上交往对社会信任的积极影响

1. 扩大信任范围

在互联网的世界里，线上交往打破了地域和时空的限制，让人们能够与来自不同地区、不同文化背景的人建立联系。通过社交媒体、在线论坛、专业交流平台等各种渠道，可以结识各行各业的人士，接触多元的思想和观点，这种广泛的人际交往使人们的信任对象不再局限于身边的亲朋好友。例如，设计师可以通过线上设计社区与全球各地的同行交流合作，在这个过程中，逐渐建立起对彼此专业能力的信任，从而扩大了自己的信任范围，为跨地域的项目合作和知识共享奠定基础。

2. 促进信息共享与验证

线上交往为信息的快速传播和共享提供了便利平台。人们可以在各种社交网络和专业网站上分享自己的经验、知识和见解，同时也能够获取他人分享的信息，这种信息的交流互动有助于人们更全面地了解世界和他人。在互联网的环境下，信息的真实性往往可以通过多种方式进行验证。例如，在知乎等一些专业领域的问答平台上，用户可以对提供的答案进行评论、点赞和质疑，其他专业人士也可以参与讨论和补充。通过这种群体的互动，能够对信息的准确性进行一定程度的甄别和验证，这不仅提高了信息的质量，还增强了人们在获取和使用信息过程中的能力。通过不断地参与这种信息共享和验证的过程，人们可以逐渐学会更加理性地对待线上信息，从而促进社会交往。

3. 推动公益活动和社会互助

线上交往在推动公益活动和社会互助方面发挥了重要作用，进而增强了社会信任。各种公益组织和平台利用互联网的传播优势，在线上发起募捐、志愿者招募、公益项目宣传等活动，吸引了大量网民的关注和参与。通过线上支付等便捷方式，人们可以轻松地为需要帮助的群体捐款、捐物；通过社交媒体的分享和传播，公益活动能够迅速扩散，让更多人了解并参与。

同时，线上交往也为人们提供了一个便捷的互助平台，当有人在生活中遇到困难或问题时，可以在相关的社区或群组中寻求帮助，而其他热心的网友则会积极回应和提供支持。例如，腾讯公益的"99公益日"活动，就是借助微信、QQ等社交平台，广泛动员公众参与公益捐赠活动。在活动期间，各类公益项目在平台上展示，用户可以通过线上捐款、发起一起捐、答题赢小红花等方式参与公益。这种跨越地域和身份的公益活动和社会互助行为，让人们感受到了社会的温暖和善意，增强了对他人和社会的信任，促进了社会的和谐。

（二）线上交往对社会信任的消极影响

1. 虚假信息与网络诈骗

线上交往的虚拟性和匿名性为虚假信息的传播和网络诈骗提供了滋生的土壤。一些不法分子利用网络平台发布虚假的新闻、广告、产品信息等，误导公众，破坏了信息的真实性。例如，虚假的网络销售信息可能导致消费者购买到假冒伪劣产品，遭受经济损失；虚假的医疗健康信息可能影响患者的治疗决策，危害身体健康。此外，网络诈骗手段层出不穷，如网络钓鱼、电信诈骗、虚假投资理财等，给人们的财产安全和个人隐私带来了严重威胁。这些虚假信息和诈骗行为不仅损害了个人的利益，还使人们在网络交往中变得更加谨慎和警惕，对他人的信任度降低，进而影响整个社会的信任环境。

2. 人际关系的浅层化与信任脆弱性

线上交往虽然让人们能够与更多的人建立联系，但这种联系往往较为浅层和表面化。在社交媒体上，人们更多是通过点赞、评论、分享等简单的互动方式来维持关系，缺乏深入的情感交流和真实的面对面沟通。这种浅层化的人际关系使信任的建立基础相对薄弱，并使其容易受到外界因素的影响而破裂。例如，某个人在社交媒体上可能拥有众多的"好友"，但实际上真正了解和信任的人却寥寥无几。当遇到一些争议或矛盾时，由于人们缺乏深厚的情感，这种线上关系很容易出现信任危机，甚至关系破裂。线上交往中的人际关系相对不稳定，人们可以随时添加或删除好友，这种流动性也增加了信任的难度和不确定性，使社会信任在一定程度上变得更加不稳定。

3. 群体极化与社会信任撕裂

在线上交往中，人们往往更容易聚集在与自己观点和兴趣相似的群体中，形成所谓的"信息茧房"和群体极化现象。在这些群体中，成员之间的观点一致，他们对不同意见和观点的包容度降低，甚至可能对持不同意见者进行攻击和排斥。这种群体极化现象不仅加剧了社会的分歧和对立，还对社会信任造成了严重的撕裂。当不同群体之间的矛盾和冲突不断升级时，人们对其他群体的信任度会急剧下降，进而导致整个社会的信任关系变得紧张和脆弱。例如，在一些社会热点事件的讨论中，不同观点的群体在网络上相互争论、指责，形成了对立的阵营，这种对立不仅影响了人们对事件本身的客观判断，还破坏了社会成员之间原本应有的信任和和谐关系，给社会的稳定和发展带来了负面影响。

为了克服线上人际关系浅层化和信任脆弱性的问题，国家应鼓励线上线下互动融合。线上交往可以为人们提供更多的交流机会和平台，但不能完全替代线下的真实交往。人们可以通过组织线下的聚会、活动、研讨会等，让线上结识的朋友有机会在现实生活中见面交流，加深彼此的了解。同时，企业和社会组织也可以利用线上线下融合的模式开展业务和活动，如线上预约、线下服务，或者通过线上社区组织线下的公益活动、文化活动等，增强用户之间的互动和信任。这种线上线下互动融合的方式能够将虚拟世界的联系与现实世界的情感沟通相结合，为建立更加稳固和可靠的社会信任关系提供有力支持。

总之，线上交往与社会信任之间存在复杂的关系，既要充分认识线上交往对社会信任的积极影响，利用其优势扩大信任范围、促进信息共享和推动社会互助，又要清醒地看到其带来的消极影响，如虚假信息、人际关系浅层化和群体极化等问题，并采取有效的策略加以应对，营造一个安全、可信、和谐的线上交往环境，促进社会信任的健康发展，为社会的稳定和进步提供有力支撑。

第四节　实证研究：青年群体社交媒体倦怠的
成因与影响因素分析

随着移动终端技术的发展，5G 时代让数字化生活更加高速高效，社交媒体成为人们日常生活不可缺少的一部分。社交媒体的出现对促进线下社会活动和相关认同建构发挥了重要的作用。① CNNIC 发布的第 54 次《中国互联网络发展状况统计报告》显示，中国网民接近 11 亿人，越来越多的用户通过社交媒体与他人分享信息、建立联系。其中，青年群体作为社交媒体的主要使用人群，在日常的工作和学习生活中对社交媒体有不同程度的依赖，对社交媒体也有较好的心理和行为体验。

随着社交媒体爆发式的发展，近些年也逐渐呈现出一些"阴暗面"②，部分青年将大部分时间消耗其中，沉溺其中甚至产生依赖。沉浸过后的觉醒，让他们对社交媒体产生了疲惫甚至倦怠心理。不少用户开始呈现出抵制的情绪，用户流失逐渐成为各个社交平台亟须解决的难题。事实上，早在 2011 年，市场研究机构 Gartner 通过对 11 个国家的 6295 名 13—74 岁社交用户参与社交媒体的行为进行调查，发现社交媒体市场已经趋于成熟，部分细分的用户市场已经出现了社交疲劳的迹象，有 24% 的用户现在使用社交媒体的频率比最初使用时低。③

在 2018 年，Hill Holliday 发布了《Z 世代社交媒体研究报告》，该报告显示，超过一半的年轻人已经减少了社交媒体的使用，34% 的青年人曾停止访问社交媒体。Edison Re-search 在 2019 年发布的《2019 年数字报告》表明，Facebook 用户数量自 2017 年以来减少了 1500 万。英国数据收集公司 SimilarWeb 调查了全球 9 个国家安卓用户社交媒体的使用情况，发现用户花费在社交媒体上的时间逐渐减少，不同国家社交媒体的使用频率均呈现不同程度的下降趋势。

当用户被大量信息包围，需要花费大量的时间来处理这些社交事务时，部分用户会选择远离或放弃社交媒体。由此表明，社交媒体的活跃度正在下降，不少研究者表示，社交媒体倦怠可能是导致这一现象的直接原因。当前，学界需要冷静下来，重新审视与反思技术与人的关系。作为网络原住民的青年人应关注自身境遇，告别异化，摆脱社交媒体的控制，探寻主体自由和脱困之途。

① HERCHEUI M D. A Literature Review of Virtual Communities: The Relevance of Understanding the Influence of Institutions Ononline Collectives [J]. Information, Communication & Society, 2011, 14 (1): 1-23.

② SALO J, MANTYMAKI M, ISLAM A. The Dark Side of So-cial Media-and Fifty Shades of Grey Introduction to the Special Issue: The Dark Side of Social Media [J]. Internet Research, 2018, 28 (5): 1166-1168.

③ Gartner, Inc. Gartner Survey Highlights Consumer Fatigue with Social Media [EB/OL]. [2024-02-24]. https://www.gartner.com/newsroom/id/1766814.

基于此，本部分将探讨以下问题。

（1）青年群体为什么从社交媒体中逃离？逃离与倦怠的原因是什么？

（2）在模型中哪一个影响因素贡献率最高？如何解释？

一、文献综述

（一）社交媒体倦怠

在学界，Adam Patrick 注意到人们被层出不穷的社交网站淹没的现象，第一次提出了社交媒体倦怠（Social Media Fatigue，简称 SMF）的概念。之后，社交倦怠引发了人们广泛的关注。目前，国内外研究者主要是从情感视角和行为视角对社交媒体倦怠这一概念进行界定，也有学者认为社交媒体倦怠是一个心理层面的概念，是受众对社交媒体活动的消极情绪反应，如疲倦、厌烦、不感兴趣、漠不关心等。

从行为视角出发的研究者多将其界定为一种消极使用行为，有学者指出社交媒体倦怠除了用来描述沮丧、精疲力竭等感受之外，还有对社交媒体较低的参与意愿。[①] Bright 等学者则从信息过载的角度界定社交媒体倦怠，即受众在接触过量的信息时想要逃离社交媒体的倾向。

另外，相关研究证明，当个体接触的信息超过了其有效的管理和范围时，他们会产生负面情绪和心理压力。较多的研究集中在社交倦怠和青年心理状态的关系上，如社交倦怠会更容易使青年产生焦虑的情绪，从而会造成其一定程度的社交逃离。有的用户为了摆脱压力和负面情绪，会逐渐对社交媒体上的大量信息麻木或者熟视无睹，社交媒体倦怠还会使个体节制、中断或转换使用社交媒体。

（二）社交媒体倦怠的影响因素

越来越多的研究证明，"过载"（overload）通常分为社交过载和信息过载。"过载"对社交媒体倦怠有重要的影响，同时技术压力也是导致用户出现社交媒体倦怠的主要原因。有一项对 Facebook 的研究发现，"平台属性""自我沉浸""信息内容""成员互动"以及社交媒介的"生命周期"都有可能影响社交倦怠。另外，也有一些研究证明，个体的日常生活环境和自身的性格特征也是造

[①]　BERNSTEIN E. How Facebook Ruins Friendships [J]. Wall Street Journal-Eastern Edition, 2009, 254 (47)：D1-D2.

成社交倦怠的重要原因。

前人的研究中，较多详细阐释了过载和技术压力对社交媒体倦怠的影响机制，主要讨论的是社交倦怠的影响因素给用户使用社交媒体带来的负面影响，但较少关注社交媒体的社交互动属性以及隐私焦虑的问题。同时，社交媒体的任务处理多存在于青年群体中，他们会投入更多的时间在社交媒体上或是处理其他相同类型的活动。①

他们会更加关注自身的印象管理和隐私状况。通过访谈发现，社交媒体的隐私焦虑和关系性压力会让青年群体感到有压力、疲惫，甚至会产生焦虑、抑郁的心理。为了更好地了解青年群体社交媒体倦怠的现象，本研究从关系性压力、过载、个人心理特质、社交行为特质四个方面探讨用户的社交媒体倦怠行为，对青年人社交媒体倦怠行为的影响因素模型进行发展、更新。

1. 关系性压力（消极比较与代际沟通失调）

社会心理学家 Gergen 认为，整个世界是由关系构建的，环境是相互构成的，没有独立的自我，更不用说与物体分离的意识，这意味着一切都是关系的产物。② Rosa 的研究结合了 Gergen 的思想，并强调"自我感知和身份是由行为、经验和关系，以及来自时空、社会世界和我们所生活的物质世界"构成的。他们进一步解释说，现在人们不再有能力将这些环境整合到自己的经验和行动中，人们失去了控制，人们在压倒性的承诺中变得"自我耗尽"。此外，人们在自己的事务中"自我疲惫"。这种"自我疲惫"是社交媒体倦怠中最明显的感觉。通过这种方式，"关系结构"这一理论视角自然地与将社交倦怠作为解释问题的社会理论路径产生了关联。本部分通过负向比较和交互作用失调来反映这种关系压力，因为交互作用可以代表行为水平上的关系结构，容易被衡量。

就负面比较而言，Swallow 的研究发现，其他人通过社交媒体发布的信息会导致用户根据自己的情况进行相关比较。当用户认为自己在在线社交比较中处于劣势时，他们容易产生负面的自我评价，甚至可能由于低自尊和焦虑而减少社交媒体的使用。

---

① VOORVELD H A，VAN DER GOOT M. Age differences in Media Multitasking：A Diary Study [J]. Journal of Broadcasting & Electronic Media，2013，57（3）：392-408.

② GERGEN K J. Relational Being Beyond Self and Community [M]. New York，NY：Oxford University Press，2009：391-418.

就互动功能障碍而言，当青年群体参与社交媒体时，在线互动方式会让他们感到毫无意义。此外，当他们面对寒冷的科技媒体时，他们无法感受到线下社交生活的互动。这使网络社交唤起了空虚感，甚至产生冷漠感，进而导致人际互动不平衡。在线社会化可能会让他们过度沉浸，导致浪费大量时间。这种相互作用功能障碍构建了一个理论视角，成为影响社交媒体倦怠的因素的解释路径。在此基础上，提出了以下假设。

H1：消极比较对青年群体社交媒体倦怠行为有显著正向影响。

H2：代际沟通失调对青年群体社交媒体倦怠行为有显著正向影响。

2. 信息过载与社交过载

社交媒体中承载着大量的信息，尽管一些信息对个体来说是有益的，但人们的接收能力和认知能力是有限的。[①] 当人们接触的信息数量超过了其信息接收的能力时，信息过载的情况就会出现。[②] 通过访谈观察研究团队发现，在信息繁杂的社交媒体中，青年群体因为推送的内容过多而不能接触自己真正想了解的信息，一些媒介素养较低的个体需要花费大量的时间进行辨识，这导致社交媒体使用效率较低。同时，社交媒体平台通常会推送大量无效的信息，如广告、虚假信息等，这会造成平台信息混乱，也会使个体产生负面情绪。

社交过载作为影响社交倦怠的重要因素，已经在前人的研究中得到验证。社交过载指的是个体感知到自己需要对社交媒体上他人过多的社会支持做出回应的状态。这反映了社交媒体上他人过多的社会支持会对提供者造成负担。有学者认为，个体在认知上能够同时控制的人际关系数量大约是150人，一旦超出数量上限，将没有更多的精力来管理人际关系[③]，但实际上，现实中的社交媒体在线人际交往数量已经远远超过了这一数字[④]。青年群体需要维系的人际关系来自工作、学校、亲属关系、朋友关系等，他们需要投入大量的时间去维护，

---

① LANG A. The Limited Capacity Model of Mediated Message Processing [J]. Journal of Communication, 2000, 50 (1): 46-70.

② EPPLER M J, MENGIS J. The Concept of Information Overload: A Review of Literature From Organization Science, Accounting, Marketing, MIS, and Related Disciplines [J]. The Information Society, 2004, 20 (5): 325-344.

③ DUNBAR R I. Neocortex Size as a Constraint on Group Size in Primates [J]. Journal of Human Evolution, 1992, 22 (6): 469-493.

④ WALTHER J B, VAN DER HEIDE B, KIM S Y, et al. The Role of Friends'appearance and Behavior on Evaluations of Individuals on Facebook: Are We Known by the Company We Keep? [J]. Human Communication Research, 2008, 34 (1): 28-49.

因此会产生疲惫感。基于此，本部分提出以下假设。

H3：信息过载对青年群体社交媒体倦怠行为有显著正向影响。

H4：社交过载对青年群体社交媒体倦怠行为有显著正向影响。

3. 个人心理特质（自我效能感与隐私焦虑）

当青年群体认为自己所掌握的技能无法使用社交媒体或不能流畅地玩转各类社交媒体时，他们会拒绝使用社交媒体，有学者称之为使用社交媒体的自我效能感。这主要是指用户对自身运用所拥有的技能完成某项工作的自信程度，自我效能影响着人的行为选择、认知过程和情感过程等。

在使用社交媒体的过程中，人们会因为隐私曝光的问题而产生焦虑的情绪，他们害怕社交媒体的使用会暴露自己的身份信息、家庭住址、电话号码等。社交媒体隐私披露的问题主要源于一些社交媒体平台存在着"过度授权"泄露用户隐私的问题，用户的信息隐私对运营商来说具有很大的吸引力。当用户隐私问题被社交平台提供给广告商或者不明身份的商家时，用户身份信息泄露问题、浏览信息泄露问题，或者健康状况、家庭状况、工作状况的隐私泄露，会使个人利益受到侵害。一些个体在使用社交媒体的过程中，会担心隐私披露问题而产生焦虑感，从而产生社交倦怠行为。基于此，本部分提出以下假设。

H5：自我效能感对青年群体社交媒体倦怠行为有显著正向影响。

H6：隐私焦虑感对青年群体社交媒体倦怠行为有显著正向影响。

4. 社交行为特质

个体印象管理是社交媒体使用的决定性因素，社交媒体也是塑造"理想化"自我的呈现平台。① 青年群体在线上社交活动中，自身的印象管理是非常重要的，他们可以通过发布动态来建构并管理个人形象。正因为他们比较看重自身在线上的社交形象，久而久之，这种印象管理也容易给用户带来心理负担。印象管理理论认为，人们为了达到某一目标，可能会试图管理或改变他人对自己印象的感知。网络环境下，个人或组织在社交媒体上的任何行为，都可能影响其留下的印象。同时，学者也发现，个体为了塑造良好形象有时不得不压抑情绪逢迎他人，这容易使其感到焦虑和疲惫，甚至对社交媒体失去信心。②

---

① GIBBS J L, ROZAIDI N A, EISENBERG J. Overcoming the "Ideology of Openness": Probing the Affordances of Social Media Fororganizational Knowledge Sharing [J]. Journal of Computer-Mediated Communication, 2013, 19 (1): 102-120.

② JONES E E, HARRIS V A. Attribution of Attitudes [J]. Journal of Experimental Social Psychology, 1967, 3 (1): 1-24.

当青年群体参与社交活动时，线上的交往方式会使他们感到无意义。当面对冷冰冰的技术媒介时，他们无法获得线下社交活动的互动感，线上社交会让他们感到空虚、冷漠，产生人际互动失衡的现象。此外，线上的社交方式会让他们过度沉浸其中，导致了大量时间的浪费，使自我沉浸失去控制。有学者认为："自我感觉与认同正是从行动、经验与关系，以及我们所处的时空、社会世界和物界当中所形成的。如今，信息技术的出现让我们失去了掌控能力，并且在繁重的事务中自我耗尽。"① 这种互动失调构建的理论视角成为对社交媒介倦怠影响因素的解释路径。基于此，本部分提出以下假设。

H7：印象管理对青年群体社交媒体倦怠行为有显著正向影响。

H8：互动失调对青年群体社交媒体倦怠行为有显著正向影响。

结合以上假设，本部分对青年群体社交媒体倦怠行为影响因素的研究模型进行搭建，具体如图4-1所示。

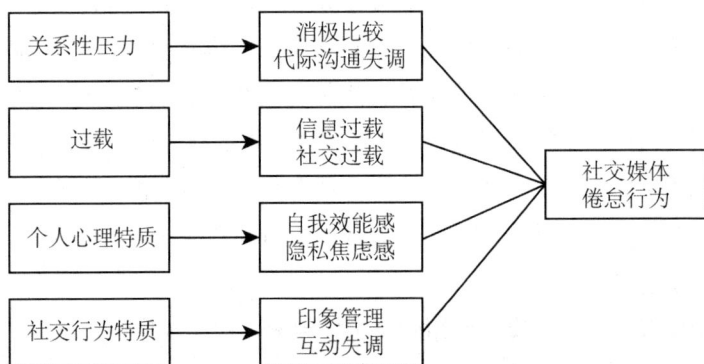

图 4-1　研究模型图

二、研究设计

（一）变量测量

研究所使用的量表尽量使用相关研究中较为成熟的量表进行测量，对相关题项根据研究需要进行调整，来适应青年群体的特征。关于消极比较的测量方

---

① 卞冬磊.线上社会世界的兴起——以"自我"概念探究"社交"媒体 [J]. 新闻记者，2019（10）：31-40.

法，参考 Gan 等人 2018 年研究所开发的量表；① 代际沟通失调的测量，参考 Bright 等人 2015 年研究开发的量表；社交过载的测量，参考 Maier 等人 2015 年研究设计的量表；关于信息过载，参考 Koroleva 在 2010 年研究设计的量表；② 自我效能感和隐私焦虑的测量方法，参考 Zhang 等人 2016 年研究的相关量表；印象管理和代际沟通量表，采用 Goswami 在 2012 年研究设计的量表；最后，对社交媒体倦怠的测量，主要的参考文献是 Maier 等人在 2012 年设计的量表。在本研究中，使用 IBM SPSS 24 进行数据分析。

（二）研究方法与数据收集

本研究的主要研究方法是问卷调查法，根据世界卫生组织对青年群体年龄的划分，本研究样本选择为 18—35 岁的青年社交媒体用户。由于当前青年群体的年龄界定没有统一的标准，按照世界卫生组织对青年的年龄界定，将 18—44 岁的人群视为青年群体，前人的研究较多也是按照此青年群体年龄划分标准进行的。因此，参照前人的研究，本部分所选取的研究对象符合青年群体的年龄范围。

本研究没有为参与者指定特定的社交媒体，但要求参与者选择一款他们经常使用的社交媒体应用。问卷观测指标的题项采用 7 级李克特量表，按照 1—7 级进行设置，7 代表"非常同意"，4 代表"中立"，1 代表"非常不同意"。为避免量表问项存在语义和结构问题，保证待测项目的聚合效度与区分效度，邀请 30 位硕士博士生进行问卷的预调查，并围绕产生歧义和理解不畅之处开展讨论，对问卷中不当题项进行了删减和调整。

问卷以滚雪球的形式在微博、微信群聊、QQ 社群与朋友圈中进行线上发放，问卷范围涉及整个中国。通过专业调查分发平台"问卷星"（www. wjx. cn）进行数据收集。同意填写问卷的参与者，将会被告知研究的匿名性。同时，也在深圳大学对不同学历的青年大学生群体进行线下问卷发放，共回收问卷 700 份，其中线上问卷 500 份，线下问卷 200 份，剔除不合格的问卷 37 份（如乱答漏答、用时较少、前后矛盾等），有效问卷 663 份，问卷合格率大约为 9%。男

---

① GAN C, LIN T, XIAO C, XU J. An Empirical Study on Social Commerce Intention: From the Perspective of S-O-R Model. J [M]. Modern Inform, 2018: 64-69.

② KOROLEVA K. 'Stop Spamming Me!'-Exploring Information Overload on Facebook. Paper Presented at the Americas Conference on Information Systems [M]. Lima: Peru, 2010: 12-15.

性样本占比为55%，女性样本占45%。样本的年龄集中在18—23岁之间，占样本总数的47%。在教育部分，样本集中在那些拥有学士学位的人身上，其占比为61%。在个人主页信息更新的频率方面，样本每月关注多次发布信息，其占比为46%。基本人口统计学变量的统计表如表4-1所示。

表4-1　有效样本的基本情况统计（n=663）

统计项	具体内容	统计值	占　比
性别	男	367	55%
	女	296	45%
年龄	18-23	309	47%
	24-29	231	35%
	30-35	123	18%
	35以上	0	-
教育背景	高中	87	13%
	本科	402	61%
	硕士	153	23%
	博士	21	3%
更新朋友圈的频次	每天	71	11%
	每周	186	28%
	每月	304	46%
	较少	102	15%

（三）问卷设计与信效度检验

本研究使用IBM SPSS Statistics 24进行数据分析，信度分析通过软件计算量表的Cronbach Alpha系数来判断量表的稳定性。效度分析主要是根据KMO值和Bartlett球体检验来进行判断。总量表的信度为0.813，且分量表的信度均高于0.7，且多集中在0.8以上，这说明问卷中量表内部一致性较高，量表信度理想。各变量的KMO值均在0.7以上，Bartlett球体检验sig值均为0.000，这表明各量表效度较高，各量表的信度及效度分析结果如表4-2所示。

表 4-2　量表题项与信效度表

Variable	Code	Measuring project	Cronbach's Alpha	KMO
消极比较	A1	我的生活不如别人的生活精彩	0.821	0.732
	A2	看到别人的生活增加了我的焦虑		
	A3	与其他人相比，我觉得我没有能力		
代际沟通失调	B1	我的大部分社交媒体聊天都不是为了闲聊，而是为了商务或其他琐事	0.839	0.796
	B2	我的朋友们很少每天主动和我聊天		
	B3	我每天都会花很多时间在社交媒体上		
信息过载	C1	社交媒体上的大量信息让我应接不暇	0.761	0.855
	C2	社交媒体上充斥着大量无用的广告信息		
	C3	社交媒体上的无用信息经常淹没我想要关注的信息		
社交过载	D1	我很关注他人在社交媒体上的动态	0.804	0.819
	D2	我与他人经常以社交媒介的互动方式保持联系		
	D3	我经常通过点赞、评论的方式来表达我对他人的关心/关注		
自我效能感	E1	我拥有一些专业知识信息和经验信息可分享给社交媒介中的其他人	0.833	0.801
	E2	我可顺利查阅社交媒体中他人的动态，能够顺利进行评论、回复、转发、点赞或增删评论等操作		
	E3	我有把握给社交媒体中的其他人提供有价值的信息		
隐私焦虑感	F1	我关心我在社交媒体上的隐私	0.825	0.712
	F2	我的个人信息很容易被广告商等营销人员使用		
	F3	我已经在社交媒体上披露了大量个人隐私信息		

续表

Variable	Code	Measuring project	Cronbach's Alpha	KMO
印象管理	G1	我在社交媒体上发布的内容一般都比较积极、健康、向上	0.732	0.836
	G2	我会仔细挑选自己满意的照片上传至社交媒体上		
	G3	发表言论时，我及时斟酌自己的语言，来避免伤害到他人		
互动失调	H1	我在社交媒体上的聊天大都不是闲聊，而是为了公事或其他琐事	0.941	0.823
	H2	朋友们每天很少主动找我闲聊或者谈心		
	H3	我每天花在社交媒体上的时间很长		
	H4	我认为控制自己使用社交媒体的时间是非常困难的		
	H5	微信的过度使用影响了我的正常生活、工作、学习		
社交媒体倦怠	I1	我现在不怎么用社交媒体主动找别人聊天	0.905	0.772
	I2	我现在给别人发布的动态点赞和评论变少了		
	I3	我现在与朋友微信聊天变得简单化，不那么深入了		
	I4	我现在会经常取消关注一些公众号或者屏蔽内容的推送		
	I5	我已经不想体验社交媒体的新功能		
	I6	我打算注销现在这个社交账号		
	I7	我想回到以前朴素和传统的社交方式（打电话、见面聊天等）中去		

三、数据分析

（一）相关分析与回归分析

相关分析的方法能够检验出自变量和因变量之间的相关关系，本研究中，自变量均属于定距变量，因变量是三个维度的题项相加后的均值，因此也属于定距变量。研究采用 Pearson 系数对变量相关性进行测量。Pearson 相关系数是用来衡量定距变量间线性关系的测试指标，相关系数的取值范围在-1和+1之间，正值代表正相关关系，负值代表负相关关系。通过相关分析，发现自变量和因变量之间存在显著的相关性。自变量与因变量的相关系数在0.01水平上呈现显著相关关系（p<0.01）。

表4-3　相关分析表

变　量	Social Media Fatigue	
消极比较	Pearson	0.436**
	Sig.	0.000
代际沟通失调	Pearson	0.481*
	Sig.	0.003
信息过载	Pearson	0.563**
	Sig.	0.000
社交过载	Pearson	0.496**
	Sig.	0.000
自我效能感	Pearson	0.582**
	Sig.	0.004
隐私焦虑	Pearson	0.368**
	Sig.	0.000
印象管理	Pearson	0.463**
	Sig.	0.000
互动失调	Pearson	0.213**
	Sig.	0.000

注：（N=663），**在0.01级别（双尾），相关性显著。*在0.05级别（双尾），相关性显著。

通过对各变量及因子之间进行了相关性验证，确认了各变量之间均存在相关关系。接下来将对各变量进行回归分析，从而进一步证明研究假设是否成立。根据上文中的相关性分析可知，消极比较（-0.436**，p<0.01）、代际沟通失调（0.481*，p<0.05）、信息过载（0.563**，p<0.01）、社交过载（0.496**，p<0.01）、自我效能感（0.582**，p<0.01）、隐私焦虑（0.368**，p<0.01）、印象管理（0.463**，p<0.01）和互动失调（0.213**，p<0.01）与社交媒体倦

息呈显著相关关系，因此在多元回归分析中，将8个变量纳入其中。

为了进一步分析各个变量对社交媒体倦怠行为的影响程度，在控制人口统计学变量性别、年龄、收入的情况下，将消极比较、代际沟通失调、信息过载、社交过载、自我效能感、隐私焦虑、印象管理和互动失调设置为自变量，将社交媒体倦怠行为设置为因变量，运用SPSS进行多元线性回归。

通过表4-4，选择解释力最高的模型三（调整后 $R^2 = 0.307$，p<0.001）作为检验假设的主要依据。实证数据显示，隐私焦虑在模型中的效应不显著，假设H6不成立，消极比较（β=0.227，p<0.005）与社交媒体倦怠行为呈显著正相关，假设H1成立；代际沟通失调（β=0.374，p<0.005）与社交媒体倦怠行为呈显著正相关，假设H2成立；信息过载（β=0.313，p<0.005）与社交媒体倦怠行为呈显著正相关，假设H3成立；社交过载（β=0.264，p<0.005）与社交媒体倦怠行为呈显著正相关，假设H4成立；自我效能感（β=0.216，p<0.005）与社交媒体倦怠行为呈显著正相关，实证数据结果和假设H5相反；印象管理（β=0.363，p<0.001）与社交媒体倦怠行为呈显著正相关，假设H7成立；互动失调（β=0.402，p<0.001）与社交媒体倦怠行为呈显著正相关，假设H8成立。具体回归分析表如表4-4所示。

表4-4　回归分析表

变量类型	社交倦怠行为								
因变量									
预测变量	模型一			模型二			模型三		
控制变量	β	t	P	β	t	P	β	t	P
性别	0.283	0.631	0.251	0.016	0.514	0.419	0.421	0.143	0.286
年龄	0.312	5.322	0.191	0.324	4.601	0.108	0.134	1.759	0.027
教育程度	0.633	4.375	0.638	0.238	2.452	0.431	0.131	3.205	0.031
收入	0.286	4.093	0.728	0.523	3.145	0.367	0.351	2.452	0.348
自变量									
消极比较	0.351	3.141	0.004	0.345	5.211	0.002	0.227	3.014	0.000
代际沟通失调	0.237	3.542	0.007	0.394	6.125	0.006	0.374	4.204	0.004
信息过载	0.562	4.526	0.002	0.417	2.036	0.003	0.313	2.943	0.001
社交过载	0.443	3.548	0.006	-0.794	1.502	0.005	0.264	3.908	0.004

变量类型	社交倦怠行为								
自我效能感	0.511	4.206	0.004	0.408	1.135	0.005	0.216	2.954	0.002
隐私焦虑	0.603	6.519	0.304	0.572	3.156	0.182	0.237	3.245	0.131
印象管理	0.431	4.211	0.002	0.205	2.632	0.002	0.363	2.852	0.000
互动失调	0.259	7.415	0.000	0.391	5.320	0.001	0.402	4.923	0.000
R^2	0.171			0.245			0.323		
调整后 R^2	0.159			0.223			0.307		
F 变化量	12.570			30.648			9.072		
显著性 F 变化量	0.003			0.001			0.014		

（二）模型修正

由上述分析结果可知，原假设中有 7 个假设成立，1 个假设不成立，消极比较、代际沟通失调、信息过载、社交过载、自我效能感、印象管理、互动失调与社交媒体倦怠行为呈显著正相关，因此得出以下修正模型，如图 4-2 所示。

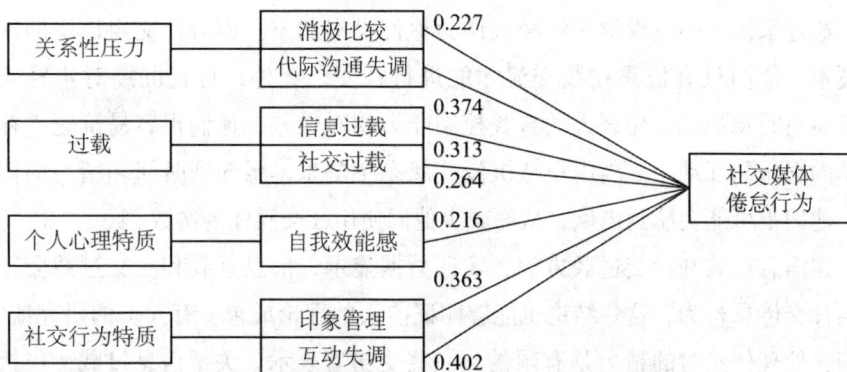

图 4-2　研究模型图

四、研究发现

以下是本研究根据实证数据结果对各个变量的具体分析。

在关系压力方面，消极比较和代际沟通失调对社交媒体使用有积极影响。这表明，社交媒体带来的负面社会比较是青年群体的普遍现象，而具有积极自我呈现的年轻人则进行向上的社会比较，其他在社交媒体上使用的人会积极预测他们的 SMF。青年社交媒体用户可能倾向于对负面的压力做出反应。[①] 因此，SMF 可能是青年在这种压力情况下的一种应对措施。然而，在采访一些受访者时，发现年轻人一般不愿意周围的人比他们更好，而且他们可能故意隐藏他们的真实想法，因为问卷是匿名的，反映了一个更现实的内部情况。

因此，研究认为消极社会比较的关系压力不容忽视。一种合理的解释是，年轻人在使用社交媒体的过程中，通过与他人进行比较，来减少自我评估的不确定性。[②] 然而，其他社交媒体用户更喜欢展示他们积极的自我，并以一种描述自己的方式展现他们理想的自我，青年社交媒体用户可能会在这次社会比较中产生负面情绪。[③] 因此，本研究提示，负面社交比较倾向与青年使用社交媒体时的负面体验和疲劳相关。

通过经验数据，发现交互作用失调对该模型的贡献最大。事实上，社交媒体包含了复杂的社会关系和社会资本。社交媒体倦怠的行为不能被简单地视为个人对媒体技术的厌倦。更深层次的疲劳感，来自社交媒体带来的关系压力。在年轻的社交媒体用户中，互动的不平衡主要表现在个人社交互动的减弱和自我沉浸感的失控上。越来越多的年轻人感到社会活动的压力。他们中的大多数人，作为独立的个体，在面对社交聊天时，会感到复杂的人际压力。

通过采访，还发现很多年轻人认为他们没有朋友。面对社交媒体中的冷媒体技术，他们只有依靠在线交流才能进行社交。此外，自我沉浸对年轻人的SMF 也有重要影响。年轻人的自我控制能力相对较差，他们很容易沉迷于社交媒体的娱乐和互动中。当用户从沉浸式状态中醒来，感知到时间和精力的浪费时，他们很可能会感到内疚，从而减少他们使用社交媒体的次数。[④]

在信息过载和社交过载方面，实证数据显示，信息过载和社交过载会正向影响社交倦怠行为，这一结论也能够印证前人的理论成果。有大量的研究证明，人们在处理信息时的精力是有限的。一些受访者表示，关于信息过载，包括大

① LIM M, YANG Y. Effects of Users' Envy and Shame on Social Comparison That Occurs on Social Network Services [J]. Comput. Human Behav, 2015, 51：300-311.

② GILBERT D T, GIESLER T, BRIAN R, KATHRYN A. When Comparisons Arise [J]. J. Pers. Soc. Psychol, 1995, 69：227-236.

③ ROSENBERG J, EGBERT N. Online Impression Management：Personality Traits and Concerns for Secondary Goals as Predictors of Selfpresentation Tactics on Facebook [J]. Comput. Mediat. Commun, 2011, 17：1-18.

④ RAVINDRAN T, KUAN A, LIAN D. Antecedents and Effects of Social Network Fatigue. J. Assoc. Inform [J]. Sci. Technol, 2014, 65：2306-2320.

量无用广告、软件过度服务等，当系统质量低的时候，用户会产生倦怠的心理。通过参与观察发现，社交媒介在青年群体的日常生活中扮演着重要的角色，甚至成为他们获取信息、进行社交的唯一渠道，他们将大量的精力投入其中，感受到信息过载和关系维护的巨大压力。同时，一些受访者表示，当信息过于冗杂繁多时，他们会更加关注自己的社交媒体账号，希望获得关键信息，但通常情况下，会有很多无效信息和相似信息充斥其中，进一步加剧其害怕遗漏关键信息的紧张感。他们会付出很多的精力和时间，从而感受到不堪重负，引发不良情绪。面对这一现状，不少年轻人对社交信息采取冷漠的态度，这种信息过载和社交过载的压力使个体产生了远离社交媒体的行为。

在个人心理特质中，自我效能感正向影响社交倦怠行为。个体可以通过亲历习得经验、替代习得经验、社会反馈、积极的生理和情绪状态等几种途径获得自我效能感。[1] 现如今，越来越多的人依赖社交媒体，尤其作为"互联网原住民"的青年群体，他们更加依赖从互联网和社交媒介中获取信息，他们中大部分人都具备了熟练使用信息工具的能力。在最初的假设中，研究团队访谈部分青年群体，他们不能熟练掌握社交媒体的使用技能，从而产生社交媒体倦怠行为，但这类年轻人仅占样本的极少数。从数据显示来看，年轻群体的自我效能感普遍较高，且自我效能感越高的个体越容易产生社交倦怠行为。自我效能感越高的个体，他们有较高的自我要求。[2] 通过访谈发现，自我效能感较高的青年群体在更新发文之前会仔细、认真地考虑其发文内容的趣味性、准确性，他们大多会追求发布内容的质量，于是发文变得愈加小心谨慎，久而久之他们便会产生社交媒体倦怠行为。

青年群体的隐私焦虑对社交媒体倦怠行为没有显著正向影响。有的学者认为隐私焦虑会正向影响社交媒体倦怠行为，原因是社交媒体是朋友之间进行互动的工具，信息的交流建立在一定的边界之上，如果这种边界被打破，就会导致个体担忧隐私，从而产生社交媒体倦怠行为。在本研究中，样本集中在18—35岁的青年社交媒体用户中，他们大多在网络社会快速发展的环境下成长起来，对网络环境有信心。通过访谈，一些受访者表示，社交媒体技术平台有良好的隐私保护方案，如发布信息内容分组可见、限制信息发布的可见范围、评论防

---

① BANDURA A. Self-Efficacy Mechanism in Human A-gency [J]. American Psychologist, 1982, 37 (2): 122-147.

② HIGGINS C C A. Computer Self-Efficacy: Development of a Measure and Initial Test [J]. MIS Quarterly, 1995, 19 (2): 189-211.

护、强化黑名单等。他们完全信任网络安全技术，对社交媒体的匿名性和开放性，他们表示即使隐私被曝光，也不会造成较大的损失。

在社交行为特质中，个体印象管理和互动失调对社交倦怠行为有显著正向的影响。社交媒体中，人们日常发布的图片、文字是一种重要的自我展示的管理策略。① 在戈夫曼看来，表演无处不在。在现实世界中，人们通过前台展示和自我呈现来塑造个体的社会身份，个人前台由"外表"（appearance）和"举止"（manner）构成。人们期望在外表和举止之间能有确定的一致性来塑造自身的角色，这一方式可以让社会互动持续进行。通过访谈发现，青年群体在社交媒体中会维持现实中的自我形象，他们为了展示自己良好的形象，在社交媒体中一般都会呈现自己积极正面的形象，意图通过良好的印象管理来弱化自身不足。

同时，一些年轻人在社交媒体中呈现的自我形象与现实中的形象有较大的差异。他们可能因为工作、社交的需要呈现出截然不同的形象，他们一旦将自己"伪装"起来，可能就有另外一个新的身份，这个身份可能是区别于现实自我的，而这种"表演式"的自我呈现，需要靠个体印象管理来塑造。这样的印象管理行为，会容易让年轻人在社交媒体自我呈现的过程中产生疲惫心理，在这样的情形下，他们便不再更新信息，不再借助社交媒体平台塑造自身形象，产生社交媒体倦怠行为。

通过实证数据可知，互动失调在模型中贡献值最大。事实上，社交媒体背后包含了复杂的社会关系和社会资本，社交媒体倦怠行为已经不能简单看作个体对媒介技术的厌倦感，更深层次的倦怠感来自社交媒介带来的关系性压力。在青年社交媒体使用者中，互动失调主要体现为个体的社交互动减弱和自我沉浸失控。

越来越多的年轻人感受到社交活动的压力和无效，他们作为独立的个体，面对社交聊天会感受到复杂的人际压力。通过访谈发现，不少青年人认为自己没有朋友，在社交媒体中面对冷冰冰的媒介技术，与朋友渐行渐远。另外，自我沉浸失控对青年群体社交媒体倦怠情绪也有重要影响。青年群体的自我控制能力相对较差，社交媒体的娱乐性、互动性易使其沉迷其中。前文已述及，当

---

① PEARSON E. Making a Good（Virtual）First Impres－sion：The Use of Visuals in Online Impresion Man－agement and Creating Identity Performances ［J］. IFIP Advances in Information & Communication Technolo－gy，2010，328：118-130.

用户从沉浸状态中觉醒过来并感知到时间与精力的浪费时，他们很可能产生负罪感，并因此不再对社交媒体感兴趣。①

五、研究结论

本研究从技术平台、过载、个人心理特质、社交行为特质四个方面探讨青年群体的社交媒体倦怠行为，丰富相关变量的新条件，对青年人社交媒体倦怠行为的影响因素模型进行拓展。首先，技术平台以技术接受模型为基础展开，实证数据显示，技术平台的感知有用性和易用性与社交媒体倦怠行为有关系，但没有显著的正向影响，因此 TAM 模型在社交媒体倦怠行为模型中不具有适用性。同时，信息过载和社交过载对社交倦怠行为有显著正向影响，这印证了前人的研究结论。在个人心理特质部分，自我效能感和隐私焦虑被加入社交媒体倦怠行为的影响因素之中，这证明了隐私焦虑在青年群体社交媒体倦怠行为中没有显著正向影响，同时检验了学者对自我效能感这一变量的猜想。得出的研究结果可为其他学者的后续研究提供参考与指导。另外，基于前人研究，个体印象管理和互动失调对社交媒体倦怠行为均有正向影响，丰富了模型中的变量条件，使研究更加完整，这在一定程度上推动了该主题的研究进程。

此项实证研究成果，有助于社交媒体运营商了解社交媒体倦怠行为的形成机制，从而有效避免由社交媒体倦怠行为造成的活跃度下降和用户流失等问题。中老年人群关注技术平台的有用性和易用性，但青年群体并不关注。所以，不能刻意强调媒介平台有用性和易用性，要根据受众的不同需求设置不同的服务功能。为了避免信息过载，开发商和运营商要开发信息过滤和信息管理的功能，提高用户对社交媒体的使用效率，帮助用户更好地管理自身的信息网及社交关系网。

六、研究不足与展望

本研究也存在一些局限性。首先，这项研究采用的是一个便利样本，样本涉及 18—35 岁的人群，大多数的参与者是青年社交媒体用户，因而这项研究的结果无法推广到更大范围的群体中。用户的年龄差异较小，不能对比出各个年

---

① RAVINDRAN T, YEOW KUAN A C, HOE LIAN D G. Antecedents and Effects of Social Network Fatigue [J]. Journal of the Association for Information Science and Technology, 2014, 65 (11): 2306-2320.

龄段的用户社交媒体倦怠行为的差异，这在一定程度上缩小了研究范围，影响了数据的全面性。在未来的研究中，要增加样本规模，避免数据过于集中，要涉及不同的年龄人群。另外，本研究没有限制社交媒体平台类型，因为不同社交媒体平台也有差异，用户的社交媒体倦怠行为也会存在差异，未来可以比较不同类型的社交媒体平台上用户社交媒体倦怠水平之间的差异。同时，由于社交媒体很大程度上模糊了私人领域和工作领域之间的界限①，未来可以研究在不同的生活场景之中，社交媒体倦怠潜在的成因与后果。

　　本研究的模型建立在个人心理和行为特质的探讨上。通过整理前人研究的相关影响因素，并结合部分访谈实证材料，可以获取影响青年群体社交媒体倦怠行为的因素，并将其作为自变量。不过，影响因素可能不止这些，后期的研究应扩大探索领域、增加新变量，以期完善相应的理论模型。在今后的研究中，要加大访谈力度，尽可能多维度地进行分析研究，使这项研究更具有普遍性、合理性。对社交媒体倦怠行为的把握，有助于促进信息化社会中社交媒体平台的持续发展，推动人类社会的和谐进步。因此，对社交媒体倦怠行为的研究还需要继续深入探讨。

---

① BUCHER E, FIESELER C, SUPHAN A. The Stress Potential of Social Media in the Workplace [J]. Information Communication & Society, 2013, 16 (10): 1639-1667.

第五章

青年线上表露行为与网络社会心态

第一节 线上自我表露的现状与特征

数字化时代，互联网的迅猛发展不仅深刻改变了人类社会的信息传播方式，还悄然重塑了人们的交往模式、情感表达渠道乃至整体社会心态。青年作为社会中最具活力、最富创造力的群体，他们在线上空间的行为，成为学者观察和理解网络社会心态变迁的重要窗口。本部分旨在深入探讨青年线上自我表露对青年网络社会心态的影响及两者之间的互动机制。

随着互联网技术的普及，尤其是移动互联网、社交媒体、短视频平台等新兴媒介的兴起，青年群体无时无刻不沉浸在网络世界中。他们在这里分享生活点滴、交流思想观点、展现个性风采，形成了一个个充满活力的线上社群。在这个过程中，青年的线上表露即通过互联网平台公开表达个人情感、观点、经历或态度，成为连接个体与社会的桥梁，这是网络社会心态形成的微观基础。

青年线上表露的多样性和即时性，极大地丰富了网络空间的内容。从日常琐碎到宏大叙事，从个人情绪到社会议题，青年的声音在网络平台上此起彼伏，他们构建了一个多元、开放、包容的舆论场。这种表露行为不仅满足了青年自我表达、寻求认同的需求，还促进了不同群体间的理解和沟通，为网络社会心态的形成提供了丰富的素材和动力。然而，青年线上表露并非孤立存在，它深深植根于网络社会心态的土壤之中。

网络社会心态作为一定时期内网民群体普遍存在的心理状态、价值观念和行为倾向的总和，是现实社会心态在网络空间的映射和延伸。自我表露是指在人际交往过程中，个体主动将自己的行为表露出去，并向他人倾诉自己的思想感情。美国心理学家西尼·朱拉德在 1958 年首次提出这个概念。朱拉德将自我表露定义为向他人透露个人信息，并在其著作《透明的自我》中进一步阐述与他人分享的想法和情感。德莱格和查伊坦也将自我表露定义为交换任何有关自己的信息，包括个人地位、兴趣爱好、性格特征、过去经历和未来计划等。①

自我表露分为线上自我表露和线下自我表露，线上自我表露主要是主体通过网络社交平台分享个人的信息，线下自我表露主要是在与他人交流的话题中透露自己的信息。随着社交网络的发展，青年线上表露的行为成为一种趋势且愈演愈烈。同时，青年线上表露行为又影响着当下的网络社会心态，网络社会心态并不是线下社会心态的简单延展，而是网络社会发展下的独特产物。余建华将网络社会心态定义为一定时期内存在于网络社会或网络社会群体之中的社会认知、社会情绪、社会价值观和社会行为倾向的总和。② 积极的线上表露行为能够起正向作用，而消极的线上表露行为可能会起反向作用，甚至变得极端化。反过来，当下的网络社会心态又会影响着青年群体的线上表露行为，两者相辅相成、互相影响。因此，当下应当特别注意青年的线上表露行为，时刻洞察网络社会心态的演变。

一、线上自我表露的现状

（一）渠道多元：多种方式结合的自我表露

在当今数字化时代，自我表露的渠道与方式呈现出前所未有的多元化趋势。个体利用文字、图片、视频、音频等，在各类社交平台上自如地展现自我。微信朋友圈作为日常分享的重要舞台，用户频繁上传生活照片，既记录了个人轨迹，也悄然向外界传递了个人信息。此外，社交媒体如抖音、快手、微博等，各具特色地成为自我表达的新窗口。微信朋友圈侧重图片分享，微博则更多承载言论发表与话题讨论，抖音、快手则是以短视频为主，让用户通过视觉盛宴展现自我风采。

---

① 宋红岩. 补偿还是增强——大学生社交焦虑、网络自我表露与网络社交焦虑关联研究 [J]. 中国广播电视学刊，2022（05）：24-29.

② 余建华. 网络社会心态何以可能 [J]. 北京邮电大学学报（社会科学版），2014，16（05）：16-21.

这些多样化的平台跨越了时间与空间的限制，使个体能够与全球范围内的朋友乃至陌生人，分享生活点滴与内心情感。社交媒体无疑是自我表露的主战场，但博客、个人专栏等平台也以其独特的深度与系统性，为自我表达提供了更为广阔的天地。同时，音频平台如喜马拉雅、网易云音乐等，凭借其陪伴性，成为触动人心、引发共鸣的独特渠道。视频日志与 Vlog 则以其强烈的真实感与代入感，让观众仿佛身临其境，深刻感受分享者的世界。

更值得一提的是，网络直播的兴起为线上自我表露开辟了新纪元。主播在直播间内，通过视频直播与观众实时互动，这种即时、直接的交流方式，极大地丰富了自我表露的形式。面对琳琅满目的平台，个体可以根据自己的偏好与需求，灵活选择最适合自己的表达方式，从而不断在探索与实践中，更加顺畅地与他人建立联系，共享生活点滴，携手成长。

（二）情绪表达：以分享生活为线索的自我表露

个体在网络社会中分享生活，不仅是情绪表达的一种自然流露，还促进了社会互动与信息传播。这超出了单纯个人日常的记录范畴，成为一种富含深意的信息交流方式。以旅游博主为例，他们通过分享旅途中的图片与视频，不仅展现了个人旅程的精彩瞬间，还巧妙地将当地的历史文化底蕴与个人独特的感受相融合，使每一次分享都成为一次文化的传递与情感的交流，有效促进了社会信息的传播。在分享过程中，个体展现了自己的智慧，灵活选择多样化的社交媒体作为传播渠道。

特别是那些关键人物与流量大咖，他们凭借自身的影响力，构建出强大的传播矩阵，使分享的内容能够跨越圈层，实现最大化的传播效果，具有更强的影响力。从使用与满足理论的视角来看，用户在社交平台上分享生活、表达情绪，实则是基于特定的心理需求与社会需求，主动选择并利用这些媒介。他们通过分享，寻求来自他人的认同与理解，渴望获得情感上的共鸣与社会层面的支持，从而满足深层次的心理慰藉与社交归属需求。这一过程，不仅丰富了网络空间的内容，还加深了人与人之间的情感联系，促进了社会的和谐与进步。

（三）透明社会：私人边界滑动的自我表露

媒介环境学深刻揭示了媒介技术如何深刻地塑造并影响着人类的感知模式、思维逻辑及行为方式。在"透明社会"的语境下，社交媒体、大数据、人工智能等前沿技术广泛应用，网络如同一张无形的网，将个体的私人生活日益编织进公共视野之中。这些技术不仅极大地丰富了自我表露的形式与频次，还在无形中模糊了私人空间与公共领域的界限，促使私人边界经历了一场前所未有的"滑动"。韩炳哲敏锐地指出，"透明社会"中的广泛展示与陈列，实质上是对"隔离"所蕴含的"膜拜价值"的一种深刻否定。在这一社会形态中，任何形式的距离都被视为亟待抹去的障碍，对"隔离"与距离的摒弃，直接导致了个人隐私遭受前所未有的冲击。大众在看似自由实则脆弱的隐私保护承诺下，既沉迷于自我暴露的快感，又逐渐适应了无处不在的监视。公共与私人领域的界限日益模糊，直至几近消失，个体在这一过程中，虽频繁地进行着自我呈现与表达，但主体性的确立却仿佛成了一场稍纵即逝的幻梦。

在透明社会的背景下，个体的私人边界仿佛流沙般不断向公共领域渗透，使人们在网络空间中几乎无所遁形，人们如同生活在透明的鱼缸之中。从社交账号上精心设置的性别、年龄、爱好等个人信息，到日常动态的频繁更新，无一不是原本私密生活的片段被主动或被动地置于公众审视之下。这种自我表露与外在监视，让人们在物理与心理层面均处于持续的暴露状态，深陷透明社会的复杂网络之中，难以自拔。因此，在享受技术带来的便利与连接的同时，亦需深刻反思透明社会对个人隐私、主体性乃至整个社会结构的深远影响，在开放与隐私之间找到更加平衡与和谐的共存之道。

（四）云端交往：无实体身份的自我表露

在构想自我为一个多元且分散的系统时，"窗口"无疑是一个精妙绝伦的隐喻。自我在时间的流转与环境的变迁中，如同多面棱镜，折射出不同的角色与面貌。窗口化的生活，则是对这一去中心化自我身份的最佳诠释。它跨越了多个世界，允许个体在同一时间轴上扮演多重角色，体验生活的无限可能。当个体在网络空间中构建信息时，他们不得不依赖一个想象中的受众——"内心对交流对象进行构想"。这一构想既受制于社会结构性的框架，又深受个人主观能动性的影响。

例如，在微信这样的熟人社交平台上，鉴于好友多为亲朋好友，个体可能会因种种顾虑而谨慎发布内容，甚至选择性地屏蔽特定人群。然而，在云端这个广阔的天地里，每个人都是无实体身份的参与者，这种匿名性赋予了个体前所未有的自由度。个体得以在多个角色间自由切换，构建去中心化、灵活多变的身份。这些在网络上发布的内容，既可能是现实生活的镜像反映，也可能与之背道而驰，展现了人类无限的创造力。新媒体时代的到来，彻底打破了时间与空间的桎梏，使个体能够在虚拟的网络社会中编织出复杂而又丰富多彩的人际关系网。无实体身份，作为云端交往的核心特征之一，既给了人们自由与匿名的庇护，也拓宽了自我表露的深度与广度。它让人们能够摆脱现实世界的束缚，以更加轻松自在的心态展现真实的自我，探索人性的多维可能性。

同时，这种无界限的交流方式还促进了全球文化的交流与融合，让个体能够跨越地域、语言和文化的障碍，与世界各地的人们建立联系，共同书写全球化的文化篇章。然而，也应清醒地认识到，无实体身份带来的自由并非没有代价。网络暴力、隐私泄露等问题时有发生，这提醒人们在享受网络带来的便利与乐趣的同时，必须保持理性与警惕，共同维护一个健康、和谐的网络环境。

二、线上自我表露的特征

（一）表演性：表演化生存的自我表露

表演化生存中的自我表露，通常指的是在公共场合中，个体并非直接流露自然想法，而是以一种经过精心修饰或策划的方式展现自我，旨在符合特定的社会期望或塑造特定的个人形象。戈夫曼的"拟剧理论"深刻揭示了这一现象：人类如同舞台上的演员，不断致力于在他人心中构建并维护自己的形象。在社交媒体的浪潮中，人们纷纷将各类学习、美食、旅游体验作为打卡内容，这实际上是对自我展示平台和个人品牌的一种精心管理。个体在社交平台上的公开自我表露，无疑带有浓厚的表演性色彩。他们心中往往预设了"想象中的观众"，并据此策划发布内容，旨在塑造并维护一个特定的个人人设。这些社交平台，俨然成为他们展示自我、演绎生活的广阔舞台。

以明星为例，他们纷纷入驻社交媒体，分享日常美食、旅行 Vlog 等，这些看似私生活的片段，实则蕴含了深刻的表演意味。明星们精心挑选照片、文字和视频，旨在向粉丝展示一个经过精心设计的公众形象。这种表演化的生活方式，不仅满足了粉丝对偶像生活的窥探欲，还加深了明星与粉丝之间的情感交流，进一步巩固了粉丝基础。

综上所述，表演化生存中的自我表露，是现代社会中个体在社交媒体平台上展现自我、塑造形象的一种重要方式。它要求个体具备很高的自我意识和策划能力，来符合社会期望和观众期待，个体要精心打造并维护自己的个人品牌。

（二）目的性：符合社会目标的自我表露

目的性作为自我表露的重要维度，其与社会目标的契合度不仅深刻影响着信息传播的效果，还直接关系到社会舆论的导向与公众认知的形成。自我表露，作为个体在特定情境下自愿分享个人信息、感受或想法的行为，在社会活动中扮演着至关重要的角色。当这种自我表露符合社会目标时，它能够激发公众的共鸣，促进社会的正向发展，成为连接个体与社会的重要桥梁。

在复杂多变的社会环境中，个体的自我表露行为往往不仅仅是一种简单的情感宣泄或个人经历的分享，更深层次地承担着实现社会目标、促进社会和谐与进步的使命。这种"目的性"的自我表露，是指个体在公开表达自我时，有意识地选择内容、方式及受众，以期达到符合社会普遍价值观、推动社会正向发展的效果。符合社会目标的自我表露，首先体现在与社会主流价值观的共鸣上。个体通过分享自己的正面经历、感悟或成就，如参与公益活动、倡导环保理念、弘扬正能量等，激发社会公众的共鸣，引导更多人关注并参与社会公益事业，共同推动社会向更加文明、和谐的方向发展。目的性自我表露还体现为树立榜样、传递正能量。当个体在社交媒体上公开自己的成长历程、奋斗故事或克服困难的经历时，不仅是在记录自己的生活，还为其他人提供激励和启示。这种自我表露成为一种无形的力量，鼓励更多人勇于追求梦想、坚持不懈，形成积极向上的社会风气。

此外，目的性自我表露还体现在对社会问题的关注和讨论上。个体可以通过分享自己对某一社会现象的观察、思考或解决方案，引发公众对该问题的关注和讨论。这种自我表露不仅有助于提高社会问题的可见度，还能促进不同观点之间的交流与碰撞，为解决社会问题提供新的思路和视角。符合社会目标的自我表露，更是个体社会责任感的具体体现。当个体意识到自己的言行举止能够对社会产生积极影响时，他们会更加谨慎地选择自我表露的内容，确保其符合社会公共利益和道德标准。这种自我约束和自我提升的过程，不仅有助于提升个体的社会形象，还能促进整个社会道德水平的提升。

综上所述，目的性自我表露是现代社会中一种重要的社会现象。它要求个体在公开表达自我时，不仅要关注个人情感的抒发和经历的分享，还要注重与社会目标的契合度，以实际行动为社会和谐与进步贡献自己的力量。

（三）情境性：内容符合情境的自我表露

居伊·德波在《景观社会》中曾表述过，好的东西会呈现出来，这就是景观发出的唯一的信息。步入新媒体时代，用户的自我表露行为愈发显现出高度的情境依赖性。他们依据不同的交流场景，精心挑选并分享自己的情感、生活片段与个人体验。在私密的亲友对话中，用户往往卸下防备，袒露心声，分享那些最真挚，甚至略带苦涩的想法与感受，力求对方能够深切共鸣。然而，当面对陌生人或公开平台时，用户的自我呈现则转变为一种策略性的展示，内容多倾向积极、光鲜的一面，正如那句在社交媒体上广为流传的"毛坯的人生，精装的朋友圈"，一语道破了用户在不同情境下自我表露的微妙差异。新媒体的互动性更是为这种情境性表露增添了无限可能。点赞、评论、转发等互动机制，不仅是对发布者内容的即时反馈，还是用户自身在特定情境下情感与态度的自然流露。在特定内容的触动下，用户更愿意跨越界限，公开发表见解，分享内心所想，这种互动不仅丰富了交流层次，还促进了情感的共鸣与思想的碰撞。

综上所述，新媒体环境下的用户自我表露，已不是个体情感的简单输出，而是一种高度情境化、策略化且充满互动性的社会行为。

（四）情感性：寻求社会支持的自我表露

随着社交网络的发展，线上表露的方式多种多样，如学习打卡、运动打卡、旅游打卡等，这些方式逐渐演化为一种颇具仪式感的行为，甚至诱使个体朝觐，因为在这样的自我表露行为中个体可以获得情感认同。库尔德里在《媒介仪式：一种批判的视角》中认为，朝觐的过程实际上是寻找自我的过程，个体在分享地域朝觐时，渴望得到他者的认同。个体在社交平台上表露自我的行为，事实上是寻求社会支持的过程。

个体在社交平台上表露自己的信息，他人通过点赞、评论等方式表达自己的认同，个体在这个过程中可以获得某种情感支持，从而不断在社交平台上进行更多的信息表露。寻求社会支持的自我表露是个人主动向他人分享自己的内心世界、需求和感受的一种行为，这种行为有助于缓解个人压力、激活社交网络等。符号互动理论（Symbolic Interactionism）认为，人类在社会互动中通过符号（如语言、表情、行为等）来传递意义、建立关系。

在寻求社会支持的自我表露中，个体通过语言、文字、图片等符号来表达自己的情感、需求和期望，同时接收来自他人的反馈和支持。这一过程不仅加深了人与人之间的情感交流，还促进了社会支持网络的建立。新闻传播学视角下，媒体作为符号传播的重要载体，通过多样化的表达方式，为自我表露和社会支持提供了丰富的符号资源。

第二节　青年群体线上自我表露平台与方式

戈夫曼在其《日常生活中的自我呈现》一书中提出"人的日常生活活动本质上就是一种表现形式"，其理论基础是"人与人之间的关系"。随着媒介技术的持续发展，具有信息传播和社交双重属性的社交媒体逐渐获得了更多的自主权和话语权。自1994年起，随着互联网在中国的普及，中国网民已经与社交媒体共同走过了超过30年的历程，从早期的BBS、博客、校内网到如今的微信、微博、QQ、豆瓣等，社交媒体的发展既伴随着互联网技术的日益成熟，也伴随着人们对其的熟稔与重视。因此，越来越多的平台可供青年群体进行线上自我表露，大致概括为以下几个平台。

一、社交媒体平台

以微博、微信朋友圈、Instagram、Facebook、Twitter等为例，青年通过更新动态、上传日常生活片段、阐述个人看法和撰写评论来实现自我展示。市场研究机构Global Web Index在2025年发布的调查显示，63.9%的世界人口使用社交媒体。Z世代每日平均使用量为2小时55分钟。[1]

作为当代信息传播方式之一的微信，是一种基础设施。2012年4月19日，微信4.0正式推出朋友圈这一功能，到现在已经过去了10多年。微信用户可以在微信朋友圈发布文字、图片以及30秒内的短视频，也可以在微信视频号上发布文章或者是音乐、视频、照片等。用户可以"评论"或"点赞"由朋友发布的文本、照片、视频，而另一些人则仅能看到共享朋友的留言或点赞。青年群体的"自我展示"演化为一种立体的、互动的、可控的、开放的表演。

自微信推出之时，其社交特性便迅速显现出显著效果，用户通过微信进行文字聊天、视频通话，处理工作事务，增进人际关系，微信朋友圈是一种自我构建，同时也是一种自我表达。"自我构建"这一概念首先由Markus和Kitayama于1991年提出，它是一种个体在认知自我时，会将自我放在任何参照

---

[1]　Smart Insights：Global social media statistics research summary ［EB/OL］.（2025-02-14）. Smart Insights.

体系中进行认知的倾向。

在现实生活中，人们之间的直接沟通往往会受限于时空，而微信的社交功能则打破了这一局限，使个人表达和日常交流能够相互补充。在这个虚拟的互联网世界中，人们借助微信朋友圈对自己进行了重新定位，展现了自己，认识了自己。阿伯克龙比与朗斯特在 20 世纪晚期的新媒介语境下，提出"以观察"为中心的"在传统的、单向的媒介环境下，以'观看'为核心的行为；在新媒介环境下，'展演'是构建观众的核心与关键"①。展演主要是为了找到有效的"受众"进行互动，从而实现社会转向，得到朋友的认同。在这种以熟人为基础的虚拟和现实中，人际传播的优点得到了充分的体现，人们在微信朋友圈中，通过对所有的微信好友进行三维展示，达到群体传播的效果。

微博则扩充了从"熟人"社交到陌生人互动的空间，个体在人际传播中的表演会受场景的约束，这样的表演需要遵从一定的"规则"。首先，受社会道德规范、法律条文和道德准则等"剧本"的制约和限制，个体在实体空间的信息传递往往会得到他人的积极反馈。这种需求促使个体通过交往行为来实现自身的身份认同，并获得心理满足。

其次，微博丰富了信息传播的方式，增强了青年群体的参与热情。媒介的更替促使人们突破面对面的交流方式，在一定程度上避免了"表演"崩溃。同时，由于身份、外貌等的隐藏，新媒体使交流中的自我更加多样，"表演"手段也更加丰富。

最后，微博的出现激发了青年群体参与社会事务的热情。微博中不同的话题让有相同志趣的网友聚集在一起，其为个人展示和价值发挥提供了较好的平台。微博的匿名性消除了人们因现实生活中身份地位、经济条件等的差距带来的障碍，使人们对自己感兴趣的话题展开自由讨论，从而展示自我。

二、社　区

以豆瓣小组为例，用户可以在特定的兴趣小组中讨论和分享事情，呈现出去中心化的交流特色，用户可以自由地表达观点，并创造性地对语言进行再编码，产生了很多青年亚文化现象。

豆瓣小组的主要定位是"对同一话题感兴趣的人的聚集地"，相较于微信、

---

① 陈彧. 从"看"到"炫"——粉丝再生性文本中的自我展演与认同建构［J］. 现代传播（中国传媒大学学报），2013，35（11）：155-156.

微博这样的主流社交平台则更显小众，主打以兴趣为中心的圈子社交。从趣缘小组本身看，由于其兴趣标签、规则各有不同，每个小组关注的话题、共享交流的内容与形式、互动氛围也不同，这使自我表露行为具有差异性和多样性。豆瓣小组目前以主题为划分，共有图书、影音、人文、生活、美食、闲趣等 19 个分类，趣缘社区豆瓣小组凭借着弱关系连接、传播内容细分化、互动方式多样化、社区管理去中心化等特点，成了新的社交选择。越来越多的年轻人选择从微信、微博等其他社交平台转移至豆瓣小组这一阵地，以趣缘为契机，积极参与和构建社区文化，进行普遍的自我表露与知识观点交流。他们主动地参与文本的生产、传播和再生产过程，从中实现自我表达和自我赋权。

三、问答平台

以知乎为例，用户可以在知乎中提问和回答问题，分享自己的知识和经验。作为国内社区问答平台的典型代表，知乎的用户们在这个平台上不仅可以进行专业知识的交流和学习，还可以浏览和搜索当前的时事和新闻，热点事件可以快速地被共享到这个平台上，从而引发一场热议。知乎用户在平台上进行的自我表露存在一定的规律性，这与平台的定位、用户个人的特征有密切的关系。

通过对知乎用户的特征进行分析，发现知乎用户的表达内容和表达模式具有较强的规律性。从具体的表现内容来看，其主要有职业/兴趣领域、职业/认同、个人标签、生活状态和社会扩展五个方面；从情绪投入的深度来看，可以将其划分为理性自我表现（职业/兴趣领域、职业/身份）、情绪自我表现（个人标签、生活状态）和社会扩展三个方面。与此同时，使用者在使用特定词汇和表述方式方面也呈现出高度的一致性。这一规则反映了知乎用户对社群的强烈归属感，成员具有强烈的认同感。不同地区、不同知名度的大学生，其自我表现的内容与程度也有不同。

四、视频分享平台

以 Bilibili 和 YouTube 为例，其用户可以上传视频内容，展示自己的才艺或分享生活。来自 YouTube 的视频博客被认为是"私人制作的视频"，其特征是一个人在摄像机前讲话。就现阶段而言，以记录工作与生活为主的网络部落格，正在逐渐变成一种"展现现实感、行为与经验的流行大众文化"。

Bilibili（中文为哔哩哔哩，通常简称为 B 站）作为一家依托 ACG 文化，以用户自己上传的视频为中心，通过弹幕进行即时互动的线上视频共享平台，在用户产生高质量的内容和活跃的社群气氛两方面，形成了自己的品牌特性。当前，B 站主站共划分了动漫、音乐、舞蹈、科技、生活、时尚、娱乐等多个板块。其中，生活板块共包括搞笑、日常、美食圈、动物圈、手工、绘画、运动 7 个分区。在该板块中，真正契合视频博客调性的生活日常类以自我表露形式完成了最有力量的传播，长期稳居 B 站视频博客播放量之首，持续不断地吸引着用户的注意力。

在赫伯特·西蒙（Hebert Simon）的眼中，个人注意力是一种闪闪发光的稀有物品，是在受到特定刺激或强烈吸引时才会涌现的"有限资源"。生活日常类视频博客在挖掘用户吸引力的过程中，不断影响着用户的行为决策与价值判断。视频博客标志性的叙事方式是自我表达与"我"的主体建构，视频博主（Vlogger）在自我创作的内容中寻找身份标签，"在记录或沟通自我的过程中完成身份建构"。

戈夫曼认为面具是"我们更真实的自我、我们想成为的自我"，视频博客赋予了博主构建自我、重建身份的能力。在分享自我经历与思想的过程中，视频博主决定了自我形象的建构、信息的筛选与传递等，是完全自由的"表演者"。

五、音频平台

以喜马拉雅、Spotify 为例，其用户可以分享音乐、播客等内容。在播客中，主播没有可移动的情景展示，只能通过自己的声音进行表达，这种内容创作实际上也是一种表演。不管声音呈现的是什么类型的内容，播客创作者都努力让听众感受到他们想要营造的情感氛围。播客营造的情境为新媒体语言赋予了一种特殊的亲和感，这不仅源于主持人与观众的感情纽带，还缘于大众传媒的巨大影响力。

播客是一种私人的、一对一的感情交流平台。对播客创作者来说，最有力的工具就是音乐，BGM 成了他们表演的唯一辅助。BGM 即背景音乐，一般认为是穿插在电视剧、电影、动画动漫、电子游戏、网站中的音乐，主要起到调节氛围、调动观众情绪的作用，令观众有身临其境的感受。受访的播客创作者大多也会精心挑选符合节目调性的 BGM，增强情感表达。在播客中，音乐是创作者们另一种情绪的表达，也是其自我呈现中可用到的为数不多的辅助工具。音乐为情感共同体的建立奠定了基础。

播客创作者将自己想要展现的形象和自己原本真实的状态都如实呈现给了听众。唯有真实的力量是无穷的，播客创作者的真实感是影响听友与其建立情感的根本因素。播客的真实感主要表现在故事真实、表达真实和情绪真实三方面。播客节目中的对白通常都是主播和嘉宾围绕一个特定话题根据亲身经历来沟通交流，闲聊的内容是基于真实的内容展开的。除此之外，播客节目是典型的音频节目。没有摄像头的凝视，个体会卸下防备，回归质朴的说话方式，与人们轻松对话。在漫谈的氛围中，主播和嘉宾进行逻辑梳理、观念表达和情感的个性表达。

六、即时通信工具

以 QQ、微信为例，人们通过聊天、群组等方式进行交流。微信的用户数量和活跃程度远远超过了其他的社会化媒体平台。这一社交媒体同时具备文字、语音、视频、表情包等聊天功能，它的出现也使人们的自我表露行为有了新的展演方式。

微信群自带的移动社交属性突破了用户进行自我呈现的地域限制，从表面来看，用户进行自我呈现和印象管理变得更加便利和简单了。由于社交媒体的可存储性、可移动性等特性，用户表演崩溃的概率也提高了。因而，用户需要花费更多的精力进行自我呈现管理。

线上交往中，文字表达占据了交流的主导地位。由于表情、动作、神态等非语言符号的缺失，人们在使用微信聊天时经常会感到文字传递意义时的局限性。个体在这一媒介环境下建构的感知想象，会进一步影响其媒介接触行为。在实践阶段，这一行为通常呈现出两个极端倾向：投好呈现和慎言取向。

微信为人际交往提供了诸多便利，但这种顺应线上人际交往模式的自我呈现行为，或许反映出人们越来越不善于社交了。现实的人际沟通只能进行即兴演绎，人们在面对面的交往过程中相互了解，不断衡量和调整交流方式，在这一过程中，人际交往能力得到提升。

利用线上交流，人们可以在痛苦时演绎喜悦，可以在语塞时运用聊天话术侃侃而谈。精心演绎下的聊天内容，虽面面俱到，却也枯燥乏味，缺乏真情实感。人们在反复包装和寻求捷径的过程中，渴望真诚的社交。

七、在线游戏

以《王者荣耀》《蛋仔派对》等为例，在线游戏有社交功能，玩家可以通过游戏进行交流。随着游戏产业的发展，对全球数以亿计的玩家群体来说，游戏并不单纯是一个提供娱乐的平台，还是一个建立和维持人际关系的新媒介。

在网络游戏中，游戏玩家实现了对另一个"自我"身份的塑造。

从拟剧论的观点来看，玩家在游戏空间中的表演是玩家展开人际交往互动的一种基本策略，如玩家在游戏中的头像、昵称、游戏表现等。这些对自我形象的管理和呈现又会受到个体需求和群体的影响，个体在互动的过程中不断调整自己的表演方式。玩家在游戏中拥有多样性的自我呈现方式，许多途径从游戏内蔓延至游戏外，服务玩家展开自己的线上线下人际关系，使玩家与其他玩家进行交流互动。

游戏中，玩家进行自我展示的目的主要有三类：游戏实力展现、游戏财富展现以及社交关系展现。游戏中，玩家进行自我表露的动机可以分为个体需求和来自群体的影响，其中游戏实力展现和社交关系展现更多是出于玩家个体的自我实现和社交需求，而游戏财富展现在很大程度上来自其他玩家的刺激，满足玩家的炫耀需求，可以说群体影响在很大程度上刺激了玩家自我表达的欲望。

大部分玩家关注自己在游戏中的自我表露，会倾向于塑造与理想自我相近的良好形象。过去有研究表明，游戏玩家创造的化身是他们理想的自我而不是真实的自我。① 许多玩家虽然使用了虚假的化身，但大部分玩家在注意保护自己真实信息的同时，还是倾向表露自己的真情实感，来展现真实的自我。

第三节 青年群体线上表露动机

青年群体的线上表露动机成了心理学家、社会学家以及市场营销专家等众多专家研究的热点。随着社交媒体、在线论坛、博客和即时通信工具的普及，青年们越来越多地在虚拟空间中表达自己的观点、情感和需求。这种线上表露不仅反映了他们的内心世界，还揭示了他们的社交动机、认同感追求以及对个人成长和自我实现的渴望。

本节将探讨青年群体为何选择在线上表达自己，以及这种行为背后的心理和社会动因。著者将分析线上表露如何成为他们建立社交联系、塑造个人身份、寻求归属感和自我表达的重要途径。

---

① COHEN J. Audience Identification with Media Characters [J]. Psychology Ofentertainment, 2016（1）：183-197.

　　自我表露是人们控制他人形成自己期望印象的过程，但自我表露存在个体差异，有的人行为与内在状态保持一致，有的人行为随情境变化而变化。自我表露是"调整自己的行为来给他人创造某个特殊的印象"的过程；自我表露的目的是期待最终形成或改变他人对自己的看法或自己给他人造成的印象。青年群体线上自我表露的动机可以从多个角度进行分析，根据现有的研究和调查，可以归纳出以下几个主要动机。

一、自我表达

　　戈夫曼认为"印象管理"是人们在他人心中树立自己所期望形象的一种策略，由于"前台"是面向观众、受到一定约束的场所，因此表演者呈现的形象通常更具有整饰性与理想性，他们往往试图塑造或改变他人对他们的看法。这可能包括选择性地展示某些生活方面，隐藏其他可能不利于他们想要塑造的形象的信息。媒介赋予了青年"被看见"的权利，因此青年希望通过线上自我表露创造出自己理想的形象。通过这种方式，他们能够探索和表达自己的愿望、梦想和理想，这也是一种自我表达和创造性的展现。社交媒体平台为青年提供了一个展示自我形象的舞台，他们可以通过发布照片、视频等来表达自己。这些内容往往经过精心策划，来确保它们能够吸引关注并得到积极的反馈。这种创造性的表达本身就是一种娱乐，同时也能够吸引他人的关注和赞赏，从而使个体获得满足感和成就感。

二、娱乐和社交

　　社交媒体和网络平台提供了一个广阔的舞台，让青年可以通过分享内容、参与互动和体验虚拟环境来满足他们的娱乐需求。

　　青年群体面临着工作、生活、人际关系压力，甚至还面临着社交媒体时代的数字焦虑，因此线上自我表露可以作为一种逃避现实的方式，让青年在忙碌或压力重重的生活中找到乐趣。通过微信、微博、抖音等社交媒体，青年可以分享自己的兴趣爱好、生活点滴，甚至一些幽默搞笑的内容，以此来娱乐自己和他人。

　　此外，线上自我表露还能够满足青年群体的社交需求。人们要在社交中生存，就必须与他人建立良好的人际关系。当社交以一种节省情感、时间等成本的方式在线上进行时，对青年群体来说，这是保持基本社交的最佳选择。当个体进行真实的自我呈现时，他人能明白其真实的需求，这使个体更容易获得实际的支持和帮助，可以增加积极的情绪体验，有助于个体获得积极的反馈和社会支持。① 大量研究表明，社会支持的减少会导致孤独感的增加。②

自我呈现在真实的个体在与他人交流的过程中，获得的社会支持更多、人际关系更加紧密，进而可能会减少个体的孤独感。个体真实的自我呈现能让人了解到其兴趣、爱好等信息，个体之间的相似性能够促进他们的交流分享，进而提高信任水平。

在网络中，个体之间的兴趣、能力、角色、价值观的相似性对网络人际关系的建立发挥了积极作用。通过参与网络社区和讨论组，青年可以与拥有相似兴趣和价值观的人建立联系，参与共同话题讨论、游戏互动等活动，这种社交互动本身就是一种娱乐形式。

三、群体认同

青年群体在线上自我表露的行为是其寻求和建立群体认同的重要方式。通过社交媒体平台，青年能够展示自己的兴趣、价值观和生活方式，从而与拥有相似特征的其他个体建立联系。这种线上的互动和交流不仅帮助他们塑造个人身份，而且还增强了群体内部的凝聚力和归属感。

在社交媒体的互动中，青年群体通过共同的兴趣、语言和文化符号来定义自己的社会角色和群体边界。例如，他们可能会使用特定的网络流行语、表情符号或梗来标识自己属于某个特定的圈子。由于所属群体在特定偏好上各成员具有高度的一致性，基于趣缘建立起的在线交往变得尤为轻松。脱离了熟人关系的桎梏，个体能够建立基于内容为主体而链接的、高效的陌生人际关系。这种行为不仅是一种自我表达，还是一种社会认同，通过这种方式，青年能够感受到自己是被理解和接受的。

此外，线上自我表露还与社会资本的积累密切相关。社会资本指的是个体或群体通过社会网络获得的资源和支持。青年通过社交媒体的互动，能够积累社会资本，这不仅包括建立新的社会联系，还包括加强现有的关系。这种资本的积累有助于他们在社会中获得更多的机遇和支持，从而增强他们的社会地位

---

① 吴风，谭馨语. 社交动机自我呈现：弱关系主导下社群意见表达策略的实证研究 [J]. 现代传播（中国传媒大学学报），2021，43（06）：157-162.

② ZHAO J，SONG F，CHEN Q，et al. Linking Shyness to Loneliness in Chinese Adolescents：The Mediating Role of Core Self-Evaluation and Social Support [J]. Personality & Individual Differences，2018，125：140-144.

和影响力。

当然，仅限于群体内部的自我表露也存在负面影响，社交媒体上的群体极化现象可能导致青年群体形成封闭的社交圈子，这可能会缩小他们的社交范围，影响他们对多样性的包容和理解。

四、资本获取

随着自媒体的火爆，青年人开始通过线上的自我表露进行"流量表现"。"粉丝经济"是目前国内一种典型的经济现象，它建立在粉丝信任的基础上，粉丝和被关注人之间的一种商业收入，拥有大量粉丝的群体的影响力、曝光率可转化为拉动消费的流量，所以"粉丝经济"的实质是一种精神消费。为了迎合粉丝的喜好、获取粉丝的青睐，表演者会在镜头前进行预设的自我表露。许多青年自媒体创作者表示，即使在图文或者视频作品中将能力进行了充分的展现，如果没有考虑到观众的心理，他们照样也是无法成功的，这也进一步说明了在粉丝经济的背景下讨好策略的重要性①。

除了粉丝，许多自媒体创作者更直接的收入来源还有广告，其形式为在视频中插入商品的推广，这类作品通常被戏称为"恰饭"，许多博主会将这类推广尽量做成生动有趣的"软广告"，在达到合作商要求的基础上也尽量不让观众反感。

这些动机反映了青年群体在社交媒体上的自我表露行为是多维度的，既包括了个人心理层面的需求，也包括了社会互动和文化认同等方面的需求。通过线上自我表露，青年群体能够构建和维护社交关系，表达个人身份和价值观，以及寻求社会支持和认同。

第四节　线上自我表露对青年网络社会心态的影响

在数字化时代，互联网是青年群体娱乐、社交、学习的重要平台，青年在互联网上的表露行为非常普遍，他们往往在社交媒体上发表自己的感受以及想

---

① 邹军华.社交媒体中的自我呈现、自我认同与自我实现——仪式传播视域下的观察与思考［J］.湖北大学学报（哲学社会科学版），2024，51（06）：146-155.

法，在互联网上构建着自己的网络身份，倾向在网络上表达自己，互联网是他们倾诉情绪的另一个世界。因此，线上自我表露作为一种重要的社交方式，在一定程度上对个人的成长与发展具有积极的作用，如对自我身份的认同等。但是也应该清楚地认识到青年在线上的自我表露的隐私风险，告知青年在享受数字化时代美好生活的同时，保护好自己的个人信息。

一、线上自我表露与自我认同

自我认同是指个体对自己有一个清楚的认知和理解，包括对个人的世界观、价值观、兴趣爱好、职业目标等方面的清晰认知。自我认同作为个人成长过程中的重要组成部分，影响着一个人的行为方式、人际交往以及对未来职业的规划。对正处于身份探索阶段的年轻人来讲，建立自我认同十分重要，因为这有助于个体形成独特的个性、性格、偏好等，有助于提升个体的自信，并为未来的职业规划以及未来的生活打下坚实的基础，但是线上自我表露对青年自我认同也存在着负面影响。

（一）正面影响

促进自我探索。青年往往在互联网这种虚拟空间中尝试不同角色的扮演，如有的青年在网络中接单做兼职，这是在分辨真假兼职的情况下，通过付出一定的脑力劳动，得到一些金钱上的补贴和他人的认可。他观察外界的反应，发现自己做的工作还可以而且还得到了他人的认可，这完全符合他内心的期待，他加深了对自我的认同。

再比如说，有的青年会剪辑技术，他运用自己学过的技术剪辑各种网络视频，或者帮一些 Vlog 博主剪辑片子，最后的结果是自己剪辑的作品在网络上获得了很高的曝光度，或者帮 Vlog 博主剪辑的视频流量反响也很不错，甚至超出了其他作品的播放量。这不仅帮助 Vlog 博主提高了知名度，而且在一定程度上显示了他自己高超的技术。他对网络热点以及热梗有很强的敏感性，可以很准确地把握当下年轻人的喜好，这会使青年更认同自己、肯定自己，从而加深对自己性格特征的认识，觉得自己适合这份工作，促使他们往更好的方向探索。

增强社会归属感。首先，互联网为青年提供了一个跨越地理位置的交流平台，使他们能够轻松与志同道合的朋友和社区进行联系。在这种虚拟网络中，青年通过分享个人经历、情感与想法使自己被理解和接受，从而建立起深厚的情感，增强其归属感和认同感。其次，线上自我表露促进了信息的透明和分享，有助于青年在共同的兴趣爱好或社会议题上找到共鸣。青年在粉丝超话找到与自己喜欢同一个明星的粉丝，他们在超话签到，一起为喜欢的明星投票，促使他们形成了更加紧密的社会联系。最后，线上平台拥有丰富的资源以及活跃的青年群体，这些青年群体可以通过讨论或者合作项目的方式完成某项任务，实现和提升自我价值，拥有一种成就感。这种成就感进一步促使他们产生归属感，让他们感受到自己也是社会的一部分，是这个社会进步中不可或缺的一份重要力量。

提升自信水平。首先，在互联网的虚拟环境中，匿名性是其存在的一大重要特点，它为青年群体的表达提供了一个相对安全的环境。在这个环境中，人们可以不用顾及现实生活中熟人社会的尴尬，可以在网络上畅所欲言。这种匿名性还可以使青年在网络环境中，尝试发表自己平时不敢表达的情感和话语，从而在探索自我的过程中积累自信。其次，线上平台能够提供视频、文字、音频等多种表达方式，青年可以通过自己的喜好选择合适的媒介平台发表自己的内容。这种多样化的表达方式不仅丰富了青年自我表达的内容，而且也使青年能更加生动地展现自己的个性。他们表达的内容受到点赞或评论，随之而来的就是他们自信心的提升。最后，线上平台能够对青年发表的多元化内容进行及时反馈，青年在自我表露后往往能够得到网友的评论、点赞以及转发等及时的反馈。这些反馈不仅是对青年自我表露内容的反馈，还是对他们个人能力以及价值的反馈。正面的反馈，不仅能促进青年积极的情绪，还能提升他们的效能感。他们即使遇到负面反馈，也能在挫折中反思自己的不足来提高自己的能力。

（二）负面影响

过度依赖外部认可。青年线上自我表露过度依赖外部认可的原因，首先在于随着社交媒体的普及，社交媒体成了一个高度可视化的媒介平台，个人将自己的成就、日常生活乃至当时的情绪状态发表至社交媒体上，而这些都被转化为点赞、评论、转发等量化的指标。这种量化指标及时反馈给青年，极大地满足了青年群体对自我价值的需求，从而促使他们追求更多的外部认可。其次，青年的比较心理在作祟。青年人在浏览他人精心策划的生活片段时，容易产生别人比我过得好的错觉，从而迫使自己追求更多的点赞以及关注来弥补自己内心的落差感，对外部的认可形成一种无形的依赖。

负面比较。首先，社交媒体平台上经常充斥着网友们精心编辑、发布的生活片段，人们总是倾向于展示自己最好的一面，打造自己在朋友圈完美的人设。

这种完美人设、理想状态容易使青年群体误以为他人的生活总是充满阳光，从而忽视了现实生活中的复杂性与不完美，尤其是青年人看到这些所谓的"理想""完美"的内容，很容易对自己的现状感到不满，认为自己不够好。其次，社交媒体平台往往通过各种话题促使用户追求更多的点赞、评论以及转发，这在无形中增加了用户在展示自我时的压力。想要获得更多人的关注，他们可能会创造出一种完美形象，这又进一步增加了青年进行负面比较的可能性。最后，青年在线上自我表露时，他们展示的往往是令人羡慕的片段，却很少提及自己在生活中碰到的挫折和挑战。这种信息不对称，使青年人很难获得一个较全面和真实的比较基础，青年往往会忽略每个人都具有的迎接挑战和战胜挫折的能力，从而拥有了自我贬低的心理。

社交焦虑。造成青年人社交焦虑的主要原因有以下几个。首先，是对他人发布的内容进行持续性监控。由于在社交媒体上，个人的一言一行都有可能会受到他人的关注和评论，这种持续性的监控使青年人在发布自己的内容时会进行反复斟酌，他们害怕自己的内容被误解或者批评。长此以往，他们容易增加心理负担，导致社交焦虑。其次，网络上信息过载，在社交媒体上每天都充斥着海量的信息，青年人需要不断地刷屏来查阅最新动态，因为他们觉得自己必须时刻关注别人的信息，否则就会错过重要信息。这种信息过载会让青年感到压力很大，长期处于这种高度紧张的状态下，很容易产生社交焦虑。最后，青年人在线上表露担心自己被群体排斥，尤其是他们所发布的内容得不到预期的反馈或者遭到恶意评论时，他们就会觉得自己不被理解，进而担心自己无法融入某个社交圈子，这种恐惧同样也加剧了他们的社交焦虑。

二、线上自我表露与社会支持

随着互联网普及，社交媒体为人们提供了新的交流平台，这不同于线下交流平台，尤其是当代的青年人比较倾向在社交媒体平台上创建和维护人际关系。他们在线上发布自己的日常、见解，获得网络用户的点赞、评论和转发，这已成了他们社交活动中重要的组成部分。社会支持主要指的是个体得到社会关系网络的情感、物质和信息上的支持，对青年人来说，社会支持不仅包括现实生活中的支持，还包括线上的支持。① 社会支持和青年的线上表露存在正相关的关

---

① 刘寅伯，倪晓莉，牛更枫，等. 网络自我表露对大学新生适应的影响及其中介机制研究[J]. 中国临床心理学杂志，2020，28（01）：132-135.

系，但不可避免地，也会产生一定的负面影响。

（一）正面影响

提高对社会的适应能力。首先，互联网匿名性的特点使青年在网络中能够呈现出更自由的自我表露，正是这种积极的自我表露，不仅帮助青年更好地认识自己，而且还能促进他们与网络上其他用户进行沟通，进而提高他们对社会的适应能力。青年人在网络上积极表露自己时，他们的情感和见解能够得到更多同龄人的支持，正是这种支持进一步增强了他们的社会归属感。其次，线上自我表露还可以锻炼青年的表达能力和交往技巧。网络具有虚拟性，但它同时也要求用户具备一定的沟通交流技巧，包括清晰地表达观点、与他人互动交流等，这些能力在现实生活中也需要具备。最后，青年在现实生活中遇到困难和挫折时也可以在网上寻求帮助，通过发布相关话题获得来自网络上的陌生人、现实生活中家人与朋友的支持。这种对青年人苦恼的及时反馈不仅能够缓解青年人的压力，而且还能提高青年人对社会复杂环境的适应能力。总之，青年人的线上表露在社会的帮助下，不仅能促进其对他人的了解，而且还能促进其自我的成长，从而提高其对社会的适应力。

获取丰富的信息与资源。首先，互联网是一个虚拟的世界，青年人在线上的交流打破了地理限制，他们可以通过微博、抖音、小红书与全世界的网友进行交流，这不仅增加了青年人交友的机会，而且他们还能获得不同文化背景下的知识以及经验，拓宽了他们的社交圈。其次，在互联网时代，信息传播速度加快，青年在网络上表达自己的疑惑时可能会收到专业人士、有经验人士或者同龄人的回复，能够得到多角度的方案，获取丰富的资源，从而能更好地解决疑惑难题，提升获取信息的能力。最后，社交媒体平台鼓励知识共享，当一个人在某个领域有所成就或拥有特定技能时，他便可以在社交媒体平台与其他青年人共享，特别是对那些正处于学习阶段的青年人来说，这无疑是利好的。

培养社会责任感。青年可以通过参加各种线上公益活动、志愿服务、社会事务等，为社会做出属于自己的贡献。这种公益活动不仅能帮助他们了解社会，而且还能培养他们的社会责任感。此外，线上表露使青年人能够与更多的人进行交流，包括那些与他们有共同兴趣爱好的青年人，他们还可以进行社会问题的讨论，表达自己的观点，这不仅可以激发他们的社会责任感，而且还有助于他们认识到作为社会成员的角色和责任。总之，社会支持为青年人提供了一个安全和积极的环境，使他们能够在线上表露中探索自我、建立关系，并最终培养出对社会的责任感。通过线上与线下的结合，青年可以更好地了解自己的社会角色，为社会的可持续发展贡献自己的力量。

（二）负面影响

削弱现实社交能力。在社会支持下，青年人的线上表露虽然获得了相关的情感和信息上的帮助，但在一定程度上却会削弱青年的社交能力。首先，线上交流的方便性和匿名性让青年人沉溺于虚拟世界的交流中，但是却减少了他们与现实世界交流的机会。长此以往，他们可能会习惯性地依赖这种间接的交流，从而会忽视直接、深入的人际交流。其次，社会支持在线上环境过度集中可能会导致青年降低对现实生活中社交的期待值。当他们在线上表露获得及时的反馈时，他们可能会觉得现实生活中的社交更加复杂，正是这种心理落差使他们更加倾向于在网络这个虚拟社会中社交，而疏离现实世界中的社交。最后，线上表露也缺乏现实社交中的非言语信息和身体语言，这些信息在人际交流中十分重要。长期的线上交流可能会使青年在解读这些语言符号和非语言符号时变得十分生疏，进而影响他们在现实世界中的社交表现。

网络欺凌与负面情绪的扩散。青年在线上进行自我表露时，若缺乏适当的社会支持机制，往往容易成为社会欺凌的对象。首先，网络空间的虚拟性和匿名性削减了现实社会规范的约束，使部分网友在发表言论时缺乏同情心，甚至故意挑衅、嘲笑他人，利用网络空间的匿名性伤害他人。青年人作为互联网中活跃的用户，若其真实情感表露被恶意解读或回应，极易遭受网络欺凌。其次，青年若缺失社会支持可能会增加自己的孤立无援感。青年人面对网络欺凌时，若是缺失家人、朋友等及时的帮助，他们可能会感到更加无助与绝望，这种负面情绪在网络上如涟漪般扩散后，会影响更多人的心理健康。最后，网络环境的复杂性与信息传播速度，使负面情绪能够快速扩散至人群，形成所谓的"网络"暴力，而且青年群体具有紧密连接和高度共鸣的特点，因此这些负面情绪就会像病毒一样传播。如果缺乏有效的社会支持和心理疏导机制，受害者和旁观者难以从中抽离，这会进一步加剧网络环境的恶化。

社会支持的质量与不均衡性。线上社会支持虽然为青年提供了多元化的支持来源，但其质量和均衡性还存在诸多问题。一方面，线上支持缺乏面对面的情感交流和实质性帮助，难以满足青年深层次的需求；另一方面，线上社会支持存在不均衡性，部分青年人可能因为网络素养不足或自己社交能力有限而无法有效获取和利用线上社会支持，一些弱势群体也可能因为家庭经济条件、网络环境等因素的限制而难以享受到线上社会支持的便利。这种社会支持的不均衡性不仅加剧了社会的不公与分化，而且还会对青年的成长和发展带来不利影响。

三、线上自我表露与隐私风险

在数字时代，青年时时刻刻都与网络相连，他们通过微博、微信、小红书、抖音等社交媒体平台分享日常生活点滴、表达个人见解、参与热点话题的讨论。这种高度的线上参与不仅构建了青年人的网络身份，而且也塑造了他们独特的社交生态，但是这一行为也伴随着不容忽视的隐私风险。

个人安全信息泄露。青年在线上表露的过程中，往往会在不经意间泄露个人的敏感信息。究其原因，主要有如下几点。首先，网络安全意识薄弱是其主要原因之一。许多青年在享受互联网带来便利的同时，经常会忽视信息安全的重要性，轻易在抖音、微博、小红书等社交媒体上留下自己的真实姓名、家庭住址、联系方式等敏感信息，这为不法分子提供了可乘之机。[①] 其次，青年人不良的上网习惯容易导致他们个人敏感信息的泄露。例如，随意点击来路不明的网址，未在官方软件商店下载软件，或者参与注册信息获得赠品的网络活动，这些都有可能让不法分子有机可乘。此外，使用安全系数较低的密码、多个账户共用一个密码等不安全的密码管理习惯，也增加了账户被盗和信息泄露的风险。最后，部分青年在追求利益的过程中，可能会选择参与一些违法或高风险的线上活动，如出售个人信息从而获取小额利润、为诈骗团伙提供个人账号等。这不仅会导致个人的信息泄露，而且还有可能触犯法律，面临严重的法律后果，这体现了部分青年人对个人信息保护的重要性认识不足。

数据追踪与滥用。随着互联网的发展，青年人成了网络空间中活跃的用户群体之一，他们在享受线上表露带来便利的同时，也面临着数据追踪与滥用的问题。首先，部分青年隐私意识薄弱，轻易在社交媒体、购物平台等分享个人数据，这些信息不仅方便了朋友之间的联系，还为第三方机构收集用户的数据提供了机会，第三方会钻青年群体隐私保护意识薄弱的空子，追踪和滥用他们的信息。其次，社交媒体平台开发商隐私政策不透明，许多 App 和服务提供商为用户提供的用户协议中包含了复杂的隐私条款，这些条款通常比较长且不易

---

① 董书华，张雪宁．断联与再联：社交媒体可见性调整与自我形象管理——基于对 Z 世代微博小号的使用行为研究［J］．青年记者，2023（22）：55-59.

理解，所以青年人在注册账号时往往不会仔细阅读这些条款，而是直接同意。这就意味着这些开发公司在青年人不知情的情况下就收集了他们的个人信息，而且青年人一般默认确认设置，这进一步增加了个人数据被追踪的风险。最后，社交媒体平台的个性化服务往往根据用户的偏好为青年推送定制化的广告，这种个性化服务，实际上是通过对用户数据进行分析得来的。青年人在网页上的搜索痕迹、购买记录等都会被平台收集，虽然这为用户带来了便利，但同样也意味着个人数据被滥用了，尤其是在没有监管的情况下。

社交圈的缩小。随着互联网越来越便利，青年人也越来越依赖互联网，但现在呈现出的态势是青年人过度依赖线上表露，频繁的线上表露导致他们社交圈缩小。线上交流是在一个虚拟的环境中进行的，虽然社交媒体为其提供了便捷的沟通平台，但仅通过文字、图片、表情包等形式进行交流并不能完全表达深层意思，极易导致沟通的浅层化，正是这种浅层次的表面交流使青年人难以建立深层次、稳固的人际关系。另外，线上社交圈建立的基础往往基于共同的兴趣和话题，并非全面的深入了解。这种"志同道合"的交往方式，虽然能拉近青年人之间的距离，但也容易导致社交圈的同质化，限制青年人接触不同的思想、文化，从而限制了他们的眼界。最后，过度依赖线上表露还可能降低青年人在现实生活中的社交能力。青年在现实世界中交流可能会胆怯，甚至可能失去面对面交流的能力，难以适应现实生活。

情感与心理健康暴露。青年在线上表露中通常表露的内容是自己的情感状态和心理健康状况，他们渴望得到同龄人的认可与共鸣，但是这种分享容易被不良分子利用，导致隐私泄露，从而受到进一步的伤害。另外，青年人在面对学业、就业、人际关系等多重压力时，往往会利用某种方式来释放压力，线上表露则成了主要途径之一。在宣泄情感时，他们就会在不经意间泄露自己的隐私，为潜在的风险埋下了伏笔。为了降低这种风险，青年要增强隐私保护意识，合理利用隐私设置功能，并谨慎分享个人信息和感情状况。

第五节 青年线上表露行为与网络社会心态的互动机制

互联网的发展速度势不可挡，青年表露行为逐渐从线下转变为线上，他们的种种表露行为不仅映射出其在日常生活中纷繁复杂的个性化情感，还展现了该群体在表达社会心态上的基本特性。一方面，在互联网公共意见环境中呈现的青年表露行为，反映了群体社会心态的基本特征，彰显了群体情绪宣泄的动态法则；另一方面，网络社会心态又引领及塑造青年群体线上表露行为。二者呈现出相互影响、相互交织的互动关系。

传统表露行为以面对面为主，青年之间的信息交流主要靠语言符号和体态符号进行，并受时间与空间等因素的限制。中国移动研究院 2022 年 11 月发布的《中国青年数字发展报告》显示，青少年群体互联网普及率达到 95.3%，高出全国总体水平 22.3 个百分点。数字媒介的发展拓宽了信息传播路径，丰富了信息交流形式，打破了表露行为的时空限制，使青年群体表露行为呈现出多样化、复杂性、数字化等特征。

一、线上表露行为的信息传播路径

（一）信息发布：社交平台的选择与使用

社交媒体平台为用户提供了全新的自我展演舞台，同时通过点赞、评论、分享、私信等多种互动方式，极大地增强了用户之间沟通交流的便捷性，提升了用户使用体验。青年群体作为当前社交媒体领域的核心用户，主要通过微信、微博、抖音等平台获取信息、表达观点、展现自我。在社交媒体平台上，青年群体在一定程度上打破了传统主流文化的垄断地位，可以基于共同的兴趣爱好、价值观念或其他因素形成各种社区，高度自由地进行自我表露。这种网络社区为青年提供了更具专业性和开放性的交流空间，有助于在最低限制条件下充分地进行交流。

（二）信息流动：个性化推荐

信息流动作为信息传播的中介环节，具有不可忽视的重要意义。算法推荐下的信息流动是一个复杂而高效的过程，极大地改变了网民获取和接收信息的方式，在青年群体信息传播过程中既有积极作用，又存在消极影响。在积极方面，算法推荐技术能够根据用户的浏览和互动历史，提供个性化的内容，使青年群体在纷繁复杂的网络时间内，更容易接触符合自己兴趣和需求的信息，从而改变他们的信息获取方式。在消极方面，算法推荐可能导致信息茧房效应，即用户被限制在与自己观点相似的信息环境中，导致青年群体的视野狭窄，不对不同观点和信息进行接触。此外，算法推荐可能使青年过度沉浸于自己偏好的信息世界中，导致社交活动变得单一和狭窄，影响他们的社会交往和人际关系。

（三）信息反馈：可控性与保护机制

在传播过程中，受众可以通过点赞、评论、转发等方式对接收到的信息进行反馈，这些反馈是对信息发布者的一种回应和支持，会对信息的进一步传播和扩散产生影响。与传统反馈方式具有显著区别，当前青年对线上表露后得到的反馈具有明显的可控性。通过设置可见范围、隐私权限、筛选评论等方式来管理自己的社交圈子，青年群体能够更加自主地选择自己想要接收的反馈信息。比如，"不好的评论我会删"反映了在面对攻击性、侮辱性或不真实的负面评论时，青年群体可能会感到受伤、愤怒或不安。他们删除这些评论可以视为一种自我保护的行为，旨在减少这些负面情绪对自己的影响，维护自己的情感健康。

二、线上表露行为的情感互动模式

线上表露行为忽略了"身体在场"的条件，一改往日面对面接触的互动情境，转向基于互联网中介的非接触式互动情境。因此，线上情境中的互动要想获得与线下互动一样生动的情感传播效果，首先需要建立互动双方的共在感知，若没有这种共在感知，即使网络传播速度再快，也难以形成有效的互相关系与情感。① 青年群体线上表露行为的情感互动模式在当前社会环境中呈现出多样化的特征，这些模式不仅反映了青年人的情感需求，还体现了其在线上社交空间中的行为习惯。以下是对青年群体线上表露行为的情感互动模式的详细分析。

（一）炫耀性情感互动模式

以往情感的表达具有一定程度的封闭性，往往被限制在家庭、朋友等小范围内。如今，青年群体在社交平台上经常采用更为公开的情感表露模式，即通过发布朋友圈、微博等方式，将自己的日常生活及情感状态传递给不同范围的受众。曾经可能被视为私密或谨慎的话题，如今已成为青年间交流的一种常态话题。不同阶层、不同职业和不同兴趣爱好的用户群体，在自我呈现、寻求关注、渴望赞美的情感驱动下，倾向通过"网晒"，将网络社交变成一种目的性、功利性、炫耀性的社交行为，实现个人形象整饰，完成自我营销。② 这种"网晒"文化背后折射的炫耀行为，可能会改变青年群体的时空观，诱发个人无限

① 骆正林. 网络流行语背后的青年社会心态 [J]. 人民论坛，2022（10）：80-83.
② 诸葛达维. 线上情境中的互动仪式机制研究 [J]. 未来传播，2021，28（06）：10-15.

的欲望和攀比心理，甚至不断强化青年群体内部的焦虑情绪。因此，青年人在复杂的网络环境中需要把握表露行为的度，将大部分的时间、精力集中在关注自我信念、愿望和目标上，尽可能避免陷入焦虑"黑洞"中。

（二）聚合性情感互动模式

青年网络社群突破了传统以血缘、地缘为纽带建立的关系，转化为虚拟网缘关系为纽带的网络社群，形成以信息获取和情感交流为目的的社群，以兴趣和心理认同为共鸣的新型社会关系。例如，一些比较活跃的青年网络社群有怪兽部落，在重庆地区有较大的影响力，以阅读、运动、正念为核心项目。太美好城市青年社群，以展览、音乐会、花道、壁画体验、戏剧围读和展演等为主要活动。对青年群体而言，这种聚合性的线上情感互动模式，在一定程度上是一种对现实生活中缺失的亲密关系的弥补，是对"群体性孤独"等社会现状的缓解。借助网络虚拟场域形成的"远程亲密感"，个体依赖他人的情感，满足了自己在现代化、原子化浪潮下的个人情感需求。① 在这个过程中，青年人更容易聚集与自己情感状态相似或经历相似的朋友，从而产生情感共鸣，不断加深彼此之间的情感，增强社交支持感。

（三）夸赞性情感互动模式

2019 年，夸夸群在微信、微博等平台蹿红，群内成员通过互相吹捧、夸赞的方式，营造出一种积极向上、和谐友爱的氛围。一方面，在中国传统文化的教育模式、人际交往方式中，无限的正面褒奖和夸赞元素并未居于主流，夸夸群为青年群体提供了一种特殊的情感支持方式，这种支持有助于青年人在面对挫折或压力时保持积极的心态；另一方面，在夸夸群中，青年人还可以进行自我展演和印象管理，精心挑选真实事件求夸，塑造个体形象，从而获得他人的认可和赞赏，这种自我展演的过程也是一种情感上的满足和享受。

夸夸群主要进行积极正面的情感传播，群成员在不经意间形成了情感惯性，对意见产生了群体共鸣，在心理上形成了趋同，增加了成员对夸夸群的情感依赖。但群内成员复杂多变，夸赞内容和语言却存在千篇一律的趋势，且某个成员求夸的过程极易被打断甚至被淹没，导致夸赞数量减少、活跃度降低等。

---

① 陶凤. 聚合与共鸣：青年网络社群建构困境与路径［J］. 新闻爱好者，2021（06）：36-39.

（四）负面性情感互动模式

元宇宙、VR、赛博游戏等技术的发展，使青年人随时在虚拟与现实之间切换成为可能，在延展自己生活空间、丰富角色体验的同时，也逐渐突破虚拟与现实的界限，造成青年群体在心理、情感上的焦虑。"摆烂""孔乙己的长衫""脆皮大学生"等多元符号表达的背后，反映青年群体对现实环境的迷茫、无奈等焦虑情绪，这也是其在数字社会转型中通过自嘲释放压力的重要形式。在数字社会的治理下，每一个群体，尤其是处于人生发展初期的青年群体都面临着极大的竞争压力。想要与他人在内卷和竞争中获胜，青年人只能不断地学习并创造新的价值，在这个过程中他们不断地消耗自己。因此，在时间和精力有限的情况下，青年人较难通过线下进行长时间、不间断的情绪宣泄，转而利用碎片化时间在网络空间中进行负面情绪的表露。

三、线上表露行为的社会认同路径

社会认同理论（Social Identity Theory，SIT）是由英国社会心理学家亨利·塔菲尔（Henri Tajfel）和约翰·特纳（John Turner）在 20 世纪 70 年代提出的。该理论认为，社会认同主要由类化、认同和比较三个基本历程组成。通过这些历程，个体不仅将自己编入某一社群中，还认为自己拥有该社群成员的普遍特征，并评价自己认同的社群相对于其他社群的优劣、地位和声誉。这一理论试图解释个体如何从其所属的群体中获得认同感，以及这种认同感如何影响他们的态度和行为。青年群体线上表露行为的社会认同是一个复杂而多元的过程，以下是对这一路径的详细分析。

（一）个人层面的认同构建：自我呈现与形象塑造

青年阶段是形成价值观念、建构自我认知的重要阶段。在数字媒体产生前，青年自我呈现主要是通过具体的实践活动进行，如刻苦学习、勤俭节约等，这种信息传播主要依靠口语传播和传统媒体。在数字景观条件下，有关自我信息呈现与形象塑造的形式，从文字、图像演变为语音、动图、视频，形成了一种网络景观，如火如荼的朋友圈、微博、网络直播、抖音、小红书等成为全新展现渠道。

数字景观开辟了青年追求社会认同和确认身份归属的虚拟空间，为自我呈现提供了新的实现方式，有效释放了正能量。这种意识的自我呈现，也许有虚构和夸大的成分，从而让人产生错觉，似乎堆叠出来的景观等同于青年的真实呈现，这会造成青年被景观吞噬，从而产生各种异化现象。①

（二）群体层面的认同构建：意见领袖与群体极化

拉扎斯菲尔德提出的意见领袖概念在网络环境下转换为网络意见领袖，与传统社会意见领袖一样，网络意见领袖与其影响者处于同一群体并拥有共同的兴趣爱好。他们所属的同一群体是存在于网络社会的虚拟群体，这些群体是基于共同兴趣而建立的。超出青年群体有限感知的信息及意见，需要意见领袖的信息提示，这反映出青年群体通过意见领袖在线上寻求群体认同的路径。不同类型的意见领袖对青年群体的观念、态度、行为会产生不同程度的影响。

其中，专家学者型的网络意见领袖的影响力最大，22.9%的青年网民选择了专家学者，其次是党政领导（17.4%），随之是娱乐明星（16.7%）。② 受制于实践经验、思维认知，在意见领袖及群体压力的作用下，青年群体渴望被群体接纳，避免遭受群体的抨击，极易产生顺从心理及群体极化现象。

（三）社会层面的认同构建：社会规范与政治认同

青年群体的线上表露行为也受到社会规范和价值观念的制约和影响。当他们的行为符合社会主流价值观时，他们更容易获得社会的认同和赞赏；反之，则可能遭受质疑和批评。因此，青年群体在进行线上表露时，会不自觉地遵循社会规范和价值观念，来寻求社会的认同和接纳。在社会认同中，政治认同是核心问题，一般是指"人们在社会政治生活中产生的一种情感和意识上的归属感"③。从青年群体线上表露行为的实践来看，青年群体在政治认同方面展现出积极向上的态势。

一方面，青年群体普遍展现出对国家制度的高度认同，坚信中国特色社会主义制度具有显著优势，能够有效应对国内外各种风险挑战，促进国家持续健康发展，认同国家治理体系和治理能力现代化进程，支持并积极参与国家建设和发展；另一方面，青年群体热爱中华优秀传统文化，尊重革命文化和社会主义先进文化，对中华文化充满自信和自豪，通过传承和创新，推动中华优秀传统文化的创造性转化和创新性发展，让世界更加了解中国、认同中国。

---

① 余树英. 不同类型网络意见领袖的影响力及发生机制［J］. 中国青年研究，2018（07）：90-94.

② 吴海婷. 大学生在微信"朋友圈"的自我表露及其动机研究［J］. 思想理论教育，2017（03）：92-96.

③ 该书编委会. 中国大百科全书·政治学［M］. 北京：中国大百科全书出版社，1992：501.

第六节 实证研究：青年社交媒体自拍行为与社交焦虑的关系研究

一、研究背景

伴随着社会化媒介的发展，社交媒体融合了多种信息传播方式，改变了人际传播中人与人的互动形态，构建了真实的网络虚拟空间。通过社交媒介的使用，越来越多的人获得了文化参与的机会、消费的机会和生产创作的机会，在这些机会中实现了自我形象的建构。对于作为"网络原住民"的青年群体而言，他们在社交媒体中的自我呈现是伴随着目的和技巧的，为了影响他人对自己的印象，塑造积极的个体形象，他们通常会采取一定的策略。在这一过程中，"自拍"是青年群体进行自我呈现和印象管理的重要手段。①

在数字化空间中，数据化身体是个体身体意象呈现的重要方式，例如，个体通过自拍照片或视频记录自己的样貌、体态和行为，这是数字化生存中常见的数据化身体表演。自拍图像已经成为他们生活、社交、休闲娱乐的新型表达方式，折射出青年群体在社交媒体环境下自我表达欲望的释放，这是一种数字化身体参与社交互动的新型社交策略。②

所谓自拍，是指个体通过数码相机、智能手机、平板电脑等带有摄像头装置的设备拍摄自己，而发布行为是指个体将自拍照片发布在社交媒体上进行展示、记录或分享，获得点赞和评论，如此形成一个自拍周期。部分个体为了达到更好的呈现效果，还会通过数字化编辑技术对自拍加以精心调整与修饰。时至今日，自拍已经成为普遍、流行的跨文化趋势。③

---

① LEE M, LEE H. Can Virtual Makeovers Using Photo Editing Applications Moderate Negative Media Influences on SNS Users' Body Satisfaction? [J]. Canadian Journal of Behavioural Science, 2019, 51 (4): 231-238.

② TIGGEMANN M, ANDERBERG I, BROWN Z. Uploading Your Best Self: Selfie Editing and Body Dissatisfaction [J]. Body Image, 2020 (33): 175-182.

③ ETGAR S, AMICHAI-HAMBURGER Y. Not All Selfies Took Alike: Distinct Selfie Motivations are Related to Different Personality Characteristics [J]. Frontiers in Psychology, 2017 (8): 842.

然而，随着人们对自拍这一现象的沉浸，由此带来的个体外貌形象和相关身体感知导致的社会问题层出不穷，不仅助推了青年群体不成熟的审美和畸形心理的形成，还导致家庭亲子间幸福感的降低、负面的身体满意度和消极的社交心理等，引起了社会各界的广泛关注。根据 Festinger 提出的社会比较理论，社交媒体的参与程度会让个体产生较高的社会比较心理，尤其是社交媒体中的自我表露行为会让个体更加注重自己的外表以及他人对自己身体状况的评价。社会比较心理程度高的个体将会影响负面身体意象的形成，由此个体在社交过程中会对他人给予的负面或消极评价产生担忧和恐惧的心理，进而引发社交焦虑。

因此，本研究希望探究线上特定的自我表露行为与社交焦虑的关系，同时验证社会比较和身体意象的序列中介效应。通过对青年自拍相关行为与社交焦虑的研究，明确个体在社交媒体上的自拍相关行为、身体意象与社交焦虑的关系。对该问题的探讨有助于研究者从理论上厘清青年群体自拍相关行为是如何影响其社交焦虑的内在心理机制的，为青年消极身体感知等不良社交情绪的预防和干预提供理论依据。对自拍行为和社交焦虑的关系这一问题的详细讨论，是后工业化时代信息传播效果的重要议题，这个命题与人类媒介化社会的发展路径有关。对急遽变迁的消费社会来说，关注青年群体身体感知、社交心理，培养良好的自我意识，树立健康的身体自我观念和社交心理，具有独特的理论意义与现实意义。

二、文献综述

（一）技术媒介下的社交焦虑：研究发现与争议

焦虑是指人们在预见可能发生糟糕或者预知产生威胁的事情后产生的负面情绪状态，常常会伴随紧张不安、恐惧的情绪。社交焦虑的概念，最初被认为由评价焦虑和回避与苦恼两部分构成，分别代表个体害怕他人的负面评价以及个体在真实的社交场景中对社交行为的逃避心理。[①] 社交媒体的出现丰富了人们的社会交往方式，为人们的印象管理和相互交流提供了新的机遇。人们在社交媒体上可以选取照片、表情符号来进行选择性的表露，这使自我重塑成为可能。

---

① WATSON D, FRIEND R. Measurement of Social – Evaluative Anxiety [J]. Journal of Consulting & Clinical Psychology, 1969, 33 (4)：448.

一些研究表明，人们在线上参与交流时，社交焦虑感会明显下降，如在面对面交流时，一方的焦虑感会被对方明显感知到，从而影响双方谈话，这就解释了在以计算机为中介的交流方式（CMC）中，临场感和即时社交情境的缺乏可以降低社交焦虑的负面影响。同时也有研究证明，在 CMC 中，高焦虑的个体控制感更强，也会更加认可自己的社交行为。① 这些研究说明，社交媒体能够加强个体的印象管理和自我效能感，也能缓解线下社交的不安和焦虑，有利于个体塑造自我身份，能展现自己积极理想的一面，降低自我表露的风险，获得积极的网络社会支持。因此，在这一研究范式下，网络上人们的社交焦虑感较现实更少。

然而，关于社交媒体下的社交焦虑，更多的实证研究结论不容乐观。首先，先前的研究证明，社交媒体有利于提升个体印象管理的自我效能感，但这并不意味着社交媒体的使用会减轻社交焦虑感。Erwin 和 Turk 等早先对大学生调查发现，现实社交焦虑水平与在线社交时间存在显著的正相关。社交媒体能够缓解现实压力，但会成为人们逃避现实的工具，阻碍个体社交技能的发展，使个体在现实交往中体验到更强的焦虑情绪。其次，不少在现实中社交焦虑程度高的个体在使用社交媒体的过程中依然会有线上社交焦虑的特性，线上活动会让社交焦虑更明显。

同时，社交媒体中的信息会使个体过度关注社交情境中自我的行为表现，社交焦虑倾向会更严重。人们在游戏上花费的时间和社交焦虑呈正相关关系。有研究证明，经常使用社交媒体的用户会产生别人比自己优秀、幸福等不合理信念，会有社会比较等心理，并由此导致焦虑、抑郁等情绪。②

（二）自拍相关行为的研究现状

根据 Goffman 提出的印象管理理论，人们在社交环境中展示自己的形象和身份相关信息，而发自拍是一种高效的自我表达、印象管理的方式。探讨发布自拍动机的研究也表明，人们在意社交网络中他人的意见，并且会通过展示积极自我的方式来进行印象建构和管理。印象管理理论还提出，管理形象往往包括

① SHALOM J G, ISRAELI H, MARKOVITZKY O. Social Anxiety and Physiological Arousal During Computer Mediated Vs. Face to Face Communication [J]. Computers in Human Behavior, 2015 (44): 202-208.

② SHAW A M, TIMPANO K R, TRAN T B, JOORMANN J. Correlates of Facebook Usage Patterns: The Relationship Between Passive Facebook Use, Social Anxiety Symptoms, and Brooding [J]. Computers in Human Behavior, 2015, 48 (7): 575-580.

"台前展示"和"幕后准备"两个部分，自拍也是如此。

所以，人们在社交媒体上发布自拍并不是一种单一的行为，而是由多个行为构成的一个连续过程。具体来看，这个过程除了发布自拍这一"台前展示"外，还包括发布自拍之前的挑选自拍和编辑自拍等"幕后准备"。与自拍相关的活动包括以下三类：拍摄自拍照、发布自拍照、自拍照编辑。①

有研究指出，照片投资（photo investment）和照片处理（photo manipulation）也是照片发布的两个方面。其中，照片投资反映了一个人对照片质量的关注，以及在相关分享之前选择自我照片的努力，如选择照片的时间。与照片投资相关的照片处理，指分享之前改变照片元素，如人的特征，把自己修得瘦一点。以往研究发现，社交媒体上的信息发布和信息浏览行为会给人们造成不同的心理影响。研究者在自拍情境下也发现了类似的现象，如浏览自拍和发布自拍与身体自尊呈负相关关系。

目前，国内外对自拍行为的测量，主要测量的是社交网站中发布自拍照片的频率。其问卷题目较少，比较单一，忽略了自拍者对自拍照的投入。目前，关于自拍行为的研究，仍缺乏精确有效的测量工具。当下，该研究主要集中在两方面：一是人格特质与自拍行为的关系，二是人们对自拍行为的看法。国外也有研究开始关注自拍行为对个体的不良影响，如过度自拍导致的"自拍成瘾"②，以及女性自拍行为对自我客体化和心理健康的影响等③。学界目前对自拍行为依旧缺乏系统的实证研究，且对自拍对个体的不良影响的研究涉及较少，缺乏对自拍行为可能带来不良影响的保护性因素的探索。

（三）关于社会比较的相关研究

社会比较理论于1954年首次提出，该理论认为每个人都有评估自身的能力，这种评估需求是要在外界具备一定的参照体系和客观标准下进行的，如果所存在的环境不存在这种评判标准，个体会为了提高自身对评估的准确性，出

---

① DHIR A, TORSHEIM T, PALLESEN S, et al. Do Online Privacy Concerns Predict Selfie Behavior among Adolescents, Young Adults and Adults? [J]. Frontiers in Psychology, 2017, 8 (815)：1-12.

② STARCEVIC V, BILLIEUX J, SCHIMMENTI A. Selfitis, Selfie Addiction, Twitteritis：Irresistible Appeal of Medical Terminology for Problematic Behaviors in the Digital Age [J]. Australian & New Zealand Journal of Psychiatry, 2018, 52 (5), 408-409.

③ COHEN R, NEWTON-JOHN T, SLATER A. 'Selfie'-objectification：The Role of Selfies in Self-Objectification and Disordered Eating in Young Women [J]. Com Uters in Human Behavior, 2018, 79：68-74.

现与他人进行比较的倾向。

　　个体较为看重自身和外界进行比较后的结果。通常进行社会比较之后，个体如果优于他人，在资源、财富、样貌、条件等方面比他人强，就会感到满足，产生幸福感，反之则幸福感降低，产生焦虑、抑郁的情绪。伴随社交媒体的兴起，此类社会比较也被转移、延伸至线上。社交媒体为人们开展线上社会比较提供了一片肥沃的土壤，具有鼓励用户积极发布个人信息并与他人分享的强大功能，使社会比较的客体目标可以通过发布信息来达到，增加了社会比较发生的可能性。研究表明，个体在线上产生的社会比较意向相比线下更加强烈，部分原因在于社交媒体平台能够帮助人们轻易表现自身理想化形象，其为个体提供了充足的"准备时间"，用户能够有策略性地对自拍或是其他能够展现美好生活经历的照片，进行细心编辑和精心拣选后再公之于众。人们在浏览他人精心展示的动态时会自动产生与他人比较的想法，进而产生嫉妒、孤独感、社交焦虑等一系列消极情绪，严重妨碍个体正常发展。①

　　当前，社会比较理论应用在自拍行为研究及其相关议题的研究当中，视角多元、丰富。其研究主要从以下几个方面展开：1. 与自拍行为直接相关的外貌比较；2. 自拍在社交媒体上呈现由此诱发的社会比较包括获得的反馈比较；3. 社会比较带来的自拍编辑、身体意象水平变化等行为的研究。实证研究表明，外貌比较是浏览自拍和消极身体意象之间的中介因素。Yang 等人通过研究发现，发挥中介作用的外貌比较在浏览自拍与相貌不满这两个变量间起正向作用，研究者认为这种影响会直接体现在个体的网络呈现上。② Chang 等人通过问卷研究发现，作为中介作用的外貌比较在编辑自拍和消极身体自尊之间起中介作用。③在社交媒体自我呈现诱发的社会比较研究中，Shin 和 Kim 等人研究了自拍对自拍发布者的影响，其中就以社会比较理论为基础，研究了"社会敏感性"和

①　ROZGONJUK D, RYAN T, KULJUS J K, et al. Social Comparison Orientation Mediates the Relationship Between Neuroticism and Passive Facebook Use ［J］. Cyberpsychology, 2019 （1）：1-32.

②　YANG J, FARDOULY J, WANG Y, et al. Selfie-Viewing and Facial Dissatisfaction Among Emerging Adults：A Moderated Mediation Model of Appearance Comparisons and Self-Objectification ［J］. International Journal Environmental Research & Public Health, 2020, 17 （2）：672.

③　CHANG L, LI P, LOH R S M, et al. A Study of Singapore Adolescent Girls' Selfie Practices, Peer Appearance Comparisons, and Body Esteem on Instagram ［J］. Body Image, 2019 （29）：90-99.

"自尊"两个因素。实验证实自拍行为会增强个体与他人的社会比较。① Lee，Kim 和 Chock、牛更枫等人研究表明，个体在进行社交网络自我呈现时，由于他人呈现信息的可见，会诱发其社会比较心理，从而诱发心理或行为上的消极影响。② 有研究发现在呈现方式的变化上，Vogel，Kim 和 Chock 认为，个体看见他人的网络呈现从而诱发的社会比较会导致个体自身的网络呈现方式发生变化，具体可体现在 Chua 和 Chang，De Vries 等的研究上。由于社交媒体反馈可见性的特点，个体会将自身得到的反馈与他人的进行比较，确认自身获得的认可度，从而调整自己的行为。③

（四）身体意象的相关研究

身体意象的概念在 20 世纪中期被提出，最初被认为是个体在脑海中为自身形体构建的图画。身体意象（Body Image），又称为体像，是指个体对自我身体的评价和感知，涵盖身体的生理功能特征以及个人对这些特征的态度。身体意象可分为积极身体意象和消极身体意象，当个体对自己的身体持负面评价，并感到不满意时，个体便产生了消极身体意象。

有研究对多维度身体意象关系问卷（MBSRQ）进行探索性分析之后，认为身体意象是一个多维度的概念，个体对外表的感知与评价、思维的控制、情绪的变化及行为的表现，都是其身体意象的体现。④ 目前，学者们比较倾向"多维度概念"这一说法，即个体的身体意象由生理、心理及社会的相互作用而逐渐形成，各个维度中最受认可的维度是认知、情绪及行为。一般来说，身体的外貌特征、体型体态、机能健康、情绪和情感，以及由此产生的行为构成了身体意象。身体意象维度与结构的复杂性，衍生出诸多与之相关的不同研究方向的研究术语，如身体满意度、积极身体意象、消极身体意象、负面身体自我、身体意象失调、体像障碍等。

---

① SHIN Y, KIM M, IM C, et al. Selfie and self: The Effect of Selfies on Self-Esteem and Social Sensitivity [J]. Personality and Individual Differences, 2017 (111): 139-145.
② 刘庆奇，牛更枫，范翠英，等. 被动性社交网站使用与自尊和自我概念清晰性：有调节的中介模型 [J]. 心理学报，2017，49（01）：60-71.
③ CHUA T H H, CHANG L. Follow Me and Like My Beautiful Selfies: Singapore Teenage Girls' Engagement in Self-Presentation and Peer Comparison on Social Media [J]. Computers in Human Behavior, 2016 (55): 190-197.
④ CASH T F, FLEMING E C. The Impact of Body Image Experiences: Development of The Body Image Quality of Life Inventory [J]. International Jounal of Eating Disorders, 2002, 31 (4): 455-460.

三、研究问题与研究假设

(一)自拍相关行为与社交焦虑

学界当下针对自拍这种特殊的自我呈现行为对社交焦虑的影响研究存在不足，但自拍行为与社交心理又息息相关。有研究认为，自拍是为了获得同伴的认同，青年亚文化有着强调休闲、重视同伴且具有创造性的特点，他们与同伴分享自拍心得、钻研自拍角度，都是一种建立人际关系与获得同伴认同的方式。自拍行为在本质上也是一种个体应对社会期待的行为，根据社交焦虑的认知行为模型，社交焦虑的根源是个体对社交情境中负面评价可能性的评估，即当个体进入可能存在负面评价的社交情境中，会产生社交焦虑。因此，当个体的自拍图片和现实自我存在差异，或者社会比较的心态的膨胀时，线上自我呈现与社交焦虑相关。① 基于此，本部分提出以下研究问题和研究假设。

研究问题一（R1）：青年群体社交媒体自拍相关行为和社交焦虑心理之间的关系如何？存在着怎样的深层次影响机制？

假设一（H1）：青年群体社交媒体自拍相关行为显著正向预测社会比较和社交焦虑。

(二)社会比较的中介效应

自拍行为程度高的个体会为了更理想的在线自我呈现、避免获得不良的评价，产生照片编辑行为②，他们渴望寻求更多曝光和自我表露的机会。自拍照片是个体印象管理和塑造自我形象的关键，他们通常更迫切地希望获得他人积极的评价，他人的反馈是影响自我评价的关键。

同时，自拍作为一种社交媒体上特殊的自我表露行为，会提高个体的自身关注度，过度关注自我身体外貌信息的个体会顺势产生与他人比较的心理，进

---

① VERDUYN P, LEE D S, PARK J, et al. Passive Facebook Usage Undermines Affective Well - Being: Experimental and Longitudinal Evidence [J]. Journal of Experimental Psychology, 2015 (144): 480-488.

② BELL B T. "You Take Fifty Photos, Delete Forty Nine and Use One": A Qualitative Study of Adolescent Image - Sharing Practices on Social Media [J]. International Journal of ChildComputer Interaction, 2019 (20): 64-71.

而降低个体身体满意度并生成抑郁情绪。① 社会比较是个体为获取客观确切的自我评价，基于观点与能力两个维度与他人进行对比的过程，现实生活中的社会比较对个体的身体意象、心理情绪等都有巨大的影响。基于此，本部分提出以下研究问题和研究假设。

研究问题二（R2）：青年群体社交媒体自拍相关行为是否能够预测社会比较心理，进而导致个体消极身体意象，从而预测社交焦虑心理？

假设二（H2）：青年群体社会比较程度显著正向预测社交焦虑程度，即社会比较程度越高，社交焦虑程度越高。

假设三（H3）：社会比较程度在青年群体社交媒体自拍相关行为对社交焦虑的影响中起中介作用。

（三）身体意象的中介效应

近几年的研究表明，花在社交媒体上的总时间与更高的身体意象或相貌不满意水平之间没有关联，而是社交媒体中涉及外貌的行为（如自拍）对个体身体意象或面部不满才有影响。有的研究论证了自拍活动越多，身体意象越消极的结论。

同时，相关研究证实个体身体意象与社交焦虑息息相关。例如，对现实身体不满的个体会产生更多的社交回避行为，个体的身体监测可以预测社交焦虑。负面的身体意象不是单一片面的结构，包括身体意象失调、消极身体满意度或者身体意象扭曲等，负面意象与社交焦虑呈正相关。② 基于此，本部分提出以下研究假设。

假设四（H4）：身体意象显著负向预测社交焦虑，即身体意象越消极社交焦虑程度越高。

假设五（H5）：身体意象在青年群体社交媒体自拍相关行为对社交焦虑的影响中起中介作用。

（四）社会比较与身体意象的序列中介效应

根据媒体体象理论，媒体呈现的内容常常是有理想化偏向的。与之相似，

---

① LEE M, LEE H H. Can Virtual Makeovers Using Photo Editing Applications Moderate Negative Media Influences on SNS Users' Body Satisfaction? [J]. Canadian Journal of Behavioural Science, 2019, 51 (4): 231-238.

② BIJSTERBOSCH J M, VAN DEN BRINK F, VOLLMANN M, et al. Understanding Relations Between Intolerance of Uncertainty, Social Anxiety, and Body Dissatisfaction in Women [J]. The Journal of Nervous and Mental Disease, 2020, 208 (10): 833-835.

人们在社交媒体上进行自我披露的过程中也会倾向选择理想化的部分，并对自己的形象进行一定程度的美化处理。此外，根据社会比较理论，人们倾向选择与自己条件相似的个体进行比较，如相同的社会阶级、类似的家庭和学历背景。

在社交媒体平台上，人们接触最多的正是这些容易产生社会比较的人。同时，研究表明社会比较与负面身体意象呈显著相关，更多的社会比较会带来更多的身体不满，影响积极身体意象的形成。该研究表明社会比较在性别上差异显著，女性比男性更容易受社会比较的影响。综合这两个理论，个体在社交媒体平台参与自拍等相关行为活动时，会不自觉地产生社会比较，进而对自己的外表不满，引发社交焦虑等负面情绪。基于此，本部分提出以下研究假设。

假设六（H6）：社会比较程度和身体意象在青年群体社交媒体自拍相关行为对社交焦虑的影响中起链式中介作用。

四、研究设计和数据收集

（一）研究设计

本研究采用质性相关方法和问卷调查法。首先，在质性分析部分，本研究对青年群体的社交媒体自拍相关行为进行了参与者观察和深度访谈，通过对其自拍行为和社交行为的观察，掌握其自拍行为和自拍发布状态以及社交行为的状态。然而，这项观察只能大致了解他们的日常社交行为，不能更深入地了解他们的心理动机。

因此，本部分选择了 20 名具有高度合作意愿的参与者进行半结构化深度访谈，研究问题是根据先前的研究设计的，访谈在网上和线下进行。质化研究的目的是寻找变量间的相关关系，辅助解释相关的研究假设。著者要了解青年群体背后更深层次的自拍心理动机、身体意象感知以及相关的社交心理。访谈内容包括他们的社交媒体使用经历、社会比较和社交焦虑的深层心理机制。

其次，问卷调查的研究对象是 18—35 岁的年轻社交媒体用户，因为青年群体的年龄定义没有统一的标准，根据世界卫生组织对青年的年龄定义，18—44 岁的人被视为青年群体。参照中国的国情以及前人关于青年群体的相关研究，本研究选取的研究对象为 18—35 岁的青年群体，本研究选择的受试者与青年组的年龄范围一致。本研究通过微博、微信、朋友圈以及 QQ 社群进行线上调查，调查范围涉及整个中国。受访者将会被提前告知研究的匿名性，为保证量表题项语义和结构的严谨，确保待测项目的聚合效度与区分效度，特邀请 16 位硕士生和博士生参与问卷的预调查过程，他们围绕容易出现歧义和理解不畅之处进行细致讨论，并予以适当修改与调整。

（二）研究工具

1. 自拍相关行为测量量表

自拍行为测量量表以个体自拍的频率和发布的个数为基础，参考学者 Lee 编制的 SNS 中身体外貌信息发布行为的量表。[①] 测量参与者发布行为程度，同时也根据中国青年人自拍行为的实际情况，对量表进行改编，编制了 7 个题项测量个体的自拍发布行为，包括个体自拍行为的具体频率（如上一周平均每天自拍的张数、花费的时间）、发布程度（如发布一张自拍照片、发布一张腰部及以上可见的照片、关注他人对自己照片的评论）、对自拍发布行为融入个体生活的程度和对个体自拍的依赖程度等。每题项按照 7 级量表进行计分，对题项进行均值处理，分值越高，表明受访者在社交媒体上的自拍行为程度越高。同时，对此量表进行内部一致性系数分析，其 α 为 0.884，探索性因子分析结果良好。

2. 社会比较测量量表

当下关于社会比较的研究，问卷调查法是较为普遍的测量方式，现有文献中使用频率较高的社会比较问卷，是 Gibbons 在 1999 年提出的社会比较倾向量表。[②] 同时，根据本研究的研究需要，将增加外貌比较这一维度，采用 O'Brien 等人编制的"上行外貌比较量表"[③]，对相关测量题项进行补充和丰富，如"我会跟那些比我好看的人做比较，而不是那些不如我好看的人"。每题项按照 7 级量表进行计分，对题项进行均值处理，分值越高，表明受访者社会比较程度越高。同时，对此量表进行内部一致性系数分析，其 α 为 0.823，探索性因子分析结果良好。

① LEE M, LEE H H. The Effects of Sns Appearance-Related Photo Activity on Women'S Body Image and Self-Esteem [J]. Journal of the Korean Society of Clothing and Textiles, 2017, 41 (5)：858-871.

② GIBBONS F X, BUUNK B P. Individual Differences in Social Comparison：Development of a Scale of Social Comparison Orientation [J]. Journal of Personality and Social Psychology, 1999 (76)：129-142.

③ O'BRIEN KS, CAPUTI P, MINTO R, et al. Upward and Downward Physical Appearance Comparisons：Development of Scales and Examination of Predictive Qualities [J]. Body Image, 2009, 6 (3)：201-206.

3. 身体意象测量量表

关于身体意象的测量，本研究选取美国心理学家 Cash 编制的多维度自我体象关系问卷（The Multidimensional Body-Self Relations Questionnaire，MBSRQ）。这个问卷被广泛应用于身体意象的相关研究中，尤其是青年群体，此量表分为外貌评估与倾向（如自己外貌是否具有吸引力、对自己的长相是否满意）、舒适评估与倾向（如自己关于身心健康、自我竞争力以及压力评估的感受）、健康与疾病评估（如对自己身体健康和有无疾病的自我判断）、身体满意度（如身体部位满意度与相貌评估）、超重评价与自我分类（如对自己的体重的看法，判定自己体重为低体重或者超重）。每题项按照 7 级量表进行计分，对题项进行均值处理，分值越高，表明受访者身体意象程度越高。对此量表进行内部一致性系数分析，MBSRQ 全部维度的分量表都具有很好的信度和效度。其 α 为 0.781，探索性因子分析结果良好。

4. 社交焦虑测量量表

本研究关于社交焦虑量表的选取，首先根据 Leary 编制的交往焦虑量表（IAS），测量社交焦虑主观体验倾向，此量表经过实证检验具有良好的信效度，同时，选取了 Watson 和 Friend 编制的社交回避及苦恼量表（SAD）[1]，这个量表包含社交回避（回避社交活动的倾向）和社交苦恼（个体在社交交往时的感受）两个因子。同时针对青年群体，研究者 La Greca 等人根据青年群体的特殊性设计了青年社交焦虑量表（SASC）。[2] 其包括害怕否定评价、社交回避及苦恼等维度（如害怕否定评价、与人交往的逃避心理、社会交往倦怠与逃避、与人交往的苦恼情绪等）。每题项按照 7 级量表进行计分，对题项进行均值处理，分值越高，表明受访者社交焦虑程度越高。同时，对此量表进行内部一致性系数分析，SASC 全部维度的分量表都具有很好的信度和效度。其 α 为 0.902，探索性因子分析结果良好。

（三）数据收集

本研究共回收问卷 965 份，去除不合格的问卷 45 份（如乱答漏答、用时较少、前后矛盾等），最后获得有效问卷 920 份，问卷合格率为 95.3%。其中男性

---

① WATSON D, FRIEND R. Measurement of Social - Evaluative Anxiety [J]. Journal of Consulting & Clinical Psychology, 1969, 33 (4): 448.

② GRECA A L, DANDES S K, WICK P, et al. Development of the Social Anxiety Scale for Children: Reliability and Concurrent Validity [J]. Journal of Clinical Child Psychology, 1988, 17 (1): 84-91.

样本 347 份，占比为 37.72%；女性样本 573 份，占比为 62.28%。样本的年龄集中在 24—29 岁之间，其中 18—23 岁有 286 份，占比为 31.09%；24—29 岁有 419 份，占比为 45.54%；30—35 岁有 215 份，占比为 23.37%。人口统计学变量基本情况如表 5-1 所示。

表 5-1　有效样本的基本情况统计（n=920）

统计项	具体内容	统计值	占　比
性别	男	347	37.72%
	女	573	62.28%
年龄	18—23	286	31.09%
	24—29	419	45.54%
	30—35	215	23.37%
教育背景	高中及以下	62	6.74%
	本科	559	60.76%
	硕士及以上	299	32.50%
生活所在地	城市	618	67.17%
	农村	302	32.83%

（四）数据分析

1. 问卷设计与信效度检验

本研究使用 IBM SPSS Statistics 25 进行数据分析，信度分析通过软件计算量表的 Cronbach Alpha 系数来判断量表的稳定性。效度分析主要是根据 KMO 值和 Bartlett 球体检验来进行判断。总量表的信度为 0.847，且分量表的信度均高于 0.7，多集中在 0.8 以上，这说明问卷中量表内部一致性较高，量表信度理想。各变量的 KMO 值均在 0.7 以上，Bartlett 球体检验 sig 值均为 0.000，这表明各量表效度较高。同时，本研究的数据来源较为多样，因此需要采用 Harman 单因素分析法进行共同方法偏差检验。结果显示，17 个因子的特征值大于 1，且第一个公因子的方差解释率为 29.87%，小于 40% 的标准值，因此不存在共同方法偏差，研究结论有效，便于之后的数据分析。各量表（节选）的信度及效度分析结果如表 5-2 所示。

表 5-2　量表题项与信效度表

Variable	Code	Measuring project	Cronbach's Alpha	KMO
自拍行为	A1	日常生活中我很喜欢自拍	0.884	0.708
	A2	我会把自己的自拍照发布到社交媒体中		
	A3	我会花很多时间选择合适的角度自拍		
	A4	我会花很多时间进行照片编辑		
	A5	我会一个人自拍		
	A6	我会和朋友、家人一起自拍		
	A7	对自拍照片我很难选择		
	A8	我自拍时会学习模仿网络上好看的自拍风格		
社会比较	B1	在日常生活中，我喜欢与那些比自己做得好的人进行比较	0.823	0.747
	B2	当考虑自己能否胜任某件事情时，我会与那些比我强的人进行比较		
	B3	当我在社交媒体中关注他人的自拍时，我会联想到自己的外貌		
	B4	当我在社交媒体中关注他人的自拍时，我会将自己的外貌（包括身材、面部等）和照片中的人物进行比较		
	B5	我常常就社交（社交技能、受欢迎程度）与其他人进行比较		
	B6	我不会与他人发布的社交媒体动态进行比较		
	B7	当事情变得糟糕时，我经常想到那些在社交媒体中比我做得好的人		
	B8	我总是想要知道他人在相似的情景下会怎么做		
	B9	我总是非常关注自己与他人做事方式的区别		
	B10	我从不将自己生活中的处境与他人比较		

Variable	Code	Measuring project	Cronbach's Alpha	KMO
身体意象	C1	我一直担心自己太胖或变胖	0.781	0.704
	C2	我经常需要控制饮食来减轻体重		
	C3	我的身体是性感迷人的		
	C4	我喜欢我现在的外貌		
	C5	我能控制自己的身体健康		
	C6	对我的样貌，我足够满意		
	C7	我不在乎别人对我的外在评价		
	C8	我总是尝试改善自己的外表		
	C9	生活中我不关心我的身体健康状况		
	C10	我不在乎我的衣服上身效果		
社交焦虑	D1	当我处于陌生人中间时，我会很害羞	0.902	0.816
	D2	我感觉别人会在背后议论我		
	D3	当和不熟悉的人交谈时，我会很紧张		
	D4	我会因为害怕被拒绝，而不愿意请别人同我一起做事		
	D5	当我同某些人在一起时，我会感到很紧张		
	D6	我总觉得别人在取笑我		
	D7	我希望在社交场合中对自己更有信心		
	D8	在社交场合中，我不会感到紧张和不安		

2. 在人口学变量上的差异

为了考察各变量的性别、教育程度、生活所在地的差异，对社交媒体自拍行为、社会比较、身体意象和社交焦虑进行了独立样本 t 检验。在社交媒体自拍行为这一变量上，男女两个组存在显著差异（$T = 1.72$，$P < 0.05$），从均值比较结果来看，女性青年群体的自拍行为程度高于男性；在身体意象这一变量上，男女两个组存在显著差异（$T = -0.64$，$P < 0.01$），从均值比较结果来看，男性的身体意象评价高于女性；在社交焦虑这一变量上，男女两个组存在显著差异（$T = -0.52$，$P < 0.05$），从均值比较结果来看，女性的社交焦虑程度高于男性。各变量在教育程度上没有显著差异，但在生活所在地的差异性分析中，社会比

较这一变量，城市和农村两个组存在显著差异（T=-1.34，P<0.01），从均值比较结果来看，城市青年群体的社会比较程度高于农村青年群体；在社交焦虑这一变量中，城市和农村两个组存在显著差异（T=0.75，P<0.01），从均值比较结果来看，城市青年群体的社交焦虑程度高于农村青年群体。其具体分析结果如表5-3所示。

表5-3　各变量在性别、教育程度、生活所在地的差异分析

各变量在性别上的差异检验					
变量	男（n=347）		女（n=573）		t
	M	SD	M	SD	
1. 社交媒体自拍行为	3.02	0.87	5.41	0.42	1.72*
2. 社会比较	4.69	0.71	5.06	0.43	1.55
3. 身体意象	3.12	0.82	2.66	0.31	-0.64**
4. 社交焦虑	4.17	0.58	4.76	0.67	-0.52*

各变量在教育程度上的差异检验							
变量	高中及以下（n=62）		本科（n=559）		硕士及以上（n=299）		t
	M	SD	M	SD	M	SD	
1. 社交媒体自拍行为	4.02	1.07	4.41	1.18	4.01	1.31	0.62
2. 社会比较	3.79	0.84	4.36	0.86	5.01	0.92	1.28
3. 身体意象	3.05	0.71	2.78	0.31	2.14	0.90	1.45
4. 社交焦虑	4.49	0.56	4.78	0.61	5.17	0.64	1.02

各变量在生活所在地上的差异检验					
变量	城市（n=618）		农村（n=302）		t
	M	SD	M	SD	
1. 社交媒体自拍行为	4.64	0.64	4.09	0.62	0.92
2. 社会比较	5.02	0.57	4.15	0.53	-1.34**
3. 身体意象	2.15	0.69	2.76	0.63	0.52
4. 社交焦虑	4.59	0.75	4.03	0.70	0.75**

注：*P<0.05，**P<0.01。

3. 相关分析

相关分析的方法能够检验出自变量和因变量之间的相关关系，本研究中自变量均属于定距变量，因变量是三个维度之下题项相加后的均值，因此也属于定距变量，研究采用 Pearson 系数对变量相关性进行测量。Pearson 相关系数是用来衡量定距变量间线性关系的测试指标，相关系数的取值范围在 -1 和 $+1$ 之间，正值代表正相关关系，负值代表负相关关系。通过相关分析，发现变量之间存在显著的相关性，具体分析结果如表 5-4 所示。

表 5-4　描述性统计结果和变量间的相关关系

	M	SD	1	2	3	4
1. 社交媒体自拍行为	4.185	0.835	1			
2. 社会比较	4.697	3.772	0.073**	1		
3. 身体意象	2.420	0.829	-0.152**	-0.213*	1	
4. 社交焦虑	5.115	1.475	0.136**	0.537**	-0.049*	1

注：* $P<0.05$，** $P<0.01$。

4. 社会比较和身体意象的中介作用检验

本研究使用偏差校正百分位 Bootstrap 法对社会比较与身体意象在社交媒体自拍相关行为与社交焦虑关系间的中介效应进行检验。本研究采用 Hayes 编制的 SPSS 程序，通过抽取 5000 个样本估计中介效应的 95% 置信区间（95% CI），对社会比较与身体意象在社交媒体自拍相关行为与社交焦虑关系间的中介效应的效应量及 95% CI 进行估计。回归分析表明，社交媒体自拍行为对社交焦虑具有直接正向预测作用（$\beta=0.429$，$P<0.01$）；社交媒体自拍行为直接正向预测社会比较（$\beta=0.190$，$P<0.01$）；社交媒体自拍行为和社会比较负向预测身体意象（$\beta=-0.082$，$P<0.05$；$\beta=-0.068$，$P<0.01$）。所有变量均纳入回归方程后，社交媒体自拍行为直接正向预测社交焦虑（$\beta=0.251$，$P<0.05$），社会比较正向预测社交焦虑（$\beta=0.537$，$P<0.01$），身体意象负向预测社交焦虑（$\beta=-0.026$，$P<0.01$），具体分析结果如表 5-5 所示。

表 5-5 变量关系的回归分析

回归方程		整体拟合指数			回归系数显著性		
结果变量	预测变量	R	R^2	F	β	t	P
社交焦虑	社交媒体自拍行为	0.029	0.040	12.035**	0.429	2.372**	0.004
社会比较	社交媒体自拍行为	0.305	0.261	9.506*	0.190	2.525**	0.007
身体意象	社交媒体自拍行为	0.226	0.035	7.264**	−0.082	−1.286*	0.03
社交焦虑	社会比较				−0.068	−2.059**	0.002
	社交媒体自拍行为	0.512	0.314	9.243**	0.251	3.259*	0.04
	社会比较				0.537	4.407**	0.005
	身体意象				−0.026	−1.319**	0.004

注:* $P<0.05$,** $P<0.01$。

偏差校正百分位 Bootstrap 法中介效应分析结果表明:社会比较和身体意象在社交媒体自拍行为与社交焦虑的关系间起中介作用,中介效应值为 0.604,占社交媒体自拍行为对社交焦虑影响总效应的 42.29%。具体来看,总的中介效应由 3 条路径的间接效应组成:通过社交媒体自拍行为→社会比较→社交焦虑途径产生的间接效应 1(0.196),Bootstrap 95% CI 不包含 0,这说明社会比较在社交媒体自拍行为与社交焦虑关系间的中介作用显著;通过社交媒体自拍行为→社会比较→身体意象→社交焦虑途径产生的间接效应 2(0.073),Bootstrap 95% CI 不包含 0,这说明社会比较与身体意象在社交媒体自拍行为与社交焦虑关系间的链式中介作用显著;通过社交媒体自拍行为→身体意象→社交焦虑途径产生的间接效应 3(0.335),Bootstrap 95% CI 不包含 0,说明身体意象在社交媒体自拍行为与社交焦虑关系间的中介作用显著。3 个间接效应依次占总效应的 12.08%、7.76% 和 22.45%,具体分析结果如表 5-6 所示。

表 5-6 双中介效应分析结果

	间接效应值	Bootstrap SE	Bootstrapping95%置信区间		相对中介效应/%
			下限	上限	
总中介效应	0.604	0.075	0.117	0.751	42.29
间接效应 1	0.196	0.037	0.071	0.147	12.08
间接效应 2	0.073	0.092	0.006	0.518	7.76
间接效应 3	0.335	0.048	0.035	0.077	22.45

根据实证数据分析，假设 H1、H2、H3、H4、H5、H6 均得到验证，调整后的模型路径系数图如图 5-1 所示。

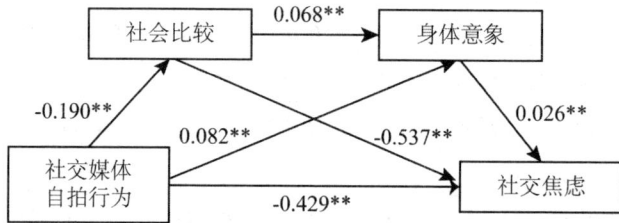

图 5-1 社交媒体自拍行为与社交焦虑的关系联结过程——条件模型（n=920）

（五）研究结论和讨论

1. 人口学变量的差异化讨论

本研究发现，女性青年群体的自拍行为程度高于男性，男性的身体意象评价高于女性，女性的社交焦虑程度高于男性。同时，城市青年群体在社会比较和社交焦虑程度上均高于农村青年群体。当下关于自拍行为的实证研究集中在女性群体中，因为女性在社交媒体中伴随着积极的自我呈现行为，这也验证了前人关于女性群体的自拍研究。究其原因，她们更加感性，喜欢记录自己，与男性相比，女性在社交网络上会发布更多的个人状态，更倾向发布与体象相关的信息，如自拍等。

女性更关心自己呈现的形象以及别人对自己的看法，这也是女性自我客观化的表现之一。她们更容易产生社会比较的心理，现有研究证明反复接触媒体、经历客体化会使女性习惯性地运用第三者的视角看待自己，频繁对外表进行自我监查，对身体相关的信息更为敏感，① 更容易对身体意象产生消极的心理。

同时，研究证明男性的身体意象评价高于女性，这表明身体意象评价存在性别差异，整体上女性比男性表现出更多的体重关注和身体不满意，这也可以验证男性、女性身体意象评价存在差异的结论。② 另外，在城市和农村青年的比

① FREDRICKSON B L, ROBERTS T A. Objectification Theory: Toward Understanding Women's Lived Experiences and Mental Health Risks [J]. Psychology of Women Quarterly, 1997, 21 (2): 173-206.

② PAXTON S J, EISENBERG M E, NEUMARK-SZTAINER D. Prospective Predictors of Body Dissatisfaction in Adolescent Girls and Boys: A Five-Year Longitudinal Study [J]. Developmental Psychology, 2006, 42 (5): 888-899.

较中，城市青年的社会比较和社交焦虑程度高于农村青年，分析其具体原因，这可能与中国的社会发展和城乡环境发展差异有关。本次研究的样本为18—35岁的青年人群，年龄跨度较大，不同年龄层对媒介技术的接触时间或早或晚，且城市青年和年龄较小的个体会优先接触新事物。

另外，城市青年和农村青年的成长环境存在差距，新事物的发展在农村相对较慢，人口流动和新事物更迭慢于城市。城市青年的眼界开阔，对物质条件的要求更高，会有较高的社会比较心理，同时面对城市巨大的生存压力，社交媒体等媒介技术成为他们逃避现实、放松自己的避风港。城市青年将大部分时间消耗其中，依赖甚至沉溺于社交媒体中，而觉醒过后又容易对现实社交产生焦虑心理。农村青年群体生活在乡下，与周围的亲友、邻居在日常生活中更容易产生紧密的联系，这可能是其社交焦虑程度低于城市青年的重要原因。

2. 自拍行为与社交焦虑的关系

实证结论证明，青年群体自拍行为程度正向预测社交焦虑，通过观察与访谈发现，图像社交已经融入了人们的日常生活中，而自拍被认为是在线自我展示和印象管理的一种重要形式。人们上传自拍照的目的主要有三个：完成自我欣赏，向他人展现出最佳的自我形象，获得更多的点赞、评论和关注。因此，大家往往会选择拍摄或者发布自己"最好"的一面。

通过访谈发现，通常一张优秀的自拍照需要经过复杂的处理，对喜欢自拍的人来说，挑选和编辑自拍才是至关重要的，当大费周章的自拍照发布到社交媒体上没有得到期许的点赞和评价时，这说明自拍者没有得到渴望的关注和肯定，他们可能会为了呈现出"完美"的自己，按照社会认可的"理想美"进行修图，以此来吸引他人的关注，获得心理满足感。与之相反，自拍者如果得到了赞美和对其外表的肯定，他们可能会增加自拍行为。在这一点上，自拍的动机很大程度是希望把最好的自己展示出来，获取别人最好的评价。

大幅度的自拍或者修图，可能会导致观看者认为发布者在网上表现得不真诚，从而无法使其他人对自拍产生广泛的认同。这就与当初费力修图的目的背道而驰了，显然这种自拍无法在社交媒体中起到良好的身份印象管理的作用。个体或许会因为线上线下形象的不一致而产生焦虑感，进而会产生社交倦怠、社交焦虑等不良情绪。[1] 这一研究结论解决了研究问题一所提出的问题。

---

① BROWN Z, TIGGEMANN M. Attractive Celebrity and Peer Images on Instagram: Effect on Women's Mood and Body Image [J]. Body Image, 2016 (19): 37-43.

3. 社会比较与身体意象的双重中介

实证数据证明，社会比较与身体意象在社交媒体自拍行为对社交焦虑的影响路径中有序列中介的作用。这一结论发现了从社交媒体行为到社交情绪的过程中个体深层次的心理机制。在青年群体的自拍行为中，"身体外貌"是他们关注的焦点，因此社交焦虑的情绪会指向自己的身体意象。这可能会使青年群体在自拍时，会更加关注到自己外貌的不足，体验到更多的外貌焦虑，进而产生消极身体意象以及社交焦虑等负面情绪。①

另外，人们在社交媒体上进行自我披露的过程中，也会倾向选择理想化的部分，并对自己的形象进行一定程度的美化处理。个体在自拍行为上投入的时间和精力越多，就越倾向于选择和与自己条件相近的个体进行比较，如相同的社会阶级、类似的家庭和学历背景。在社交媒体平台上，人们接触最多的是这些容易产生社会比较的人。个体在社交媒体平台参与自拍等相关行为活动时，会不自觉地产生社会比较，个体就会用社交媒体上宣扬的一套严苛的审美标准审视自己，也因而越容易对自己的外表产生不满等负面情绪。②

同时，本研究在社会比较的测量指标中，包括了身体信息等方面的测量，这种比较会导致个体对自身身体意象的负面影响持消极的评价，那么在社会交往中，个体则可能担忧自身的形象以及表现，进而出现社交焦虑。本研究证实了社会比较与身体意象之间的显著影响机制，从而出现了社交媒体自拍行为预测社会比较，社会比较影响身体意象，进而会增加个体的社交焦虑。这一结论回答了研究问题二，综合来看，本研究发现的社会比较和身体意象的多重中介作用，在实证上和理论上是有意义的。

（六）讨论

1. 焦虑与孤独：数字化生存中青年群体社交心理

本研究发现，青年群体的身体意象较为消极，青年有社交焦虑心理。实际上，伴随中国现代社会快速发展，青年为争取个人发展机遇与成长空间，主动离开生活已久的故乡，踏上去往大城市打拼奋斗的路程。通过观察和访谈发现，对大部分青年而言，他们的人际关系活动范围有限，他们内心空虚，缺乏情感

---

① HOLLAND G, TIGGEMANN M. A Systematic Review of the Impact of the Use of Social Networking Sites on Body Image and Disordered Eating Outcomes [J]. Body Image, 2016 (17): 100–110.

② Tiggemann M, Barbato I. "You look great!": The Effect of Viewing Appearance-Related Instagram Comments on Women's Body Image [J]. Body Image, 2018 (27): 61–66.

上的抚慰与陪伴，背负着沉重的生活与工作压力，表现出焦虑孤独感和强烈的消极社会心态。媒介技术的发展为青年人逃避现实生活提供了便利渠道，他们很愿意沉浸在网络之中来缓解现实社会交往的不安和焦虑，网络成为现代青年情感寄托和宣泄的重要场域。

同时，青年群体在寻求突破的过程中渴望从互联网之类的新型空间中寻求社会认同，他们在网络世界中自由地传递着信息，愿意分享和展示自己，并通过社交媒体赋权，拥有了通过文字、图片和视频等形式展现其身体、气质的机会，积极参与个人和他人的身体实践并交流彼此的身体经历，这势必会对个体的身体建构和心理情绪产生巨大的影响。技术进步为人们提供了更多选择上的自由，但信息洪流也将个体抛入不确定性带来的焦虑之中，导致个体处于高度敏感的心理状态中，使当代青年拥有群体性焦虑。

同时，善于模仿和不服输是中国当代青年的突出特点，他们很容易受到媒介信息的影响，在受到影响的同时也会自觉不自觉和他人进行比较，他们担心自己从此落后于人，急于扭转不利局面，就容易产生危机感、紧张感。在本研究中，社会比较与社交焦虑的因果关系则更加直接地把群体性压力与青年的焦虑心理联系起来。因此，青年群体正在迅速地改变信息传播格局，媒介信息传播制造社会焦虑，进而造成社会排斥，破坏社会和谐。在此情形下，相关部门启动有效的媒介运营策略和平台管理机制来提升全社会媒体素养迫在眉睫。

2. 技术中介下的数字交往与认同危机

本研究通过对青年群体社交媒体自拍行为、社会比较、身体意象和社交焦虑的探讨，证明了技术化后果极大地影响了人类的数字化生存。当下的媒介信息格局预示了个体的自我意识、自主思考、精神价值等将集体进入数字运算所主导的世界中。个体数字化生活重要的场景之一就是记录生活，人们借助媒介技术呈现个体的生活状态。每个人都拥有记录生活、展示自我的权利，自拍图像发布和照片编辑行为更加体现了个体创造性的人生，使信息传播更加多样化和自主化。

在人与人的交往中，技术中介让人与人的交往摆脱了时间、空间的限制，也为个体理想化的自我呈现提供了良好的技术平台。个体在社交媒体中的形象塑造是可把握的，自拍照片成为个体塑造自我以及形成良好印象管理的关键，个体在网络交往中有更高的能动性。在网络环境中，交往双方对自身和他人都有不同程度的角色期待，当现实自我和理想自我产生较大差异时，自我身份会陷入失调的状态中，虽然这种能动性给予了个体更多的选择，但直接影响了交往的浮躁心态形成，从而导致个体拥有焦虑情绪。同时，个体要关注技术中介下的数字交往与认同危机。前置摄像头和美图修颜软件的发展体现了媒介技术更加关注人性化的需求，人们得以更好地利用媒介技术实现交往互动，体现了后现代社会中情感化、人性化的发展特征，其符合莱文森的"人性趋势理论"①。

另外，齐美尔（Georg Simmel）提出了"陌生人理论"，该理论可以阐释网络交往的这种负向影响。② 很多交往活动是建立在个体图像信息之上的，交往主体在网络虚拟空间中更像是陌生人，他们依托身体外貌图像或者生活动态等信息建立并发展人际关系，即便是熟人社交，也需要彼此间借助信息符号进行沟通和交流（例如，社交媒体中对他人自拍的点赞和互动评论）。自拍，这类本属个体身体特征的生物特质以信息的形式流动于数字空间中，个体在数字空间开启了大大区别于以往面对面实体接触的交往方式，因此依托于技术媒介建立起来的人际关系都是弱关系连接，交往主体难以形成牢固的情感认同，这种弱关系连接的人际交往存在不稳定、碎片化、一对多等缺点，甚至会造成交往主体的价值分歧，出现彼此间的交往认同危机。

3. 应正确处理媒介技术与社会交往的关系

媒介化生存时代，社交媒体成为沟通人际关系中不可或缺的部分，本研究用实证数据验证自拍行为对个体比较心理、身体意象与社交情绪有显著影响，这在一定程度上也能够证明数字化生存下的个体会产生新型的社交关系需求，在数字化技术的加持下，借助表征意向符号来实现非语言传播成为新趋势。通过观察和访谈发现，青年群体在社交媒体上花费了很多的时间，高程度的自拍行为提高了个体对自我的关注度，引发了较高的社会比较心态和消极的身体意象，容易导致社交焦虑情绪。因此，他们减少了面对面社交的线下活动，这样的社交媒体行为对人们的感情、心理、人际关系造成危害，使人们产生抑郁、焦虑等消极情绪。

当下，在以图片为主导的新型社交场域中，人与人的关系被拉近，他们彼此间的关系被加强。媒介技术为双方关系的建立提供了更多的可能性，超人际模型很好地阐释了这种数字化生存环境下人际交往的新特征。在超人际模型看

---

① 保罗·莱文森. 人类历程回放：媒介进化论［M］. 邬建中，译. 重庆：西南师范大学出版社，2017：5.

② ROGERS E M. Georg Simmel's Concept of the Stranger and Intercultural Communication Research［J］. Communication Theory, 2010, 9 (1)：58-74.

来，媒介技术的发展为互动者加强印象管理，为彼此的行动或言语的互动提供了机会。自拍照片可不受时间、空间的限制进行发布分享，信息接收者只需面对网络中的图片信息，避免了物理空间交流场景中不确定因素的干扰。自拍照片用数字化身代替了人们因线上交流缺失的身体，使身体在线上通过图片的形式进行传播，使数字化身下"面对面"的互动得以实现。

青年群体应正确处理媒介技术与社会交往的关系，尤其在面对自拍这种特定的信息类型时，要端正自己的心态，正视自我形象，保持真实自我，冷静沉着看待呈现在社交媒体上的各类信息，并独立思考，理性应对，这对个人健康发展而言尤为重要。要鼓励青年群体尝试摆脱对社交媒体的依赖，多去参加由社会组织举办的联谊交流活动，寻找拥有相同兴趣喜好、志同道合的朋辈友人。青年在现实生活中与家人、朋友、恋人互动，获得情感慰藉，不断扩大自身交际圈，由此可以增强社会融入感与集体归属感，进而寻求积极的社会支持。青年要有积极向上的社会心态与生活态度，主动分享自己的情感、思想和问题，多与他人互动并获得情感上的满足。

（七）优势与不足

目前，有关自拍相关行为对青年群体社交焦虑潜在影响机制的研究还较少，在中国几乎没有文章就自拍相关行为对社交焦虑的影响及作用机制进行系统的研究论证。本研究从具体人群的行为模式、生活日常出发，去理解技术创新、制度转型给群体本身乃至社会带来的变化，使人们正确地对待这些变化，并规避风险，这对维护社会稳定和谐有着重大的意义。

本研究通过探讨自拍相关行为与青年群体社交心理的关系，以及存在的多重中介机制，从理论和实证两方面深入探究自拍相关行为、社会比较、身体意象、社交焦虑这一基本研究框架的建构。其研究假设和研究模型得到了实证检验，进一步厘清了自拍行为与社交心理动机的关系，这为之后的研究奠定了理论和实证基础。

本研究的实证结论具有一定的价值，但在量表设计过程中仅仅考虑了个体作为自拍信息传播者的身份，而忽视了信息接受者的视角，研究群体集中在中国青年人群，不同人群的自拍行为和相关社交焦虑心理可能存在显著的差异。另外，实证结果是否能够适应其他国家的文化，也需要进一步探讨验证。在未来，关于自拍相关行为的讨论需要考虑个体作为信息接收者的身份，增加不同年龄人群的样本量，分析不同群体面对这一问题的差异性。此外，也需要进一步进行跨文化的相关研究，探讨不同文化背景下自拍发布行为和相关后果的异同。在之后的研究中，要对自拍心理动机和行为进一步细化，对社交媒体自拍相关行为进行详细的量表设计与检验，并考虑媒介信息技术、不同的发布场景对个体自我建构的影响。我国对自拍的相关实证研究还处于起步阶段，未来的研究可以更加全面地揭示数字媒体时代自拍行为与社交心理之间的因果关系，可以纳入更多关乎青年群体的个体差异、心理特质等变量来探讨自拍行为对社交心理的影响，可以尝试使用实验法和更为细致深入的问卷进行精确的因果推断。

第六章

青年群体社会心态网络表达的挑战

第一节　网络信息的负面传播

青年群体作为在网络中诞生与成长的一代，其生活大多依附网络进行，他们虽然具有一定的文化水平，但是由于社会经验缺乏、媒介使用的自信程度更高以及网络接触与暴露度更高，受到网络信息的负面影响也相应更大。网络信息负面类型以对青年群体信息环境的负面影响、信息暴力以及信息辨别能力较弱为典型。

一、信息茧房

青年群体是价值观波动较大的群体，他们的观念和行为时常受到接触的网络环境的影响。网络环境由于算法等技术的介入，越来越趋向满足受众当前的需求，而表现出封闭性、单一化、偏向性，形成了网络环境中的信息茧房。美国法学教授凯斯·桑斯坦在他的著作《信息乌托邦：众人如何生产知识》中，首次定义了"信息茧房"，即在网络信息时代，人们往往只关注自己选择的东西和令自己深感愉悦的信息，久而久之，就会让自己处于像蚕茧一样的茧房中。① 青年群体具有较强的自我意识，而当前的网络传播环境在商业化的影响下又更加强调"用户中心"观念和碎片化传播，主观与客观的双重因素使青年群体难

①　凯斯·桑斯坦. 信息乌托邦：众人如何生产知识 [M]. 毕竞悦，译. 北京：法律出版社，2008：6-10.

以避免信息茧房的负面影响。

圈层文化加固固有观念。当代青年群体延伸出来的亚文化丰富，"饭圈""二次元""粉丝""鬼畜"等文化将不同兴趣爱好的青年聚集起来，形成以特定爱好或认知为群体边界的"趣缘群体"。特定圈层的参与者，倾向与相同爱好的人交流观点、分享和获取信息。在他们看来，这是选择交流的信任对象，从而获取社交安全感的过程，"进而进入契合自身偏好的隐形'舒适圈'"[①] 中。这样的"舒适圈"，让青年群体更加信任在这样的社会交往中的信息交流，而大量重复的、强化其固有观念的、符合其偏好的信息内容在圈层的影响下会以更加合理的方式被他们接受。这样的社交与传播习惯甚至会从网络空间延伸到现实生活中，以集会、现场交流等方式不断强化线上的交往内容。圈层的正面反馈与信念强化，导致青年群体只能获得一种与自身观念相似的声音，并进一步对自身观念更加自信。

用户中心营销思维造成的信息窄化。现代媒体的传者去中心化机制与商品理论强化了"用户中心化"的营销思路，新媒体时代逐渐追求"流量至上"，将用户偏好视为第一标准。智能算法机制通过预设用户兴趣，根据模型进行内容推送再对用户反馈进行总结，强化或者弱化当前兴趣假设。实际上，其推送的内容类型基本都限制在用户的偏好"气泡"内，使同质化内容不断以重复的方式出现在受众眼前，即使是一些所谓的"新的观点"，也是算法通过挖掘与当前用户兴趣点相似的用户关注的其他内容提供的。

作为互联网原住民，青年群体虽然在媒介使用技能上具有话语权，但信息筛选与识别的媒介素养能力有待提升，因而经过网络平台过滤后呈现的信息环境，他们常常误以为是现实环境的反映。这种认知偏差导致他们沉溺于网络信息带来的满足感，进而默认技术带来的信息单一性输送。符合喜好的、趣味性的、猎奇性的内容能满足人性的窥探欲与好奇心，从而影响了青年群体对信息的好坏判断，真正有价值的信息就被阻隔在"气泡"之外，难以触达用户端口。

由于现代生活节奏越来越快，受众对信息的获取也追求高效便捷，短视频化、轻量化甚至碎片化已经成为网络内容的主要特点。作为触网第一群体，青年群体本身的关注点就很多样，他们已经习惯了当前的碎片化传播模式。然而，当信息被隐匿于各种形式的零散内容中时，受众就需要主动建立起信息之间的

---

① 邱静文．智能媒体对青年价值观认同的影响及应对［J］．中国广播电视学刊，2022（06）：42–44.

联系，这对受众的知识水平和媒介素养要求很高，稍有不慎就会使其陷入偏颇的事实认知中，特别是在这种认识形成习惯之后，他们对信息的认知方式可能很难矫正，青年群体的认知坐标也会随着碎片化阅读习惯而产生偏移。①

在网络信息传播的长期"茧房效应"下，青年群体对信息的获取将会趋向单一，可能导致思维的窄化，甚至异化、极端化，个人主义倾向将会加剧。此外，长期的碎片化、同质化信息阅读，将导致青年群体深度阅读与思考的能力下降，创新思维受限，不利于个人的成长与发展。进一步地，浅层、刺激性内容的广泛传播导致理论分析不彻底，致使核心价值观的传播从根源上产生碎片化现象②，意识形态内容的复杂性展示与挖掘也会相对缺乏。因此，信息茧房带来的内容会弱化社会主义核心价值观的培养，这对青年群体的知识严肃性和主流文化观念培养来说是极为不利的。

二、网络暴力

据公安部网站消息，2024 年上半年，全国公安机关共侦办网络暴力案件3500 余起。根据中国青年报社社会调查中心联合问卷网对 1000 名受访青年进行的一项调查，65.3% 的受访青年表示自己或周围人遭遇过网络暴力，71.9% 的受访青年觉得网络暴力越来越频繁了。这些数据说明网络暴力现象仍然是非常严重的社会问题，并且大量的青年会受到影响。青年是互联网的最初使用者与受益者，他们的个性化特点突出、意识多元化、可塑性较强，然而互联网的规范和制约与其发展速度很难同步，现阶段的网络治理还很难满足当前网民的使用需求与消费期待，因而在很多不良网络事件中，青年群体也成了主要的受害者，网络暴力就是表现较为突出的一种。

根据目前研究，可以将网络暴力总结为以下几种类型：人肉搜索与人身攻击、对个人隐私的披露、对道德的谴责以及威胁恐吓。③ 现有研究认为导致网络暴力的原因有两类：一是社会的不满情绪导致的极端发泄行为，二是受信息环

---

① 张刚生. 互联网舆论对青年大学生就业认知的误导与对策研究 [J]. 中国青年研究, 2023（05）：51-58+86.
② 邱吉，杨秀婷. 网络新技术对青年价值观形成的影响 [J]. 中国青年社会科学, 2021, 40（04）：54-62.
③ 常晨曦. 网络空间治理视角下网络暴力问题研究 [J]. 网络空间安全, 2022, 13（03）：6-10.

境的匿名化和信息技术影响的社会现象。① 青年群体的媒介接触程度和群体情绪化程度都相对更高，他们是网络暴力的重要主体或客体。

对青年群体来说，对网络环境做出正确的分析评判并做出适当反应是存在一定的困难的，特别是青年群体对事物普遍充满强烈的好奇心且具有很高的包容性，但三观仍未成熟，难以透过他人的社会行为辨别事物背后的真伪。此外，青年群体意识很强，群体活动呈现出极强的社群化倾向，所以在很大程度上，他们可能是网络暴力的始发者。在网络的虚拟交往中，网络暴力的发生常常源于群体压力，青年在群体助推甚至怂恿下，为了与群体保持一致，不至于因为观点分歧而被孤立，会不自觉地倾向于与优势观点保持一致。在这种心理效应的影响下，青年渐渐沦为极化群体实现目标的利用工具，产生冲动性思维或盲动，做出人云亦云的反应，沦为乌合之众的一员。

网络暴力事件常常程度深、范围广、影响大，造成的伤害无论是对当事人、群众还是对社会整体氛围来说都是不可逆的。其对青年群体的危害体现在两方面。一是可能对受到网络暴力的当事人产生心理甚至身体的危害。青年群体一般涉世未深，作为网暴针对的对象，面对大规模的网络暴力行为时很难认识到事件深层次的社会问题，很难从攻击中抽离。当前对网络暴力受害者的及时引导较少，以往一些网络舆论事件，如"粉发女孩因网暴致死""寻亲男孩刘学洲因网暴自杀而亡""高三女生因誓师大会被网暴"等，都表明网络暴力的当事人可能会不堪压力而受到伤害。

二是网络暴力现象会对传播环境，甚至社会环境产生影响，导致青年群体接触的网络社会环境呈现出暴戾、极端、仇恨的氛围，一边倒的网络攻击也会让青年群体对事件缺乏全面而正确的认识。网络暴力缺乏权威规制与严格界定，导致青年群体往往参与网络暴力而不自知。长此以往，青年可能会沉溺于情绪宣泄的快感中，对现实世界缺乏耐心。

三、虚假信息

虚假信息传播是社交媒体时代常见的现象。去中心化的传播机制使受众拥有更多的话语权，但同时也带来虚假信息，为了"博眼球""蹭流量"，不少自媒体通过虚构或歪曲事实进行传播。

---

① 刘紫川，桂勇，黄荣贵．"暴"亦有"道"？青年网暴实践的特征及价值基础［J］．新闻记者，2023（09）：3-18，96．

"后真相时代"，情感超越事实成为评判真相的唯一标准，而青年群体恰好就是情感充沛、看重人际关系的年轻群体，虚假信息的传递有了更加充足的情感支撑和圈层认同的助推，这些都为虚假信息的蔓延提供了肥沃的土壤。加上青年群体有限的经验与辨别能力，即使是有一定教育背景的知识分子，也难以在浩瀚无垠的信息中辨别出虚假的内容。融媒体时代，虚假信息的制作与传播呈现出低门槛、海量与多样的特点，它们藏匿在网络的某个角落中，其识别成本越来越高。

特别是人工智能时代，虚假信息再次以更加隐蔽、更加智能的方式出现，生成式人工智能的用户可以通过指令制作出逻辑更严密、制作精良、有支撑的虚假信息，其市场化的应用模式，使任何民众都有可能成为海量虚假信息的制造者。① 生成式人工智能生产信息是根据指令要求，对其自身大数据库的样本进行筛选与分析，进而加工形成内容。当别有用心的主体利用人工智能进行虚假信息的生产时，人工智能可以大大降低虚假信息生成的难度，模拟特定情景的细节和风格，甚至模糊掉其中带有利益倾向和感情色彩的细节，信服力极强。人工智能的程序逻辑性严谨，这使虚假信息被识别和整改的难度更大、溯源更难、程序更复杂，甚至需要相关领域的专家介入才能帮助人工智能进行后续识别与追责。人工智能的运作很大程度依赖其开发商为其提供的数据库，其生产的样本与素材均源于数据库，但是这些数据往往来源不明，并没有公开的数据源以供查证，数据中可能有原本就缺乏求证的信息资料，甚至其程序上可能受到程序员或者开发商的主观意识影响。

从更长远的角度来说，生成式人工智能产品只是人工智能产品技术集群中的子科技，其必然要服务于高拟人性的"终极智能产品"的开发，这意味着人工智能生成虚假信息的可能性还在不断增加。青年群体虽然受教育程度较高，但是相应的人工智能专业知识比较欠缺，人工智能使用素养也有待提高，人工智能生成的虚假信息对青年人来说也是使用网络信息的一大挑战。

长期接触甚至生产虚假信息，对青年群体的诚信养成与实事求是观念培养会有很大的影响，虚假信息环境无法为青年群体的发展与成长提供一个向上向善的基础。"培养理论"认为，现代社会传播媒介，特别是电视内容提供的"象征性现实"会对人们认识和理解现实世界产生极大的影响。相似地，虚假信息

---

① 漆晨航. 生成式人工智能的虚假信息风险特征及其治理路径［J］. 情报理论与实践，2024，47（03）：112-120.

环境也会在潜移默化中影响青年群体将现实社会认知为充满欺骗与虚假的社会，进而使青年对社会失去信心，丧失进步与建设的动力。

网络信息的负面传播种类繁多，以上只列举了三种比较典型的例子。青年群体触网时间更早，程度更深，受到的负面影响相应地也更多，然而互联网信息治理措施无法为使用者提供完全良善的网络环境，这也可能导致青年遭受负面信息伤害的程度更深。这也是当今青年群体社会信任度下降、网络表达受阻、用网心态消极的重要原因。

第二节　网络消费主义对青年心态的挑战

中国银河证券研究院《2024 青年客群消费洞察及金融体验报告》显示，"80—00 后"占中国消费主体人口的 46%，青年群体是消费的主力军，加上其正处于人生奋斗期，自我意识开始出现觉醒，自主性与自我中心意识开始显化，愿意购买个性与潮流的物品来满足虚荣心。这也是资本紧盯青年群体，通过对消费理念的重新塑造来吸引青年主动消费、拓宽市场的方法，特别是"互联网+"营销带来了更加多元、新颖的消费观点和黏性更强、体验感更佳的消费体验，网络消费主义开始对青年展开攻势。然而，当前的消费环境不容乐观，青年群体的消费习惯一定程度上也会影响经济环境的稳定，网络消费主义不顾后果的策略，给青年群体的心态带来了极大的挑战。结合学者黄文静与孙艳秋对消费主义特征异化的分析，可以将当前网络消费主义类型概括为超前性、炫耀性和情绪化消费，这些消费类型都在逐步影响着青年的消费观念。①

一、超前性消费与物欲观念扭曲

金融数字化发展联盟发布的《2023 年消费金融数字化转型主题调研报告》显示，在银行卡、互联网金融平台、持牌消费金融公司三种信用支付方式中，18—35 岁青年用户占比均超 50%，青年群体的超前消费已经成为常态。② 面对

---

① 陈振中．"情感体制"视角下大学生消费行为探析［J］．南京师大学报（社会科学版），2021（05）：46-55．

② 21 世纪经济报道．2024 青年客群消费洞察及金融体验报告［EB/OL］．21 经济网，2024-05-30．

网络消费主义裹挟下的超前消费，青年能保持理智吗？

　　超前消费的消费观念无论是将西方超前消费观念本土化，还是宣扬超前消费可以刺激经济发展的观点以及通过低利润、"早买早享受"等口号来吸引消费者，其本质都是在文化、经济、心理层面上为自身的存在铺设了多重合理性。随着互联网技术的进步，线上支付、借贷与其他金融服务已经成为网络主要功能，这为青年选择线上支付提供了便捷。然而，青年群体多以学生和刚进入职场的上班族为主，其经济能力有限，思想又趋于开放和包容，没有太多生计和家庭生活的压力，超前消费的营销对他们来说吸引力巨大并且可接受度高。然而，可透支的经济使消费欲望更强，导致部分青年裹挟在各大平台的透支和借款中，沦为"消费"的奴隶。更有甚者，超前消费培养起的观念使他们开始接受高利贷等不法的借款方式，最后落得人财两空。

　　超前消费观念对青年群体来说是有很大的诱惑性的，但是青年群体整体的消费观念仍未彻底从学生身份转化过来，他们对现实的社会压力和真切的生活需求感知不够深刻，因而常常陷入其中无法自拔。然而，在青年心理和物质条件仍未成熟时拥有这种具有超越性的经济观念，很有可能造成其物欲观念的扭曲，陷入消费主义的陷阱里。一旦物欲观念脱离正常的社会坐标，其生活质量和心理健康可能也会与现实社会脱离，对理想与现实的衡量也可能产生脱轨现象，产生辍学、失业等现象，破坏社会的稳定。

二、炫耀性消费与自我建构异化

　　鲍德里亚在他的著作《消费社会》中提出这样一个观点，他认为物的更新迭代改变了人们的生活，人们开始主动适应物的变化下的生活。他的分析揭露了一个事实，即消费实践中，消费的内容不再是单纯的物质产品，消费已经成为一个意义建构过程，"它是一种符号的系统化的操控活动"[1]。当今的网络消费利用新媒体技术，将这种"意义建构"，也就是物的符号化过程不断加工，将其用更加娱乐化和合理化的方式呈现在消费者面前。符号化消费对消费者来说，远远超出了物质性实体的范畴，其消费就演变为对符号下隐含的价值的追求。青年群体有丰富的想法与爱好，并且对超物质性的商品接受度较高。他们特别注重物品赋予的自我价值以及他人对此的看法和评价。这种心理导致其对价值追求逐渐演变为炫耀式的消费。

---

　　① 鲍德里亚. 消费社会［M］. 刘成富，全志钢，译. 南京：南京大学出版社，2014：1.

　　当代青年疯狂追求的电子产品或者奢侈品，其背后都隐含着"大品牌""地位"以及"品位"的标签，这种标签能够给消费者带来一时的满足感，这种消费能够成为对内、对外展示自身价值的一种方式。青年群体自我内涵相对比较浅，他们的自我认识更多是建立在他人的评价之中，因此他们更需要吸引他者的眼光并获得正向反馈来巩固自己的形象。具有符号意义的这种外在物，可以满足他们渴求被看见和认可的心理，给他们暂时的、虚幻的自信心和安全感，"炫耀性消费"便成了一种具有展演式的自我建构过程。这种通过获取他人认可来建立自我形象的过程，本身就没有自我心理的强大支撑，同时物的实际意义被淡化，被强调的符号意义在现实中很难有长效作用。消费者只能通过类似的短暂投入来维持精致人设和圈层人际关系，制造出阶层跨越的假象，获得极高的情绪收益，进而陷入恶性循环中。①

　　这种功利性极强的炫耀性消费并不能给青年群体带来准确的自我认知，它甚至会误导青年对自身的消费水平、阶级地位产生认知偏差，以至于失去对实际自我的把控，产生更加严重的精神与心理问题。此外，一些青年渴望通过炫耀性消费来维系社交关系，帮助自己更好地融入某个群体中，获得成员的关注与评价。表面的消费无法支撑更深层次的精神交流，社交深度不足也无法进行正常的社会交往，这冲击了青年群体的交友观和社交观，甚至使之难以很快融入社会。

　　有学者指出，目前不少的消费语境是从西方迁移而来的，这对中国本土的消费领域形成冲击，特别是造成中国传统消费观念缺失，使现代民众的消费伦理更多体现出以个人感受为中心的特点。② 这也是炫耀性消费给当前消费市场带来的问题，以自我建构为核心展开的消费行为本身就是极度自我主义的，这也加剧了青年群体本就强烈的自我意识。青年群体的个性化与主体性能够帮助他们提高创造力，但是对宏观的价值观培养和青年的长期发展而言，这种"利己主义"并不符合社会主义核心价值观所期待的青年心态，而且对青年家庭和其社会化责任感的建立也无益处。当炫耀性消费成为习惯，青年群体将很难再将自己置于利他性环境中，"物"带来的满足感将代替人际关系带来的成就感，导致交往淡漠，责任感也可能随之减弱。

---

① 吴大娟. 孤离的展演：青年"伪精致"现象批判与诊疗——兼谈消费主义意识形态的伪性构境 [J]. 青年学报，2023（02）：88-94.
② 赵颖. 文化消费理论在我国的接受溯源及再思考 [J]. 学习与探索，2019（03）：170-174.

三、情绪化消费与虚假的满足感

学者总结当下的内容生产特点时，情绪化已经是必不可少的词，从媒介仪式视角来看，大批受众从无序到规律性地投入一个网络事件中，"情绪"成为围观者群体认同与身份划界的重要标识。① 对当代人来说，社会节奏持续加快，生活压力无处释放，长期的压抑情绪需要找到发泄口，所以无论对网络事件发酵还是普遍的社会情绪来说，情绪成为网络聚集和使用的关键因素。

情绪化消费是指消费者受到外部刺激后，产生强烈的情感反应而进行的非计划性的消费行为。《新京报》贝壳财经发布的《2024 中国青年消费趋势报告》显示，近三成的受访者会有情绪价值消费，当前年轻人为情绪买单的三大主要原因有投资个人兴趣爱好、购买情绪价值疗愈身心以及有利于自我成长。这足以见得，当代青年愿意为了情绪化消费买单，这是因为青年群体的学习和工作压力显著，而现实生活中能够消解压力的活动有限，购物就成了所需现实成本低而短时效果显著的一种心理疗愈法。

当代青年创造和接触的亚文化多元，动漫文化、萌宠文化、游戏文化、偶像文化等都是他们日常生活的爱好，这些亚文化一旦与主流文化发生碰撞，主流文化和资本就可能采取商业"收编"的方式使其合理化。这些文化的消费就是很典型的情绪化消费，事实证明，青年群体也愿意为自己的兴趣买单。由此衍生出玩偶、专辑等周边、快消品的消费，这些物品不仅单价不高，大多在年轻人的经济承受范围内，而且更新换代快，能够抓住年轻人的兴趣。青年人对这些物品的购买能够以最快的速度塑造自己圈层形象，满足其好奇心和新鲜感。

此外，感性化也是非常显著的情绪化消费特征，它主要体现为消费者受到消费环境某种强烈情感刺激之后，自我控制失效，从而做出非理性的消费行为。此时，"情绪化消费是消费者理智被情绪压倒产生的结果"②。在当前新媒体环境极度繁荣，算法、大数据等技术持续发展为商业行为提供技术支持的环境下，购物网站和社交媒体铺天盖地的营销以及花样繁复的引诱策略使消费者难以抵抗。情绪主导的消费，人们思考的时间短，容易产生冲动心理，不自觉高估消费受益和自身实力，而忽略盲目消费带来的风险，常出现超出预期的购物行为。

---

① 吴文瀚. 情绪消费与情感再造：互联网的情感空间治理 [J]. 郑州大学学报（哲学社会科学版）. 2020, 53（05）：112-115, 128.

② 任志琪，钟以谦. 消费者在网购狂欢中情绪化消费的成因及影响探析——以"11·11"全球网购狂欢节为例 [J]. 广告大观（理论版）. 2017（02）：68-75.

青年群体的情绪化消费已经成为生活常态，上班宠物、祈福手串、解压神器以及直播刷礼物、购入虚拟物品、网络购物活动、后起的节假日营销的购物都是情绪主导的消费。表面上看来，情绪性购物能够缓解压力、转移情绪，但实际上，这些消费并不能从根源上解决心理和精神问题。网络的情绪化消费带来的可能是物的繁杂甚至浪费，以及不可忽略的经济压力，这样的满足感是浅层的情绪消遣，只能带来暂时性的缓解。情绪性消费对青年群体更像是一种"麻药"，而非"解药"，它缺乏可持续性和实用性，无法解决长久性的心理问题。青年长期沉浸于这种短暂的满足感中，很有可能会忽略精神层面的追求，如深度阅读、思考和交谈带来的自我内核建立，以及根源性问题的解决办法。

消费主义在网络时代加深了文化异化程度，并且已经超越了普通的物质消费，向消费虚拟人、虚拟物或者虚拟概念演化。消费主义是消费者遵循资本逻辑，追求感官体验，满足片面的心理欲望的一种社会思潮。青年群体之所以是网络消费主义的重要目标群体，还有一个重要原因就是他们不仅能够快速接纳新思潮和新概念，而且还能灵活运用网络传播消费主义观念，传播的自主性与说服力高。不过，网络消费文化及其带来的影响，也使部分青年出现"觉醒"，开始对反资本主义、反消费主义的话题进行讨论，甚至有"资本阴谋论"出现。不少青年对网络表达有抗拒心理，认为自己是资本的"数字化劳工"。

网络消费主义给青年群体带来的心态影响是多方面的，但无论如何，对青年来说，过早和过量接触网络消费主义的观点，对人格建立、"三观"形成以及个人培养都有很大的风险，特别是会对青年心理健康和心态产生冲击，更有甚者会影响青年的人生轨迹。

第三节　网络社交焦虑与心理健康问题

一、负面情绪的扩散

进入 21 世纪，互联网已成为人们生活中不可或缺的一部分，尤其是对青年群体而言，网络社交几乎成为他们日常交流的主要渠道。然而，随着网络社交的普及和深入，负面情绪在网络空间中的扩散也日益严重，对青年群体的心理健康构成了威胁。

　　英国知名社会学家齐格蒙特·鲍曼倾向将当代社会状况描绘为一种"轻盈且液态"的现代性形态，意指我们的社会并非通过集中构建、严格管理或绝对掌控来实现其形态，而是一种广泛分布、全面渗透、无处不在且高度饱和的现代性状态。① 随着科技的迅猛发展和全球化的加速推进，互联网的普及和社交媒体的兴起，媒介化社会的深入发展，借助社交媒体，越来越多的网络用户主动参与信息传播、自我展示和情绪表达。这使作为数字时代原住民的青年群体的生活与社交方式发生了翻天覆地的变化，同时社交媒体也为青年提供了前所未有的交流平台和信息获取渠道，并打开了负面情绪传播的快速通道。根据 2023 年发布的全球情绪分析报告，自 2006 年相关记录起始以来，全球民众的负面情绪持续增加，最新统计显示其指数已攀升至 33 分的高点，这一数据揭示了全球大约三分之一的人口正长期处于一种被压抑与焦虑笼罩的负面情绪状态之中。② 处于这样一种状态的青年群体，似乎更容易传播、感染、扩散负面情绪。全球知名民调机构盖洛普公布的最新调研数据显示，在针对美国大学生群体的一项研究中，超过半数的受访者表示在调研进行的前一天体验到了悲伤或孤独的情感。更为显著的是，这些年轻人中，高达 66% 的人自认为承受着巨大压力，51% 的人感到忧虑重重，而孤独与悲伤情绪则分别困扰着 39% 和 36% 的学生。值得注意的是，这种心理状态的普遍性并非仅限于国外，国内情况亦不容乐观。据 2022 年度国民心理健康状态调查报告显示，在成年人口中，特别是 18—24 岁的青年群体，已成为抑郁症的高发人群，其风险检出率高达 24.1%。这一比例远超其他年龄层，凸显了该年龄段心理健康问题的严峻性。

　　当前以"90 后"和"00 后"为代表的新生代中国青年群体具有鲜明的代际特征，他们是纯粹的"网络一代"，是所有代际中压力较大的群体之一，是新发展问题不断凸显的群体。"甄嬛文学""鼠鼠文学""黛玉文学""发疯文"……看似一个又一个"趣味性的文体"，一连串语序混乱、毫无逻辑、感染力十足的文字都宣泄着青年人的情绪。这些情绪充满"drama 感"的同时又充满了微妙的幽默感，而看似幽默的背后，实则反映了当下年轻人的负面情绪。互联网的助长、自我建构和群体认同感的需要、社会快速发展的强压力……种种原因交织，共同造成了青年群体负面情绪的扩散。

---

① 鲍曼. 流动的现代性［M］. 欧阳景根，译. 北京：中国人民大学出版社，2018：352.
② GALLUP. Gallup Global Emotions 2023［EB/OL］.［2023-11-23］. https：//www. gallup. com.

（一）负面情绪传播：社会建构下的即时效果

情绪社会建构论主张，情绪并非孤立存在，而是由社会环境塑造，并通过个体在社会中扮演的角色得以体现。这些情绪根植于一种或多种生物性的行为基础上，但情绪本身承载的意义和解读，却深受社会文化及语言习惯的影响和构建。换言之，文化和语言在此过程中扮演了至关重要的角色，它们共同作用于情绪的社会建构中，赋予情绪以特定的意义和价值。① 互联网的即时性、海量性、全球性、互动性、多媒体性、新媒体特性等，使互联网如同一张无形的网，将全球各地的信息、观点和情感紧密相连。

一方面，在如今这个后真相时代，得益于互联网的技术特性，社交媒体上的谣言、极端言论等，不断刺激着青年群体的神经，迅速引发青年群体的情绪共鸣。譬如，女子滑雪失控与男子撞满怀，网友："缘来如此简单"；女生坐飞机过安检脱掉长筒靴，路过的人都要看一眼；秦朗巴黎丢寒假作业等。在形式上，内容同质化问题严重泛滥，如影视解说视频中的"注意看，这个男人叫小帅，这个女人叫小美"开场白等；在内容上，甘当"标题党"的媒体，使用夸张的文字、模糊的画面和急促的背景音乐等手段。在这类"新闻"中，几乎找不到新闻六要素的踪迹，让人看完之后只能感受到感官的刺激，却难觅事实真相。青年群体的焦虑、恐惧、愤怒等负面情绪，往往就是由这类"新闻"引发的。这些负面情绪在网络上不断发酵，并伴随着放大效应，使原本微不足道的情绪波动如同病毒般，迅速在网络空间中扩散，最终演变成大规模的情绪危机。

另一方面，网络空间的匿名性、网络传播中青年群体结构的不稳定性、社交媒体的麻醉功能、网络传播的低成本性，使青年群体被淹没在表层信息和通俗娱乐的滔滔洪水中，这为负面情绪的扩散进一步提供了传播空间和传播条件。与父辈经历的政治、经济和社会环境大相径庭，当前的年轻一代展现出一种更为脆弱、细腻且敏感的精神风貌。从工作受阻、学业困顿、人际关系沟通不顺到生活成本的逐年攀升、竞争日益激烈、就业压力陡增，这些被当代青年群体戏称为"时代黑利"。"没人能一直吃时代黑利，除非你是'00后'"，这句话被青年群体拿来自嘲。看似爆梗不断、轻松随意的自嘲话语，并非青年群体无意为之的"造词狂欢"。青年群体通过言语描摹一张张自我污名的标签，诉说着个体对现实镜像的无奈与抗争。经由流动化媒介，自我污名的标签不断被人们

---

① 王韵，魏书琼. 社会表征视域下媒介污名的生产与抵抗——以网络流行语"X媛"为例[J]. 现代传播（中国传媒大学学报），2022，44（06）：143-150.

读取、识别，青年群体的内在声音得以流转、放大和共情。

1. 情绪传染的即时性与广泛性

情绪传染（Emotional Contagion，EC）普遍被描述为一个自动化的过程，其中个体倾向模仿他人的面部表情、语音语调、身体姿态及动作，进而促使彼此在情绪状态上达到一种趋同或共鸣。这一过程并非孤立发生，而是深受个人特质、经历及心理状态等多种因素的影响。个体情绪不仅仅是个人内部的心理体验，还具有一定的社会性和传染性，是影响社会心态的重要部分。社交网络和社会化媒体已经成为当前人类社会分享信息的主要方式。在社会交往与互动的过程中，情感能量扮演着关键角色，深刻地影响着社会的整体运作。具体而言，积极的情感能量能够促进社会成员之间的紧密联系与团结，而消极的情感能量则可能引发社会成员之间的疏离与隔阂。网络社交平台的即时通信功能使情绪的传播变得迅速和广泛。一条充满负面情绪的帖子或消息，在几秒钟内就可能被成千上万的网友看到并转发。这种情绪传染的即时性不仅加速了情绪的扩散速度，还扩大了其影响范围。青年群体作为网络社交的活跃用户，往往容易受到这种情绪传染的影响。他们可能在没有意识到的情况下，就被负面情绪包围，进而产生焦虑、抑郁等不良情绪。

2. 情绪共鸣的强化与放大

在网络社交环境中，人们愿意与自己情绪状态相似或经历相似的个体进行互动。这种情绪共鸣的强化不仅加深了青年群体对负面情绪的感受，还可能通过反复讨论和分享，进一步放大负面情绪的影响。此外，网络上的匿名性和距离感也可能让人们更加肆无忌惮地表达负面情绪，从而增加了负面情绪的放大效应。青年群体在面对这些被放大的负面情绪时，往往感到无助和困惑，进而加重了他们的心理负担。

（二）负面情绪扩散：信息茧房助推群体极化

在社交媒体这一特定环境中，用户情感呈现出日益极化的趋势。伴随着信息茧房现象的显著存在，两者相互交织，共同作用于社交媒体生态中。在网络社交中，人们往往倾向与自己观点相近的群体聚集在一起，形成所谓的信息茧房，这种群体极化现象使负面情绪的传播更加集中和极端化。目前，学界认为信息茧房主要以负面效应为主，有极大的危害和风险。[①]

---

① 邱程程，彭向斌，胡城铭，王晰巍. 信息茧房效应下用户情感极化影响因素及路径研究[J]. 图书馆学研究，2024（7）：95-105.

　　情感极化在网络空间中主要指对同观点成员持积极看法，对群际的人际敌意不断上升，并表达对彼此的厌恶，是一种基于意见的群体形成的群内偏袒与群外敌意的现象。[①]

　　为什么说负面情绪的扩散是信息茧房助推群体极化所形成的呢？信息茧房主要有三大核心要素：信息环境、物理环境以及社会关系。依据"三元世界理论"的解析，在信息环境的维度上，信息茧房间接促进了群体间的互动及观点的固化，从而与信息情感极化现象产生了间接联系。转至物理环境层面，用户的情感体验成为关键，其中情感强度的加深与情感偏差的加剧直接与情感极化的程度相关联，展现了直接的影响路径。在社会关系领域，情感极化被视为一种基于观点分歧的群体现象，体现为群内成员间的偏袒与对外界的敌意。进一步细分，群内社会通过集体叙事、群内认同及交流加强了内部凝聚力，而群外则可能触发社会比较等行为，这些均在社会关系框架中间接影响情感极化的发展。因此，社会关系同样成了与情感极化间接相关的因素。[②] 在信息茧房的助推下，这种群体极化现象使负面情绪的传播更加集中和极端化。当负面情绪在特定群体内不断累积和强化时，极有可能引发极端行为或暴力事件。例如，一些网络暴力事件往往就是由负面情绪在特定群体内的极端化传播所导致的。

二、社会焦虑的加剧

　　社会焦虑作为现代社会的普遍现象，不仅是个体心理状态的反映，还是社会结构、经济发展、文化变迁等多重因素交织作用的结果。这一现象深刻影响着人们的日常生活、工作决策乃至整个社会的稳定与发展。

（一）经济压力：生存与发展的双重挑战

1. 经济增长放缓与就业市场的不确定性

　　全球经济一体化背景下，任何一国的经济波动都可能对全球市场产生连锁反应。近年来，随着全球经济增速放缓，各国纷纷面临经济下行压力。面对全球经济一体化、经济下行的压力，青年群体受到的影响最大，中国青少年研究中心孙宏艳团队调研发现，青年的压力主要有经济压力、就业压力、升学压力，

---

① IyengarS, SoofG, LelkesY. Affec, Not Ideologya Social Identity Oerspective on Polarization [J]. Public Opinion Quarterly, 2021, 76 (3)：405-431.

② 邱程程，彭向斌，胡城铭，王晰巍. 信息茧房效应下用户情感极化影响因素及路径研究 [J]. 图书馆学研究，2024 (07)：95-105.

而在职青年的主要压力是经济压力、职业压力、住房压力。这种压力直接传导至就业市场，导致就业机会减少、就业竞争激烈，特别是对青年群体而言，他们往往缺乏工作经验和稳定的社会关系网络，在求职过程中面临更大的挑战。此外，随着技术进步和产业升级，一些传统行业逐渐衰退，如房地产行业、教育培训行业、大型商超行业、实体服装行业等。人工智能等新兴行业的出现，对人才提出更高的要求，加剧了就业市场的不确定性和不稳定性。智能制造作为一种深远的生产模式，不仅重塑了生产效率与生产组织形态，还对劳动力市场产生了更加显著的冲击。一些研究表明，随着机器人的广泛应用，可能会减少企业对传统劳动力的需求，进而产生失业现象。此外，机器人在影响劳动力就业稳定性的同时，也影响了劳动收入的分配格局，有可能使劳动收入在总收入中的占比持续下降，进而加剧社会收入的不平等。[①]

2. 收入分配不均与贫富差距扩大

经济快速增长并未能同步缩小社会贫富差距，反而在某些时期和地区出现了扩大趋势。贫富差距日益明显，社会财富集中度不断提高。这种收入分配不均不仅导致社会不公感加剧，还使低收入群体在面对生活压力时更加无助和焦虑。他们往往缺乏足够的经济资源来应对突发事件或改善生活质量，从而陷入恶性循环中。互联网的出现，使大部分人倾向于借助社交媒体展现自己的生活，而其中展现的"完美生活"往往让青年群体感到自己的生活与他人的生活存在巨大差距。

这进一步滋生了青年群体的"比较情绪"，他们通过社会比较来评估自己的价值和地位，此种心理滋生的负面情绪、社会焦虑在青年群体中扩大。这种负面的社会变化深刻地影响着每个个体，导致这些个体的社会焦虑感显著上升。[②]源于互联网与社交媒体的广泛应用而产生的社会比较往往是不切实际的。在互联网这种公共空间内，人们往往倾向于只展示自己最好的一面而隐藏自己较为局促的一面。这种片面的展示方式会让青年群体对社会产生不切实际的心理预期和过高的自我要求。当他们的现实生活无法满足这些心理预期或自我要求时，他们就会产生巨大的心理落差和挫败感。这种心理落差和挫败感会进一步加剧他们的社会焦虑感，使他们更难应对生活中的挑战和困难。

① 张凤云，王希元. 智能制造对劳动收入份额的影响研究——基于就业结构转型的视角 [J]. 上海经贸大学学报，2024（05）：23.

② 李梦凡，赵朋飞. 社会比较视阈下互联网使用的社会焦虑效应研究 [J]. 人口与社会，2023（03）：39-52.

3. 经济压力对心理健康的影响

长期的经济压力不仅影响个体的物质生活水平，还会对其心理健康产生深远的影响。经济压力可能导致个体出现焦虑、抑郁等负面情绪，甚至引发一系列心理健康问题。同时，经济压力还可能影响个体的社会交往和人际关系，使其变得更加孤立和封闭。这种心理状态进一步加快了社会焦虑的扩散和蔓延。

（二）社会结构变迁：传统与现代的碰撞与融合

1. 城乡二元结构与人口流动

我国社会结构显著的特征之一是城乡二元结构，这种结构的落差随着城市化浪潮的迅猛推进而愈发凸显。在城市化进程中，众多农村人怀揣着对美好生活的向往，涌入城市寻求发展契机。然而，城市生活的快节奏与高昂的成本却成为他们融入新环境的重重阻碍。户籍壁垒、社会保障体系的不完善以及子女教育资源的获取难题，共同构成了外来务工者面临的严峻挑战，这些困境无疑增加了他们的社会焦虑情绪。

互联网的兴起与广泛渗透，非但没有缓解这一焦虑，反而在某种程度上增加了此种焦虑。社交媒体的选择性，使这类虚拟的社交空间成了一面放大镜，让外来务工者更加直观地感受到城乡差距，并进一步触动他们内心的敏感与不安，这种融入焦虑的情绪深刻且复杂。

2. 家庭结构变化与代际关系紧张

随着社会观念的转变和人口老龄化的加剧，家庭结构也在发生深刻的变化。传统的大家庭模式逐渐瓦解，取而代之的是小家庭模式。这种变化不仅削弱了家庭成员之间的情感，还可能导致代际关系紧张，甚至会爆发冲突。年轻一代在追求个人价值和独立性的同时，往往忽略了与长辈的沟通和交流，而长辈则可能因为对年轻一代有过高的期望，在发现这种期望难以达到时，会感到失望和焦虑。

3. 社会阶层固化与流动性下降

社会阶层固化是当前社会结构变迁中的另一个重要问题。随着教育、职业等资源分配的不均衡，社会阶层之间的流动性逐渐下降。一些人可能因为出身、教育背景等因素而被限制在较低的社会阶层中难以突破，而另一些人则可能因为拥有优势资源而轻松获得更高的社会地位和收入。这种社会阶层的固化不仅加剧了社会不公感，还可能导致社会矛盾的激化和社会焦虑的加剧。

（三）文化价值观冲突：多元与单一的并存

1. 全球化背景下的文化交融与碰撞

全球化促进了不同文化之间的交流和融合，但同时也带来了文化价值观的冲突和碰撞。不同国家和地区的人们在价值观、信仰、习俗等方面存在巨大差异，这些差异在全球化进程中被不断放大。当人们面对这些差异时，往往会感到困惑，甚至产生排斥和敌对情绪，这种情绪进一步加快了社会焦虑的扩散和蔓延。

2. 传统与现代价值观的冲突

在快速变化的社会中，传统与现代价值观的冲突日益明显。一方面，人们仍然受到传统价值观的影响，如尊老爱幼、勤劳节俭等；另一方面，现代社会的快速发展又要求人们具备创新、开放、竞争等现代价值观。这种传统与现代价值观的冲突，使人们在面对选择时往往感到无所适从和焦虑不安。

3. 消费主义文化的冲击

消费主义文化是一种以追求物质享受和满足为核心价值的文化形态。它强调，个人的消费能力和消费水平是衡量个人价值和社会地位的重要标准之一。然而，这种文化观念往往导致人们陷入无休止的物质追求中，忽略了精神层面的需求和满足。当人们无法满足自己的消费欲望或感受到来自他人的消费压力时，他们就会产生焦虑和不满情绪，这种情绪进一步加剧了社会焦虑。

（四）科技发展：便利与风险的并存

1. 信息爆炸与认知负担

随着互联网技术的普及和发展，人们面临着前所未有的信息爆炸。海量信息的涌现，使人们在筛选和处理信息时，感到力不从心，甚至产生认知负担。这种认知负担不仅影响了个体的决策效率，还可能导致信息焦虑和信息过载等心理问题的出现。当个体无法有效应对这些信息压力时，就会产生焦虑和不安的情绪，这种情绪进一步加剧了社会焦虑。

2. 社交媒体的负面影响

社交媒体作为现代社交的重要方式之一，为人们提供了便捷的交流平台，但同时也带来了诸多负面影响。社交媒体上的虚假信息、网络暴力、隐私泄露等问题不断出现，给人们的社交生活带来了困扰和不安。同时，社交媒体上的比较心理，也使人们更加关注他人的生活状态，而忽视了自己的内心世界，这种比较心理进一步加剧了人们的焦虑感。

3. 技术变革带来的不确定性

科技的快速发展，不仅带来了便利和机遇，还带来了诸多不确定性和风险。新技术的出现往往伴随着旧产业的衰退和新兴产业的崛起，这使人们难以预测未来的发展趋势和就业前景。同时，技术变革还可能对人们的职业技能和知识结构提出更高的要求，这使人们不得不以不断学习和更新自己的知识和技能来应对未来的挑战。这种不确定性和压力感，进一步加剧了社会焦虑。

（五）社会支持体系：缺失与完善的探索

1. 社会保障制度的不足

社会保障制度是国家为了保障公民基本生活而建立的一系列制度安排。然而，我国当前的社会保障制度仍存在诸多不足，如覆盖范围有限、保障水平不高、制度衔接不畅等问题。这些问题使一些低收入群体和弱势群体在面对生活困难时，无法得到有效帮助和支持，从而加剧了他们的社会焦虑感。

2. 心理健康服务的匮乏

随着生活节奏的加快和工作压力的增大，越来越多的人出现了心理健康问题。然而，我国当前的心理健康服务资源相对匮乏且分布不均，无法满足广大民众的需求。这使一些需要心理帮助和支持的人无法及时获得有效的治疗和服务，从而加剧了他们的焦虑和抑郁情绪。

3. 社会支持网络的构建

社会支持网络是指个体在遇到困难时能够获得来自家庭、朋友、社区等方面的支持和帮助的网络系统。一个健全的社会支持网络可以有效地缓解个体的压力和焦虑感，提高其应对困难的能力。然而，我国当前的社会支持网络建设仍处于起步阶段，存在诸多不足，如支持网络不完善、支持力度不大等问题。这些问题使一些人在面对困难时感到孤立无援。

第四节　网络隐私保护与信息安全风险

青年群体在进行社会心态网络表达的过程中，隐私保护与信息安全问题仍然是其进行自由表达与输出的一大障碍。在用户个人层面，信息资源的广泛渗透产生的媒介依赖、个人信息规模的扩大以及自我信息保护意愿的欠缺，都在主观上增加了隐私泄露与信息安全风险；在平台层面，隐私政策的合规性与信息处理技术的深入发展，给了隐私信息暴露问题以可乘之机。从网络空间治理体系的宏观视角出发，整体的网络环境的开放性无疑增加了隐私安全的隐忧，再加上治理体系难以实时跟进网络空间的高速发展，也造成了一系列监管不成熟、为追求商业利益不惜铤而走险的恶性隐私安全事件发生，从而在一定程度上增加了青年群体的网络使用与表达的风险与挑战。

一、媒介依赖——用户使用

（一）媒介依赖催化隐私置换

在数字化时代的大背景下，信息的海量生成、无界传播与向日常生活的深度渗透构成了信息生态的核心特征，这一现象不仅极大地丰富了信息获取的渠道，还悄然孕育了信息焦虑的温床。罗斯扎克在《信息崇拜》中提到处处是信息，唯独没有思考的头脑。[1] "信息焦虑"这一概念最早由美国学者 Richard Saul Wurman 在 1989 年出版的《信息焦虑》一书中提出。信息数量的增长超出了个人能接受和有效处理的范围，进而产生"信息超负荷"并引起焦虑心理。[2] 作为一种由信息过载引发的心理状态，其表现为个体在面对海量、复杂且快速变化的信息流时，感受到的无力、紧迫及不安定。为缓解这种焦虑，用户逐渐对媒介深度依赖，将网络渠道与多元化平台视为获取安全感与认知满足的关键途径。

在此背景下，青年群体对网络表达平台通常具有深度化和个性化的使用需求，而网络空间中的信息服务平台作为信息流通的关键节点，其运营机制往往内置了用户隐私信息收集与利用的条款。大部分网站都将隐私政策作为服务条款不可分割的部分，用户必须同意隐私政策才能接受相应的服务。用户为获取所需信息，不得不遵循平台设定的规则，包括注册账号、登录验证以及同意详尽的隐私政策等。这一过程实质上构成了一种隐私置换机制，用户主动或被动地让渡了个人隐私信息的使用权，并以此作为交换条件，从平台上获取所需的信息。这种交换模式虽在表面上满足了青年群体的表达需求，但从长远来看，却潜藏着信息安全风险。

---

① 钟瑛，刘利芳. 信息传播中的隐私侵犯及保护 [J]. 新闻与写作，2018（02）：23-26.
② 姚丝绦. 信息过载背景下当代青年信息焦虑及对策研究 [J]. 新西部，2024（02）：107-111.

这种媒介依赖催化的置换现象，不仅揭示了信息时代个体行为模式的深刻变迁，还触及了隐私保护与信息传播之间的复杂矛盾。用户在信息饥渴与信息焦虑双重驱动下，对媒介技术产生高度依赖，在享受信息服务便利的同时，往往难以充分理解并有效控制其隐私信息的流向与用途，从而凸显当前隐私保护机制的脆弱性与不对称性。此类现象置于青年群体网络表达行为的逻辑之下，还可能引发一系列连锁反应，包括但不限于因隐私信息泄露引发的身份盗用、网络欺诈等安全问题。用户信任危机的加剧，导致青年群体对数字服务提供者的信任度普遍下降，进而丧失表达意愿，影响表达内容。信息生态的失衡，即信息服务的提供方可能利用掌握的隐私数据进行不当营销或通过行为操纵来吸引特定标签化的群体关注，从而损害用户利益与破坏公平竞争的市场环境。

（二）个性表达扩大信息规模

当代青年作为互联网原住民，会通过网络存储人生各个阶段的大量个人信息，时间跨度之长与空间范围之广都是前所未有的。他们的表达欲与分享欲非常旺盛，加之社交压力的驱使，他们大概率会在网络空间形成关于自身思想性格、行为倾向的数据库。这些数据的累积均不同程度反映了用户个体在网络空间中的活动轨迹。基于广泛的用户数据，相关人员通过用户属性的分类，利用一定的技术得到用户特征，提炼成用户标签，最终可以进行详细的用户画像。[1]个人数据信息的增长速度随着主体的在线行为而显著加快，这些数据形成了庞大的数据集合。

个人数据通常可以分为三个主要类型。首先，个人基本信息维度。这些信息涵盖了姓名、年龄、居住地址、社会关系等人口统计学要素，构成了个体身份识别的基石，是数据世界中个体身份认证与追溯的起点。其次，个人行为数据维度。用户接触智能终端时的点击、分享、浏览、购买、出行、睡眠等行为数据均可通过传感器、摄像头、浏览记录等途径被记录。[2] 这些行为数据，如同数字时代的"生活日记"，详尽描绘了个体的网络行为与生活习惯，为深入理解个体行为规律提供了宝贵素材。最后，个人偏好数据维度。相关人员通过关系数据、模糊计算等方法，利用大数据技术，归纳、预测个人的偏好信息，深入挖掘并提炼出个体在日常生活中的潜在选择倾向与兴趣点。

① 陈素白，顾晨昱，吕明杰．"躺平"还是"保护"：社交媒体隐私保护行为悖论研究——"U"型关系与数字代际比较［J］．情报杂志，2023，42（01）：158-167．
② 钟瑛，刘利芳．信息传播中的隐私侵犯及保护［J］．新闻与写作，2018（02）：23-26．

这一信息分类与处理的过程固然会促进大数据精准营销、即时分析能力的提升，为网络平台实现从数据洞察到个性化服务的无缝对接提供助力，但与此同时，也悄然增加了个人隐私信息的暴露面。系统分析与整合后的数据，因其蕴含的巨大商业价值，成了不法分子觊觎的对象，数据泄露的路径变得多样化且难以预测，个人隐私泄露的风险随之急剧上升。黑客攻击、内部人员泄露、软件漏洞以及不完善的隐私政策都可能成为隐私泄露的渠道。个人数据一旦落入不法分子之手，可能会造成身份盗窃、金融欺诈、恶意骚扰等严重后果，即使是在合法的情况下，数据的不当使用也可能对用户的隐私权造成侵犯。个人数据规模的急剧膨胀与数据特征的日益复杂化，使隐私保护成了一个亟待解决的重大课题。

（三）隐私悖论凸显意识欠缺

在数字生态下，青年群体作为网络平台的深度用户人群，普遍对个人信息权益呈现出低度关注与浅层认知。这一现象不仅体现在对新媒体环境下个人信息收集机制、数据处理逻辑及潜在应用场景的模糊理解上，还凸显出对隐私泄露风险认知的严重不足。用户往往难以准确把握哪些信息是必要的，哪些信息可能超出合理范畴，更不清楚这些信息在后续如何被利用，甚至可能用于何种未知目的，这种信息不对称加剧了隐私保护的脆弱性。

关于信息安全问题，一方面，青年群体在心理上表现出警觉与抵触，担忧个人信息被不当利用或侵犯；另一方面，实际情况是，用户却往往因各种动机（如社交需求、便利性追求等）而主动或被动地披露个人隐私信息。用户对新媒体环境需要收集的个人信息以及这些信息的用途并不了解，也不知晓侵犯个人信息安全的形式和特点，甚至在个人信息遭受非法侵害时，他们的维权意识不强，隐私保护意愿也不强烈，对维权方式和渠道知之甚少，且缺乏维权技能，进而在权利受损时难以有效维护自身的合法权益。

这种现象深刻揭示了当前社交媒体隐私保护领域面临的"隐私悖论"困境，即用户在担心个人信息和隐私遭遇侵害的同时，又披露自己的隐私，其中一种表现为用户在经历隐私侵犯后，并没有更强的隐私保护意愿或采取更积极的隐私保护行为。① 社交网络用户对个人隐私问题有很高的关注度，但仍会乐此不疲地在社交网络中表露或分享个人信息。人们越在意隐私问题，就会越努力地保

---

① 陈素白，顾晨昱，吕明杰. "躺平"还是"保护"：社交媒体隐私保护行为悖论研究——"U"型关系与数字代际比较［J］. 情报杂志，2023，42（01）：158-167.

护个人信息，自我表露行为也会越谨慎。学者们将用户的隐私关注与隐私披露的不一致性或者无关性称为"信息隐私悖论"，或简称为"隐私悖论"。① 这种出现在用户隐私保护态度与行为之间的摇摆，恰恰反映了隐私保护与个体需求之间的深刻矛盾。

二、数据霸权——平台利用

（一）隐私政策的合规性与用户到达

网络平台在提供服务时会产生用户信息收集的需求，需要依法合规提供平台隐私政策，罗列相关条款让用户知晓自身信息的被利用情况。隐私政策是网站承担社会责任的具体体现，是用户寻求个人信息保护的规范，也是监管部门重要的执法依据。② 网站应借助隐私政策，向用户告知其收集、使用、处理用户的个人信息等预期实践，从而回应社会关切，舒缓用户对自身"权利黑箱"的忧虑。隐私政策的制定与披露，既是网站保护用户的重要措施，又是网站的一项法定义务。《中华人民共和国网络安全法》（2017 年 6 月 1 日实施）第 41 条规定："网络运营者……公开收集、使用规则，明示收集、使用信息的目的、方式和范围，并经被收集者同意。"然而，在实际生活与应用实践中，仍有部分网络平台未能严格遵守相关条例，在隐私政策内容修订、告知以及后续的信息处理与利用环节存在走过场、不合规的现象。

中国消费者协会曾于 2018 年 7 月 17 日至 8 月 13 日组织开展"应用软件个人信息泄露情况"问卷调查，调查结果显示，手机应用软件存在过度采集个人信息的趋势，且应用软件隐私政策的"合规性"及"标准化程度"有待提高。2018 年 11 月 18 日，中国消费者协会再次在北京召开新闻发布会，通报 100 款应用软件的个人信息收集与隐私政策测评情况，而测评结果极不乐观。应用软件隐私政策是否符合法律的规定并与之对接？是否担负起了其应有的责任？是否在保护个人数据方面取得了预期的成效？这既需要法理的审视，又需要实践的检验。

另外，隐私政策的设立在用户到达层面存在显著的实效性问题，连篇累牍

---

① KOKOLAKIS S. Privacy Attitudes and Privacy Behaviour：A Review of Current Research on the Privacy Paradox Phenomenon ［J］. Computers & Amp；Security，2017（64）：122–134.

② 李延舜. 我国移动应用软件隐私政策的合规审查及完善——基于 49 例隐私政策的文本考察 ［J］. 法商研究，2019，36（05）：26–39.

的专业名词和条款消解了用户方深入理解的欲望，未明确勾选同意就无法正常使用平台功能的规则设置，也让用户对自身隐私权益的关注似乎成了一种无关紧要的行为。应用软件隐私政策呈现出从纯粹的阅读文本向功能文本转变的趋势，实际达到的效果微乎其微。

（二）信息集成化模糊隐私边界

在数字化浪潮的席卷之下，青年群体作为社会活力的核心组成部分，其广泛而复杂的社会心态得以通过网络平台进行数字化呈现，这些包含个体情感与认知的表达内容被精准捕捉后，被网络平台进行分类与集成处理。这不可避免地促使公共领域与私人领域的界限经历了从模糊化到渐趋消融的变迁，在网络空间当中，隐私边界的界定变得愈发复杂且难以明确划分。

尤为值得关注的是，信息集成化与云端存储技术的普及，虽然极大地提升了数据存储与处理的效率，但也无疑成了隐私泄露与信息安全问题的培育温床。阿里云、百度云、腾讯云等各种云存储模式被政府和企业广泛使用，这标志着数据存储与管理模式的一次革命性飞跃。一方面，这有效解决了各终端存储空间不足、不同设备之间难以实现资源共享等问题，极大地提升了信息处理的灵活性与便捷性；另一方面，这种云存储模式却存在不同程度的企业和个人信息泄露的风险。具体而言，云存储平台作为数据存储与共享的核心枢纽，承载个人与团体组织海量的敏感信息。然而，随着网络攻击技术的不断演进，黑客利用漏洞入侵云存储系统窃取数据的案例屡见不鲜，再加上自然灾害等非人为因素的影响，云存储平台的安全防线一旦被攻破，用户数据就如同暴露在光天化日之下，个人隐私、商业机密乃至国家安全的敏感信息都可能被不法分子轻易获取，进而造成一系列严重的后果。

此外，随着物联网、人工智能等技术的快速发展，数据之间的关联性与复杂性日益增强。这意味着，即使单个数据点看似无害，但在与其他数据结合分析后，也可能揭示出用户的隐私信息或敏感行为模式。因此，在数字化时代，对网络平台的开发和建设者来讲，保护用户数据安全与隐私已不再是简单的加密与隔离，而是需要综合考虑技术、法律、伦理等多个层面的复杂系统工程。

（三）资本逐利诱发违规陷阱

在深入探讨平台运营管理中信息收集的必要性及其与大数据时代背景的交融时，不得不承认，信息的收集与管理是维护网络空间秩序、促进文明交流的关键环节。在匿名性盛行的网络环境中，恶意言论、人身攻击及网络暴力等问题的频发，严重威胁了网络生态的健康与和谐。因此，合理、合法地收集用户信息，不仅有助于平台及时干预并遏制这些不良行为，还能为构建更加安全、有序的网络交流环境提供有力保障。

然而，大数据的潜力与风险是并存的。随着信息技术的飞速发展和数据量的爆炸式增长，大数据已成为驱动商业创新与决策制定的核心要素。企业通过深度挖掘和分析用户数据，能够精准把握市场需求、优化产品与服务、制定差异化的竞争策略，从而在激烈的市场竞争中占据有利地位。在这一过程中，青年群体作为当代互联网消费平台的"主力军"，其个人信息数据作为大数据的重要组成部分，其价值被无限放大，成为企业竞相争夺的战略资源。

部分企业在追求商业利益最大化的过程中，不惜采取非正当手段收集和使用用户数据，严重侵犯了用户的隐私权。这些手段包括但不限于捆绑销售、强制授权、利用系统漏洞非法获取数据，以及通过诱导用户追求个性化服务而主动披露隐私信息等。例如，一位名为 Menelik 的威胁行为者，2024 年 4 月 28 日试图在 Breach Forums 黑客论坛上销售其盗取的包含 4900 万用户数据的戴尔数据库。此后，相关销售信息已被移除，这说明该数据库可能已被他人购买，该购买者通过发送带有钓鱼链接或含有媒体（DVD/U 盘）的电子邮件给某些特定群体，借他们之手在目标设备上安装恶意软件，以此牟利。[①] 同年 4 月 15 日，被称为"Dunghill"的犯罪团伙，要求安世半导体（Nexperia）对他们未经请求的非法渗透行动支付赎金，并威胁放出敏感的商业机密数据。在数据利益的驱使下，部分企业或黑客可能对个人信息进行无节制的采集、处理、利用和发布，并向第三方销售，构成对互联网使用者隐私的侵害。[②] 这种行为不仅损害了用户的合法权益，还破坏了市场的公平竞争秩序，对社会信任体系构成了潜在威胁。

三、挑战迭代——空间治理

习近平总书记曾指出："互联网领域发展不平衡、规则不健全、秩序不合理等问题日益凸显。"[③] 当今，数字化时代的网络空间是一个打破时空界限的虚拟

---

① 戴尔泄露 4900 万用户购物数据［EB/OL］.（2024-09-27）［2025-07-07］. https：//www. bleepingcomputer. com/news/security/dell - warns - of - data - breach - 49 - million - customers-allegedly-affected/.

② 冯洋. 从隐私政策披露看网站个人信息保护——以访问量前 500 的中文网站为样本［J］. 当代法学，2019，33（06）：64-74.

③ 习近平. 在第二届世界互联网大会开幕式上的讲话［N］. 人民日报，2015-12-17（1）.

空间，使双向、多向性传播成为可能。再加上网络本身开放性、不确定性等特点，加大了网络犯罪的治理难度，网络安全风险进一步加大。① 我国虽已构建了较为完备的基础网络信息保护制度框架，但面对技术的迭代更新，网络空间治理所面临的挑战呈现出前所未有的复杂性与长期性。这种挑战不仅考验着制度设计的前瞻性与适应性，更对监管技术的创新能力和响应速度提出了更高的要求。

从技术演进的视角深入剖析，网络空间治理面临的是一种动态循环的挑战机制。在这一状态下，每当新技术即将或刚刚崭露头角之际，原有治理框架下难以预见和覆盖的问题便开始显现，如技术滥用、监管盲区等。随着技术的进一步升级与革新，如云计算、大数据、人工智能、区块链等前沿技术的广泛应用，不仅极大地拓宽了网络空间的边界，还催生了更为隐蔽、复杂且跨域的网络风险与威胁。网络技术的飞速发展与网络治理体系革新之间的不匹配现象日益凸显，形成了网络实践探索与治理范围的断层。这一断层不仅加剧了隐私泄露与信息安全的风险，还使不法分子能够利用技术优势实施更加精准和高效的网络攻击与数据窃取活动。在此背景下，青年群体的数据安全与隐私保护问题面临着前所未有的挑战，个人权益保障成为网络空间治理中亟待加强的环节。

四、总　结

在应对青年群体网络表达中的隐私保护与信息安全挑战时，需从用户个人、平台运营及网络空间治理三方面综合施策。

从用户个人层面出发，首要的任务是提升青年群体等用户的数字素养与隐私保护意识，通过教育与宣传引导用户正确、安全地使用网络，学会在享受网络便利的同时，审慎评估个人信息的价值，并在遭遇隐私侵犯时采取主动措施保护自己的信息安全权益。

在平台运营层面，隐私政策的完善与透明度的提升是基石。平台需制定清晰、易懂且符合法律法规的隐私政策，确保用户能够充分理解其数据如何被收集、使用及共享，并在此基础上获得用户的明确同意。同时，平台应不断加强数据处理技术的研发与应用，采用先进的加密技术和匿名化处理手段，构建坚不可摧的数据安全防线。此外，高效的数据泄露应急响应机制，对保护用户隐私免受侵害至关重要。

---

① 周尚君．习近平法治思想的数字法治观［J］．法学研究，2023，45（04）：3-20．

从网络空间治理的宏观视角来看，构建一个综合监管体系是保障隐私安全的必由之路。政府应加快制定和完善相关法律法规，明确数据主体的权利与义务，为隐私保护提供坚实的法律基础。同时，政府应建立跨部门协作机制，整合各方资源，形成监管合力，加大对网络隐私侵权行为的打击力度。

通过综合施治，我国网络空间安全治理体系将能够更好地适应技术发展的步伐，为数字经济的健康发展提供坚实保障，也为青年群体的网络表达排除障碍。

第五节　青年群体负面网络社会心态的成因

一、网络环境因素

（一）网络空间的虚拟性

网络空间作为现实世界的数字映射，其内在的虚拟性特质尤为显著。这一特性不仅根植于现实世界，还在其基础上构建了一个超脱于物理束缚的虚拟环境，此环境在某种程度上弱化了青年群体对现实社会中道德与法律约束的敬畏。在此空间内，青年群体持有一种"法不责众"的心理，此"法"的概念还广泛涵盖了与网络社会运作紧密相关的各类行为规范。他们摆脱了面对面交流带来的责任感缺失及道德伦理压力等，网络空间成了个人行为自由度显著提升的场所，进而导致网络行为的放任与失控。

在高度虚拟化的交流环境中，青年群体不仅易于降低自我道德标准，还可能催生一系列违背现实社会规范的思想与行为。值得注意的是，网络主体的虚拟性同样不容忽视，它们可能是智能代理，也可能是出于特定目的进行角色扮演的个体，这种不确定性极大地削弱了网络传播内容的可信度，进而引发了网络欺诈、青年沉迷虚拟世界等社会问题，严重影响了青年群体健康价值观的形成。

网络空间以其独特的魅力满足了青年群体的好奇心与虚荣心，青年正处于价值观塑造的关键时期，其选择行为的判断力易受网络潮流的影响，可能采用极端手段来达到目的，进而诱发病态心理。当前，网络空间已发展为一个成熟的产业生态系统，涵盖了从内容生产到消费的全链条，尤其以游戏为代表的娱乐内容深受青年青睐。然而，网络空间内货币使用的便捷性及其概念的模糊化（如游戏内的虚拟物品、点券等），模糊了青年对金钱与价值的认知边界，激发了攀比心理及不良消费行为的产生。网络空间的虚拟性对青年群体的价值观构建有巨大影响。

（二）网络信息的碎片化

随着媒介技术的日新月异，信息传播模式经历了从单一向多元、从静态向动态的深刻变革，这一进程不仅极大地拓宽了信息获取的渠道，还重塑了人类的认知结构与思维模式。在当今这个被网络信息全面渗透的时代，信息的丰富性与多样性无疑为青年群体提供了前所未有的社交互动与知识探索平台，精准契合了青年群体个性化、即时性的信息消费偏好。然而，这一繁荣景象背后，隐藏着受众信息处理能力相对滞后与外部环境复杂多变的矛盾。青年群体虽是数字原住民，但其信息筛选、整合与批判性思维能力尚不足，极易在海量、碎片化信息的包围下，形成对媒介的过度依赖乃至产生"媒介依存症"。

碎片化信息以其短小精悍、即时更新的特点，虽满足了即时性需求，却往往缺乏系统性、连贯性和深度，难以构建完整的知识体系与逻辑链条。长此以往，可能影响青年深度思考与逻辑分析能力的发展。同时，信息同质化现象伴随着碎片化加剧，使受众在便捷地获取信息时不得不面对信息过载和倦怠。当碎片化内容持续地占领受众的精力和注意力时，受众将出现注意力分散、思维跳跃等情况。人们对碎片化信息的短暂满足感往往伴随着之后更加深刻的空虚感，长此以往，这会对人们的独立思考能力、批判性思维等产生挑战。

在互联网世界中，人人都能够成为信息发布的主导者、生产者、传播者，人们能够根据自己的兴趣爱好和偏向自主地传播和接收信息，这也使碎片化信息更加丰富地充斥在网络空间中，培养了受众浅阅读的信息接收习惯。[1] 当受众有限的注意力被海量碎片信息占据时，受众对深入阅读便逐渐失去了耐心。这种信息接收习惯的改变，进一步催生了信息倦怠的现象，当个体长期处于信息过载的状态时，其面对无休止的信息刺激难以有效地整合和吸收，对信息处理会产生疲惫感以及逃避心理。这不仅削弱了受众深入思考的能力，还可能进一步加剧整体认知的浅薄化。

---

① 杨柳青，王建新. 解构与重构：基于自媒体信息碎片化传播的思想政治教育话语研究[J]. 学习论坛，2020（02）：10-16.

（三）网络平台的商业化

大数据时代，平台经济成为经济发展的强大驱动力，逐渐深入社会发展当中，同时也重塑着人们的行为方式。[①] 从网络平台的经济功能来看，平台经济就是在数字技术发展的基础上，将数据作为生产力从而产生资源配置的新方式。其分配和处理效率远远高于传统的消费和配置模式，这种经济模式不仅能够为平台创造出极高的价值，还能全面地推动社会经济发展。在网络平台中，商业模式多种多样，较为普遍的是目前网络数字游戏中的经营体系、电商平台经济等，这些是当前大众接受度较高的板块。

自互联网高度发展后，网络经济越发丰富，尽可能地囊括了所有受众。在人们已然习惯使用网络平台后，网络平台自然而然地产生了适配于网络的各种经济服务。除线上购物之外，网络平台还存在着大量的虚拟消费，如在进行网络数字游戏娱乐时，游戏中使用的道具、虚拟服饰等都属于需要支付但得不到实体物品的虚拟消费，并不是所有人都能够接受这种类型的网络消费。

网络平台的商业化能够带来大量的经济利益，所以网络经济的人群和行业也就更加多样，随之而来的是监管不力、欺骗性消费等不良现象。监管不力的问题在于网络平台经济的高度动态性与跨界融合特性，其对既有的监管体系提出了巨大的挑战，并且以往也并不存在能够参考的内容。传统的监管模式难以跟上网络发展的速度，导致监管体系在升级换代的过程中出现空白期，这让一些不法分子有了可乘之机。这不但损害了一部分消费者的合法权益，还降低了受众对网络平台经济的信任度和接受度。

值得注意的是，与实体经济中明确并且可依的追溯机制相比，网络平台的匿名性、虚拟性等特征难以给受众提供安全感，这不仅增加了消费者维权的难度，还降低了不法分子的违法成本。这在一定程度上使部分受众抗拒使用网络消费，他们对网络平台的商业化产生抵触心理。

此外，在网络平台，每个人的个人信息都以数据的形式呈现，但平台对个人信息的保护存在着漏洞，个人数据成为推动精准营销、促进消费的重要资源。在使用平台进行消费的过程中，个人信息有隐私泄露风险，这在一定程度上给人们带来了信息安全隐患。网络平台商业化在带来可观利益的同时，也带来了许多方面的挑战，是一个具有双面性的经济模式。

---

① 易宪容，陈颖颖，于伟. 平台经济的实质及运作机制研究［J］. 江苏社会科学，2020（06）：70-78，242.

二、社会环境因素

(一) 社会转型期的压力

根据《社会蓝皮书：2022 年中国社会形势分析与预测》可知，我国已迈向新经济社会形态的新社会转型阶段，社会转型期给人们带来的压力包括但不限于高度的不确定性、突发性和紧急性等。

对青年群体而言，他们当前的学业压力较大，同时就业环境欠佳，在发展方面存在着巨大的压力，物质与精神方面挑战都较大。例如，在文化道德方面，文化表达和冲突在社会转型期非常容易出现，在转型阶段会碰撞出新的观念、想法，甚至新的产业等，由文化矛盾和观念矛盾引发的冲突，更容易引发一系列伴生压力现象发生。网络时代的生活方式与传统道德体系的冲突，以及社会结构的变迁、经济的飞速发展与转变，导致人们在不断出现的新内容面前缺乏规范和引导，从而加剧社会生活的紊乱。

在以经济发展为主的社会发展规划中，个人利益不断觉醒，个人把自我利益作为生活运行的原则。自我利益与市场经济的发展息息相关，"一切朝钱看"成为一种社会趋势①，成为很多人的行事衡量标准，在社会转型期间更展现得淋漓尽致，从而在拜金主义、享乐主义的操纵下，让人们陷入普遍的道德困惑。在支持大家追求自身利益的环境中，人们容易迷失在物的世界中，久而久之，人们在精神层面会产生空虚和空白，精神世界匮乏后文化环境也就大打折扣了。

(二) 社会价值观的多元化

随着社会的快速发展以及全球化的深入，我国社会结构、经济发展模式等都发生了深刻的变化，在这种变化中浮现出多元的价值观。"价值观的实质就是多元利益的判断问题，价值观就是利益观的价值判断体系"。② 随着经济文化以及互联网的发展，我国社会阶层逐渐多元化，不同的价值主体之间的差异必定带来价值观的差异。毋庸讳言，价值观内容的反叛性增强，一些负面的价值观开始得到广泛传播，如封建迷信、粗俗、特权观念等。此外，当今舆论环境更加自由开放，人们可以把自己的思考通过大众媒介主动进行表达，这更深层次

---

① 苏永利，李吉顺. 社会转型期的道德困境及其消解途径 [J]. 吉林师范大学学报（人文社会科学版），2019，47（05）：102-107.

② 中共中央关于构建社会主义和谐社会若干重大问题的决定 [N]. 人民日报，2006-10-19.

地丰富了价值观。

价值观的表达反映出社会生活的变化以及发展。随着社会经济的高速发展，人们对美好生活的需求不断提升。在物质方面得到基本满足之后，人们便会有更多的时间和精力来进行思考。人们的价值观具有时代性，通过对时代发展的把握，来满足自身对美好生活的追求。在接触网络空间时，网络空间充斥着大量西方价值观的资讯，人们逐渐受西方化的自由、平等等价值观的影响，对自我利益的过于关注导致忽略大局观，产生意识形态层面的异化。在对网络的深度接触中，人们更加清晰地认识到人与人之间的差异，产生了强大的理想与现实之间的心理落差，加剧了价值观的转变，形成分化和隔阂。

（三）社会信任的缺失

社会信任是一种维持社会秩序、进行社会控制、表达与维护团结的社会机制，有助于行动者消减社会交往中的易变性和不确定性。社会信任是社会稳定与社会和谐发展的基石，在信息爆炸的时代，网络信息的真实性、全面性以及透明度往往难以保证，网络诈骗、虚假新闻等事件层出不穷，这些都使社会信任逐渐下降甚至缺失。随着人口流动性的增强、市场经济的发展，传统的熟人社会被打破，取而代之的是陌生人之间的联系变得更为平常，其信任关系呈现出脆弱、质疑等特征。在缺乏社会信任的情况下，民间很多道德规范在一定程度上逐渐失灵，人们不愿意过多地信任别人，人与人之间的真诚度也大大降低，人际关系变得疏离。同时，海量信息与快速传播虽然让人们更快捷地掌握了信息，但也造成了信息过载的问题，人们难以分辨信息的真实性和可信度，虚假信息泛滥，信任危机越发严重。

此外，公正性缺失，侵蚀了公众对制度的信任，在全球化大背景之下，不同的价值观碰撞加剧了信任判断的复杂化。由于现实条件的差距，不同群体对现实的认知有很大差异，彼此难以产生对对方的信任。文化是人们精神财富的生产根基，承载着传播文化和教化大众的神圣使命。在文化领域中，学术造假、学术腐败等现象层出不穷，这使传统观念中诚实守信、遵纪守法的观念被打破，导致部分群体对社会产生冷漠情绪，抛开信任，以冷漠和消极来应对社会交往，其行为呈现边缘化。社会由人构成，而社会的畅通则需要社会成员之间的友好协作以及信任。在网络化的社会环境中，人们会因过度防御和自我保护而相互否定，社会个体的孤独感会增强，对人们全面的积极发展产生压迫，并由此产生难以消解的焦虑情绪。

三、个体因素

（一）青年群体的心理特征

首先，青年群体具有不同程度的焦虑感。新浪微博数据显示，学习和工作是最能引发青年网民焦虑感的因素。巨大的社会竞争压力使社会焦虑覆盖了所有人。在现实社会中受到打击或者产生无法立即改变的事情时，青年群体通常会选择投入网络虚拟世界中，从中获得一些补偿，同时焦虑情绪也会在虚拟的网络空间中得到一定的释放。网络虚拟空间评论区成为当代青年排解焦虑情绪的重要渠道之一，他们将自己的困扰和焦虑情绪等进行释放，并从中找到共鸣。

其次，青年群体具有从众心理。青年群体在这个阶段较重视他人对自己的态度、印象，在做出某个行动时，他们会率先思考会不会受到他人的反对、会不会成为异类等。所以在网络空间中，海量的观点和内容使青年群体受到强大的信息冲击，他们自己的行为选择以及观念表达变得更加重要、更有压力，稍有不慎便容易产生"网络暴力"的不良现象。在网络空间中，他们选择从众能够得到更多的情感需求，以便更快地找到自己的"同类"。

再次，青年群体具有泛娱乐心理。娱乐能让人放松，舒缓人们的压力。随着新媒体技术的不断发展，娱乐的功能正在不断放大。随着信息化和数字技术的不断发展和普及，娱乐开始超出原本的限度，渗透到社会生活各领域，产生了一种"泛娱乐化"倾向的虚幻世界。① 当代青年群体作为在"泛娱乐化"语境下成长起来的群体，自然也成了"泛娱乐化"俘获的主要受众。他们不仅在日常生活中存在这种心理特征，在网络空间也是如此。青年群体意图通过不断接受"泛娱乐化"生活，让自己短暂地逃离焦虑和压力，获得喘息的空间。

最后，青年群体具有"炫耀"心理。青年群体在现实生活中受到学校或者工作单位的约束和限制，一些"炫耀"的心理难以得到表达，自己的过人之处无法展示给大家从而受到大家的赞许和夸赞。美国心理学家马斯洛在《洞察未来》一书中指出，当人们物质需求得到满足时，人们会更偏向实现自我需求。青年群体在物质生活得到满足的基础之上，更加注重个人感情体验，具有更加强烈的情感表达需求。他们需要得到他人的认可和赞同，在网络空间，短时间

---

① 赵建波. "泛娱乐化"思潮对大学生价值观念的消极影响及其应对策略 [J]. 思想教育研究，2018（11）：72-76.

之内就能够受到来自天南海北的人群关注，更符合青年群体的需求，这在一定程度上也助长了他们的炫耀心理。

（二）青年群体的网络素养

由于网络空间的虚拟性以及开放性，青年群体可以在其中接触各种不同的信息和观念，但青年群体辨别网络信息的能力较弱，其知识储备与社会实践经验不够丰富，易受到不良信息的影响，尤其值得关注的是，在网络意识形态方面，部分国际敌对势力从未停止对我国青年群体意识形态的入侵。在新媒体时代，其入侵的方式更加多样和复杂，这对青年群体的辨别能力提出了更高的挑战。在网络空间信息呈指数级增长的同时，需要青年群体坚持正确的思想导向，提高辨别能力。

网络空间发布信息的门槛较低，时常出现谣言。青年群体在被网络谣言误导的同时，也容易在网络空间中散播谣言，这是因为青年群体的网络法律道德意识较为薄弱。他们会出于一时的好奇等心态，在网络空间中违反法律和道德。例如，在热点事件发生时，热点事件还没有得到证实，很多人就开始对其进行传播，不仅传播，有时候还会出现夸大其词的情况。关于他人与自己不同的言论和观点，他们难以接受和进行深度思考。

此外，网络安全意识有待增强。青年群体大多数接触的人群所处环境较为单一，普遍缺乏防范意识，难以辨别复杂信息。在网络空间中，技术的多样性和复杂性使骗子的操作空间更大，新型网络骗术层出不穷，让人防不胜防，尤其在网络社交、网络游戏等板块，青年群体更容易轻信他人，透露自己的个人信息，从而遭遇网络诈骗。

（三）青年群体的价值观

随着互联网的发展，青年文化呈现出多样性的特征。他们大多数倾向于按照自己的价值取向，来选择自己的生活方式或者交往行为。价值观的多元化与时代的发展息息相关，青年群体在网络中可以接触来自任何人群、任何地域的价值观，并且在此基础上逐渐建立属于自己群体中独有的价值观，进而影响自己的选择和行为。个体的自由与发展成为青年群体主要的生活目标，他们在价值取向上更加务实、宽容、多元，更易接受不同的观念。

互联网在逐渐为青年群体打开世界大门的同时，也影响了他们的交往观，青年群体更愿意选择使用匿名形式的间接交流方式，不可避免地产生网络沉迷、情感冷漠等现象。除此之外，青年群体的道德观也出现与道德评判相对化的现象。作为与互联网共同成长起来的群体，青年群体搭建起一个与现实世界完全不同的虚拟空间，并在其中模糊了很多概念，往往容易产生道德失范的行为。总而言之，青年群体的价值观更加多彩、多元，但不可否认的是，青年容易受到不良引导，这也是需要研究者认真对待的时代命题。

第七章

青年群体社会心态网络表达的引导与治理

第一节　青年群体社会心态网络表达的引导策略

一、加强网络素养教育

(一)　网络素养教育的内涵与重要性

随着新媒体时代的到来，网络成为青年群体获取信息及与外界进行交流的重要平台之一。青年无疑是最活跃的主力群体，网络成为他们发表看法、获取信息以及人际交往的重要渠道。

面对日新月异、不断创新的新媒体，青年的网络素养培养迫在眉睫，社会各方都需要不断探索新方法、新手段，了解并把握青年群体的思想状况，占据教育的主动权并及时地进行正确引导，共同为青年营造清朗的网络空间。

网络素养包括信息获取、分析、评价、传播及网络安全、网络伦理等方面的综合能力，具体是指个体在网络环境中获取信息、理解信息、评估信息、创造信息以及安全、合法、有效地使用网络工具和信息资源的综合能力。针对青年群体，网络素养教育旨在提升其网络认知能力、信息批判性思维、网络安全意识及网络道德责任感，使之能够在复杂多变的网络环境中保持理性判断，积极参与网络文化建设。众所周知，"信我"时代到"秀我"时代的转变，意味着信息时代的权力变更。当代社会的把关人不仅是专业的新闻记者和媒体，还是青年群体。这就要求青年群体在对待问题时要保持批判的态度和精神，学会区分真相与假象。①

总体来说，加强青年群体的网络素养教育在个人、社会和国家层面都具有重要的意义和价值。因此，应该高度重视网络素养教育的发展和实施，为构建清朗网络空间、推动社会进步与发展贡献力量。

（二）网络素养教育的意义

当前，网络素养教育仍然存在许多问题：教育资源不均，即城乡、区域间网络素养教育资源差异大，部分地区的学生缺乏教育资源；教育内容滞后，即网络发展日新月异，现有教育内容难以跟上网络新趋势、新变化；教育形式单一，即多以理论教学为主，缺乏实践操作和案例分析，难以激发学生兴趣；家庭与学校不配合，即家庭在网络素养教育中的作用未充分发挥，家校合作机制不健全等。面对诸多问题与挑战，加强青年网络素养教育已是刻不容缓的重要工作。

网络空间是现实社会的延伸，其信息内容和传播方式直接影响着青年的价值观和社会认知。加强网络素养教育可以引导青年树立正确的世界观、人生观和价值观，增强青年对社会主义核心价值观的认同感和归属感，促进青年健康成长和全面发展。在数字化时代，网络素养教育不仅能够提升青年的信息辨别能力，还能增强其自我保护意识，使其避免受到虚假信息的误导和欺骗，减少个人隐私泄露、遭受网络攻击等风险。

加强网络素养教育，培养青年成为负责任的数字公民，要引导他们树立正确的网络道德观和法律意识，使其自觉遵守网络行为规范，尊重他人权益，维护网络秩序。这不仅有助于构建清朗的网络空间，还能为青年未来的社会参与和公民责任打下坚实的基础。

（三）具体措施

加强青年网络素养教育是一个系统性工程，需要从多个方面入手，以下将从社会、学校、家庭三个层面提出一些具体的策略。

1. 社会：政企协作

从社会角度而言，需从如下角度助力。

第一，完善法律法规。这无疑是最基础和最重要的工作，政府应持续推进网络素养相关立法工作，完善网络法律体系，明确网络行为的法律责任，为青

---

① 程仕波. 论"后真相"时代网络舆论的特点及其引导对策［J］. 思想理论教育，2018
（09）：77-81.

年网络素养的提升提供法律保障。

第二，加强监管执法。建立健全网络监管机制，加大对网络违法违规行为的查处力度，净化网络环境。通过技术手段加强对网络内容的监控和过滤，及时清理不良信息，保护青年免受有害信息侵害。

第三，开展宣传教育。通过多种渠道和形式开展网络素养宣传教育，加强法律法规宣传，普及法律知识，提高青年对网络素养的认识和重视程度。使他们了解网络行为的法律边界和后果，引导青年树立正确的网络价值观和使用观。

从企业角度而言，企业首先需要落实主体责任。互联网企业应增强自律意识，遵守法律法规，积极履行保护青年的社会责任，开发适合青年的网络产品和服务，如设置青年专属模式等。其次，加强内容审核管理。建立严格的内容审核机制，对不良信息进行及时清理和过滤，为青年提供一个健康、安全的网络环境。

此外，社会组织应积极发挥监督作用。第一，对社会的青年网络保护工作进行监督，及时发现问题并提出建议。通过组织网络素养相关的评估和调研活动，为政府和企业提供决策参考。第二，提供专业支持。为青年提供网络保护方面的咨询和帮助服务，如开展心理辅导、法律援助等。同时，积极参与网络素养教育相关的公益活动和社会责任项目，为青年网络素养的提升贡献力量。第三，社会教育补充。鼓励社会组织、公益机构等开展网络素养教育公益活动，如网络素养知识竞赛、网络安全宣传周等，提高青年的参与度和参与兴趣。增强青年对网络素养重要性的认识，提升其网络实践能力。搭建交流平台，建立网络素养教育交流平台，邀请专家、学者、教育工作者等共同探讨网络素养教育的问题和对策。

2. 学校：完善教育体系

首先，要将网络素养教育纳入课程体系中。学校通过融合学科教学、举办专题讲座、案例分析、模拟演练等方式，系统传授网络基础知识、信息检索与评估方法、网络安全防护技巧等，帮助青年掌握网络素养的基本知识和技能，培养青年成为负责任的数字公民。与此同时，学校也要关注青年的心理健康状况，提供心理咨询和辅导服务。网络思政时代，学校要进一步掌握对青年的话语主动权，要充分了解青年群体话语特征，以年轻人喜闻乐见的形式发声，增强教育的影响力、号召力和说服力。①

---

① 窦靓. "95后"大学生在新型社交媒体上的行为习惯及引导策略研究——以南京农业大学为例 [J]. 大学教育, 2020 (05)：188-191.

其次，丰富教育资源，开发多样化的网络素养教育资源，包括教材、课件、在线课程、模拟软件等，满足不同年龄层次学生的需求。例如，组织专家开发专门教材，其内容涵盖网络基础知识、网络行为规范、网络安全防护等方面。学校也可以利用新媒体技术开发在线课程，方便青年随时随地进行学习，或是在信息技术课程中加入网络素养相关内容，如信息识别、网络安全、网络伦理等。

此外，学校要加强师资队伍建设并建立相应的评价体系。学校要培养一支具备较高网络素养的教师队伍，提高教师在网络素养教育方面的专业能力和教学水平。鼓励教师参与网络素养教育培训和交流活动，不断提升教师的网络素养水平。此外，评价体系是检测教学成果的重要部分，学校应制定网络素养教育评价标准，通过考试、测评等方式评估青年的网络素养水平，并根据评估结果调整教学策略。

3. 家教育庭：辅助

鼓励家长与青年进行关于网络使用的开放对话，了解青年的网络行为和心理需求，关注青年的网络行为和心理变化，避免沉迷网络和接触不良信息，营造良好的家庭网络环境。

二、优化网络内容生态

中国作为全球最大的互联网市场之一，网民规模持续扩大。截至 2024 年 6 月，我国网民规模近 11 亿人，互联网普及率持续提升。如前文所述，手机网民占总体网民的绝大多数，移动网络速度的大幅提升和智能手机的普及进一步推动了互联网的使用。

网络内容呈现出内容多样性的特性，互联网上的内容极其丰富，涵盖了新闻、娱乐、教育、购物、社交等多个领域。短视频等新兴内容形式迅速崛起，成为用户获取信息和娱乐的重要渠道。信息传播也呈现了速度快、范围广的特点，具有较强的即时性和互动性。社交媒体在信息传播中扮演了重要角色，是公众获取新闻、表达意见和社交互动的主要平台。

随着社交媒体的发展，青年面临很多挑战，优化网络内容生态显得尤为迫切。

（一）提升技术能力

扩大技术在网络内容生态建设中的应用范围，首先利用技术强化监管手段，运用大数据、人工智能等现代信息技术，提升网络监管的智能化、精准化水平，提升对网络内容的监测、过滤和审核能力。同时，对具有信息处理、编辑、发布能力的新闻业，要增强准入管理措施，正向引导新闻媒体发挥喉舌作用，为培育新青年提供引领。相关部门要及时发现并处理不良信息，净化网络环境。其次，通过相关技术建立和推广网络辟谣平台，对网络上流传的谣言进行及时澄清。最后，技术精准分析智能引导。通过算法、大数据和人工智能技术对青年网络表达进行精准分析，了解青年的真实需求和诉求。根据分析结果，制定个性化的引导策略，通过智能推荐、精准推送等方式，向青年传递正能量和积极信息。

（二）强化平台责任

平台也是网络内容生态中不可忽视的重要环节。首先，要完善审核机制，明确网络平台的主体责任，网络平台应建立健全内容审核机制、用户举报机制等，采用人工审核与智能审核相结合的方式，对发布的内容进行严格把关，加强对网络内容的监管和管理，确保信息的真实性和合法性。其次，加强自律管理。鼓励网络内容生产者和传播者加强行业自律，网络平台应自觉遵守相关法律法规和道德规范，主动承担社会责任，积极营造健康向上的网络文化氛围，共同维护网络内容生态的健康发展。

（三）推动优质内容生产

改善网络生态环境直接的做法就是提供优质的内容。相关部门不仅要引导网络文化创新，弘扬正能量，还要鼓励优质内容创作，如通过设立专项基金、举办网络文化节等方式，支持优秀网络文化产品的创作和推广，激发青年创作热情，优化网络文化供给。通过政策引导和市场机制，推动网络内容生产向专业化、精品化方向发展，提升网络内容的整体质量和水平。与此同时，强化主流价值引领，充分利用网络平台和新媒体工具，广泛传播社会主义核心价值观，弘扬中华优秀传统文化。提升网络文化品质，倡导原创性、思想性、艺术性、观赏性并重的网络文化产品，加大对原创内容的扶持力度，鼓励内容创作者生产更多高质量、有价值的作品，满足人民群众的精神文化需求，提高网络文化的整体质量，营造健康向上的网络文化氛围。

（四）深入了解青年

针对青年的网络生态优化，需要深入了解青年的需求。通过问卷调查、座谈交流等方式，及时了解青年对网络内容的需求和偏好，为网络内容的创新和优化提供依据。建立平等对话机制，鼓励网络平台与青年用户建立平等、开放的对话机制，倾听青年声音，回应青年关切，增强青年对网络文化的认同感和归属感。构建和谐网络社群，支持并引导青年组建积极向上的网络社群，如学习交流群、志愿服务群等，促进青年之间的互帮互助和共同成长。

三、完善网络法律法规

当今时代，网络已经成为青年群体展现社会心态、抒发个体情绪的重要载体。青年在网络的广阔天地中，通过各种方式表达着自己对社会现象的看法、对生活的感悟以及其内心深处的情感波动。然而，正因为网络的开放性和自由性，极容易在网络上出现一些不良的行为，因此，需要有相关的法律法规来对网络这一重要载体进行约束和管理。

（一）明确网络表达法律边界，划定网络言行规范红线

1. 制定详细的法律法规

针对青年群体在网络上常见的言论表达、信息传播等行为，相关部门应制定明确且细致的法律法规，使人们清楚地知道什么行为是合法的、什么行为是违法的，做到有法可查，有法可依，同时也让青年明白网络不是法外之地，在虚拟的赛博空间中，人们也应遵守相应的法律法规。例如，明确规定何种言论属于侮辱、诽谤、造谣等违法行为，何种信息传播属于侵犯他人隐私、知识产权等不当行为。

2. 划定不同程度违法行为的处罚标准

合理界定不同程度违法行为的处罚标准至关重要。在数字化时代，网络表达违法行为日益多样化且影响广泛，因此相关部门有必要根据网络表达违法行为的严重程度，科学、细致地制定相应的处罚标准，其中应涵盖警告、罚款、行政拘留以及刑事处罚等多种处罚方式。例如，在面对较为轻微的网络辱骂行为时，首先考虑给予警告，若情节稍重，可给予小额罚款，以此促使行为人认识到自身错误并及时改正。对那些严重的网络违法行为，尤其是已经造成重大社会影响的，相关部门必须严格依法追究刑事责任。只有确定明确的、具体的处罚标准，法律法规才能拥有有效的法律威慑力，这样人们才能在网络空间更加自觉地遵守法律法规，规范自身的网络表达行为，进而营造一个健康、和谐、有序的网络环境。

（二）夯实网络平台法律之责，筑牢网络平台法律之基

1. 强制平台履行监管义务

在数字化高速发展的时代，法律应当明确且具体地要求各类网络平台必须

切实建立健全完善的内容审核机制。对青年群体发布的各类信息，平台要进行严格细致的审查，因为青年群体在网络世界中活跃度高、影响力大，他们的网络表达往往能够迅速传播并产生广泛的社会影响。

平台如果未能及时发现并妥善处理违法违规的网络表达内容，那么就应当承担相应的法律责任。例如，如果在某社交平台上出现青年群体大规模的不良信息传播现象，平台在这个过程中没有充分尽到审核义务，没有采取有效的措施，那么就应当依据相关法律法规依法对其进行严厉的处罚。这样的方式能够促使平台高度重视并不断加强对青年网络表达的有效监管，为青年群体营造一个健康、积极、有序的网络环境。

2. 规范平台的用户协议

在网络世界中，网络平台的用户协议起着至关重要的作用。用户协议应当完全符合国家法律法规的明确要求，坚决不能通过设置不合理的条款来免除自身应当承担的责任，也不能以任何形式限制青年用户的合法权益。青年用户是网络世界中的重要群体，他们在网络平台上进行各种活动，其合法权益必须得到充分保障。相关部门要高度重视对平台用户协议的监管工作，对平台的用户协议进行定期严格审查，通过仔细审查用户协议中的各项条款，确保其在内容和形式上都完全合法合规。只有这样，青年群体在网络平台上的合法表达权利才能受到切实保障，青年用户才能在一个公平、公正、合法的网络环境中自由地表达自己的观点和想法，充分发挥他们的创造力和活力。这样也能促使网络平台更加规范，推动网络空间健康发展。

（三）构建法律宣传教育机制，铸就法规宣传教育体系

在数字化高速发展的时代，政府、学校以及社会组织等各方主体应紧密联合起来，积极开展网络法律法规的宣传教育活动。这一活动的开展具有至关重要的现实意义，尤其对青年群体而言。青年群体作为网络世界的重要参与者和主力军，其对网络法律法规的认知程度和理解深度，直接关系到网络空间的秩序与安全。针对青年群体充满活力、乐于接受新事物、思维活跃等鲜明特点，相关部门应采用多样化的宣传方式。例如，可以举办网络法律知识竞赛，通过设置丰厚的奖品和荣誉激励机制，吸引广大青年积极参与。在竞赛过程中，青年们不仅能够深入学习网络法律法规知识，还能增强竞争意识和团队合作意识。同时，网络普法短视频也是一种极为有效的宣传方式。相关部门可以利用短视频平台的广泛传播性和高人气，以生动有趣、形象直观的形式，将复杂的网络

法律法规知识转化为易于理解的小故事、小案例，让青年在轻松愉快的氛围中提高对网络法律法规的认知度和理解度，进而增强青年的法律意识，使青年在网络世界中能够自觉遵守法律法规，规范自身行为，营造一个健康、和谐、有序的网络环境。

（四）完善监督机制，稳固执法基石

1. 加强对执法行为的监督

在网络高速发展的时代背景下，建立健全网络执法的监督机制显得尤为关键。这一机制的构建，需从多方面入手，应涵盖制度建设、人员配备、技术支持等多个层面。应建立全面系统的监督机制，对执法部门的执法行为进行严格、细致且全方位的监督，确保执法过程的合法性，并应要求执法部门在网络执法行动中，严格遵循国家法律法规，不得超越法律权限执法。每一个执法步骤、每一项执法措施都应有明确的法律依据，杜绝任何违法执法行为。对不同的网络行为主体一视同仁，不论其身份、地位、背景如何，只要涉及网络违法违规行为，都应依据相同的标准和程序进行处理，不偏袒、不歧视任何一方。规范性更是执法过程中不可或缺的要素，从执法文书的规范填写到执法程序的有序推进，从证据的收集与固定到做出处罚决定，相关部门都应按照既定的规范和流程进行，确保执法行为的严谨与专业。防止执法部门滥用权力，是执法监督的重要任务之一。通过明确的权力边界划定和严格的监督问责机制，让执法部门时刻保持对权力的敬畏之心，不敢滥用手中的执法权力去侵犯青年群体的合法权益。同时，只有对执法行为进行严格监督，执法部门才能对青年群体网络表达的违法违规行为进行及时、准确的查处。及时查处意味着在网络违法违规行为发生后，执法部门能够迅速反应，第一时间展开调查和处理，不给违法行为蔓延和扩大的机会。准确查处则要求执法部门在处理网络违法违规行为时，必须准确认定事实、正确应用法律，确保处罚的恰当性和合理性，既达到惩戒违法行为的目的，又不会对青年群体的正常网络表达造成过大的影响。

2. 鼓励公众监督

在网络执法的过程中，执法部门建立公众监督渠道，至关重要。这一渠道可以通过多种方式搭建，如设立专门的网络监督平台、开通举报热线、建立电子邮箱反馈机制等，以便广大网民能够便捷地对网络执法行为进行监督。网络世界与每个人息息相关，广大网民分布在各个角落中，他们对网络环境有着最直接的感受和体验。他们积极参与监督，可以形成一张严密的监督之网。对执

法部门的工作提出意见和建议，是公众参与网络执法监督的重要方式。公众可以从自身的视角出发，对执法的方式方法、执法的力度、执法的公平性等提出宝贵的意见。这些意见和建议犹如一面镜子，能够反映出执法工作中存在的不足和问题，为执法部门改进工作提供重要的参考依据。

执法部门对公众反映的问题，必须高度重视并及时进行调查和处理。执法部门应成立专门的问题处理小组，确保在收到公众反映后，能够迅速行动起来，对问题进行全面、深入的调查。无论是执法程序不规范，还是执法结果存在争议，执法人员都应以严谨的态度进行核实。

在调查过程中，执法人员要保持公正、客观的原则，不偏袒任何一方，确保问题能够得到解决，并将处理结果及时向社会公开，这是增强网络执法公信力的关键举措。执法部门公开处理结果，能够让公众清楚地看到执法部门对问题的重视程度和处理力度，让他们感受到执法的公正性和严肃性。同时，公开处理结果也能够对潜在的违法违规行为起到震慑作用，促使网络行为主体更加自觉地遵守法律法规。通过这种方式，执法部门不断提升网络执法的透明度，为营造良好的网络环境奠定坚实的基础。

第二节　青年群体社会心态网络表达的治理路径

一、政府监管与平台自律相结合

在数字化高速发展的时代，网络已成为青年群体表达社会心态的重要平台。然而，由于网络的开放性和匿名性，不良社会心态的网络表达时有出现，如消极情绪的蔓延、网络暴力的滋生、虚假信息的传播等，这些不仅对青年群体自身的心理健康产生负面影响，还可能对社会的和谐稳定造成冲击。[①] 因此，政府监管与平台自律相结合可以营造健康、积极、理性的网络空间环境。

---

① 刘博，董倩倩．情境结构与动力机制：青年群体社会心态的网络表达［J］．中国青年研究，2021（10）：93-102.

（一）政府强化监管是治理青年群体社会心态网络表达的关键环节

1. 制定专项法规，完善法律体系

政府应不断完善法律法规，针对网络空间的特点和青年群体的行为模式，制定出更加具体、细致且具有操作性的法律条文。这些条文要明确青年群体在网络表达中的权利和义务，规范他们的网络行为，让他们清楚地知道什么可为、什么不可为。例如，制定专门的《网络信息内容生态治理规定》，详细界定网络信息内容生产者、服务平台及使用者的责任，为治理不良社会心态的网络表达提供坚实的法律依据。

2. 加大执法资源投入力度，建立高效执法机制

为了有效应对日益复杂的网络环境，确保网络空间的清朗与安全，政府确实需要不断加大执法力度，建立一支既专业又高效的网络监管执法队伍。这支队伍不仅是维护网络秩序的重要力量，还是促进社会和谐稳定、保护公民合法权益的坚实后盾。这支队伍应具备先进的技术手段和敏锐的洞察力，能够及时发现并查处网络违法违规行为。

对恶意煽动情绪、传播不良社会心态的网络内容，相关部门要进行坚决清理和严厉处罚。比如，对那些制造网络谣言、引发社会恐慌的行为，相关部门必须依法进行严厉打击，起到强大的震慑作用。此外，网络监管执法还应注重跨部门协作，与公安、司法、工信、市场监管等部门建立信息共享、联合执法机制，形成工作合力。同时，政府应鼓励社会力量参与网络监督，通过设立举报奖励制度、开展网络素养教育等方式，激发公众参与网络治理的积极性，构建政府主导、企业履责、社会监督、网民自律等多方参与的网络治理格局。

3. 创新宣传形式，强化警示教育

政府作为社会治理的引领者，确实应当承担起提升公众网络素养，尤其是青年群体网络素养的重任。青年作为互联网使用的主力军，其网络行为和网络观念直接影响着网络空间的健康与秩序。因此，积极开展宣传教育活动，多渠道、多形式地普及网络素养知识，显得尤为迫切。政府应通过多种渠道向青年群体普及网络素养知识，可以举办网络安全宣传周等丰富多彩的活动，引导青年树立正确的网络价值观，提高他们对网络信息的辨别能力和自我约束能力。此外，还可以利用主流媒体大力宣传网络法律法规和文明上网的重要性，营造积极健康的网络舆论氛围。

4. 设立官方发声平台，引导正面舆论

政府可以通过官方媒体和渠道积极传播正能量，引导青年群体树立正确的价值观和世界观。一方面，通过深入挖掘和报道社会中的先进人物、感人事迹，展现人性的光辉和社会的温暖；另一方面，通过制作高质量的专题节目、纪录片，深入解读国家政策、社会热点问题，为青年群体提供正确的认知视角和思考方向。比如，围绕国家的科技创新、乡村振兴等重大战略，制作生动形象的专题节目，让青年群体了解国家的发展方向和宏伟蓝图，增强他们对未来的信心。

同时，积极引导青年深入理解网络热词、网络流行语等。在网络时代，网络热词和网络流行语以其简洁、生动、形象的特点，可以迅速在青年群体中传播开来。然而，如果不加引导，这些热词和流行语很可能成为负面情绪的放大器。一方面，政府要及时关注网络热词和流行语的发展动态，分析其背后的社会心态和价值取向。对那些积极向上、富有正能量的热词和流行语，可以给予积极的推广和传播；对那些带有负面情绪、不良倾向的热词和流行语，要及时进行引导和纠正。另一方面，政府可以通过举办网络文化活动、开展网络素养教育等方式，引导青年群体正确使用网络热词和网络流行语，避免其被滥用和误用。例如，组织"文明用网，从我做起"的网络文化活动，引导青年群体在网络交流中使用文明、规范的语言，营造良好的网络语言环境。

总之，官方媒体和渠道要积极传播正能量，引导青年群体树立正确的价值观和世界观，同时加强对网络热词、网络流行语的引导，避免其成为负面情绪的放大器。这对治理青年群体社会心态网络表达、营造健康和谐的网络舆论环境具有重要意义。

(二) 平台强化自律同样不可或缺

平台作为网络空间的运营者和管理者，对青年群体的社会心态网络表达有直接的影响。

1. 构建均衡的内容审核体系，确保信息公正筛选

平台在维护内容健康与促进积极交流方面，要建立严格且高效的内容审核机制。这一机制不仅需要遵循法律法规要求，还应紧跟技术发展步伐，充分利用人工智能、大数据等前沿技术手段，增强内容审核的全面性、精准性和时效性。平台可以充分利用人工智能、大数据等先进技术手段，对用户发布的内容进行全面、精准的筛选和审核。

对不良社会心态、虚假信息等，平台要做到及时拦截和处理，确保平台的内容积极健康。例如，社交平台可以设置高效的关键词过滤系统，对涉及暴力、仇恨等不良情绪的词汇进行实时监测和处理。这样可以确保平台上的内容积极健康，为用户提供一个安全、和谐、有价值的交流空间。

2. 强化用户管理体系，确保用户行为规范有序

加强用户管理是平台自律的关键，它深刻影响着平台生态的健康发展与长期繁荣。为此，平台需精心构建详尽的用户注册与认证流程，实施严格的实名制管理，确保每位用户的真实性与唯一性，这不仅可以加强用户责任感，还能为后续监管行为奠定坚实的基础。同时，制定清晰的违规处理机制，对不良行为采取分级处罚，如从警告到限制功能乃至封号，来有效遏制不良风气的扩散。此外，建立全面的用户信用评价体系，基于多维数据综合评估，对正面行为给予奖励，如提升权限、优先推荐等，以此激励用户自律并积极参与平台建设，共同营造一个健康、和谐且有序的网络社区。

3. 开展社区建设，构建和谐生态

在推动青年群体参与健康网络交流与互动的过程中，社区建设活动扮演着至关重要的角色。这些活动不仅能够增强青年用户的归属感和参与感，还能有效引导他们形成正确的网络价值观和行为习惯。平台可以通过开展社区建设活动，积极引导青年群体参与健康的网络交流和互动。比如，举办"青年网络文明行动"等富有意义的活动，鼓励青年用户发布积极向上的内容，来营造良好的网络社区环境。

（三）政府与平台协同合作是实现有效治理的重要保障

1. 政企协同，构建高效信息共享生态

在数字化时代，政府与平台之间的紧密合作显得尤为重要，建立高效的信息共享机制是双方协同作战的基石。这一机制旨在促进平台及时向政府反馈网络舆情动态及不良信息情况，而政府则能为平台提供必要的政策指导和坚实的法律支持，形成双向互动、优势互补的良性循环。具体而言，当社会发生重大事件时，如自然灾害、公共卫生危机等，平台应凭借其庞大的用户基础和强大的数据分析能力，迅速捕捉公众的反应和关注点，将这些宝贵的一手资料及时、准确地传递给政府相关部门。政府基于这些实时、全面的信息，能够更加精准地把握社会脉搏，科学制定应对策略，有效引导舆论走向，维护社会稳定和谐。

同时，政府作为政策制定者和监管者，也需积极向平台提供政策指导和法

律支持。这包括但不限于明确网络空间治理的法律法规、提供政策解读和咨询服务、协助平台建立健全内部管理制度等。通过政府的政策引导和支持，平台能够更加规范、有序地运营，为用户提供更加安全、健康、有价值的网络服务。

总之，政府与平台之间建立的信息共享机制，是实现网络空间治理现代化的重要途径。这一机制不仅能够提升政府应对突发事件的能力和效率，还能够促进平台的健康发展和用户权益的保护。

2. 政府和平台携手并进，共筑网络治理新防线

在日益复杂的网络环境中，政府和平台之间的合作不再局限于信息共享，而是深化为联合行动，共同应对网络不良现象，守护网络空间的清朗与安全。[①]以打击网络谣言为例，这一合作模式展现出了前所未有的高效与协同。当网络谣言四起，影响社会稳定时，政府迅速响应，依托其权威的信息资源和公信力，第一时间发布官方声明，澄清事实，为公众提供准确、可靠的信息源。平台则凭借其较广的用户覆盖面和高效的传播渠道，将政府的权威信息迅速传递给每一个网民，形成强大的辟谣合力。这种"政府权威发声+平台广泛传播"的模式，有效压缩了谣言的生存空间，迅速消除了其不良影响，维护了网络空间的健康生态。

此外，政府和平台还积极探索更多合作形式，共同提升网络治理能力。双方可以定期举办网络治理研讨会，邀请专家学者、行业领袖及政府代表共聚一堂，就网络治理的热点、难点问题进行深入交流和探讨，分享成功经验，探讨创新思路。同时，针对网络治理的实际问题，双方还可以联合举办培训活动，为平台从业人员、网络志愿者等提供专业培训，提升他们的专业素养和治理能力，为网络治理工作注入新的活力。

通过这些联合行动和深度合作，政府和平台不仅能够有效应对网络不良现象的挑战，还能够共同推动网络治理体系的完善和发展，为构建清朗、安全、有序的网络空间贡献智慧和力量。

3. 构建政府监管与平台自律的双向互动机制，共塑青年网络表达新生态

在数字化时代，青年群体作为网络空间活跃的群体之一，其社会心态的网络表达不仅反映了青年自身的思想动态与价值取向，还对社会舆论的形成与发

---

① 吕芳. 治理数字化转型中的平台嵌入与政府调适：体系、效能与边界——以F区的平台建设为例 [J]. 北京行政学院学报，2024（05）：85-95.

展产生着深远影响。因此，如何有效治理青年群体社会心态的网络表达，成了一个亟待解决的问题。政府监管与平台自律相结合，正是解决这一问题的关键路径。首先，政府对平台的监督评估机制是确保平台自律有效实施的重要保障。政府应制定明确的监管标准和评估指标体系，定期对平台的自律情况进行全面、深入的检查和评估。这包括但不限于平台内容审核机制的健全性、用户权益保护措施的落实情况、不良信息处理的及时性和有效性等。通过严格的监管和评估，政府能够及时发现平台存在的问题和不足，并采取相应的措施进行干预和指导。对表现优秀的平台，政府应给予表彰和奖励，树立行业标杆，激励其他平台积极效仿；对存在问题的平台，政府则应责令其限期整改，并视情况给予相应的处罚，以儆效尤。

同时，平台也应积极发挥自身的主观能动性，加强对政府监管工作的配合与支持。平台可以建立与政府部门的常态化沟通机制，及时反馈自身在自律过程中遇到的困难和问题，寻求政府的帮助和支持。此外，平台还可以利用自身的技术优势和用户资源，为政府提供有价值的数据和信息支持，协助政府更好地了解网络空间的实际情况和青年群体的心态变化。更重要的是，政府和平台之间应建立起一种双向互动、共同进步的合作关系。政府应尊重平台的主体地位和创新活力，鼓励平台在遵守法律法规的前提下，积极探索新的自律模式和治理方法。平台也应积极响应政府的号召和要求，认真履行社会责任和自律义务，不断提升自身的治理能力和水平。通过双方的协同合作和共同努力，可以逐步构建起一个政府监管有力、平台自律有效、青年群体积极参与的网络治理新格局。

总之，政府监管与平台自律相结合是治理青年群体社会心态网络表达的重要路径。通过这一路径的实施，可以有效遏制网络不良现象的蔓延和扩散，营造一个健康、文明、有序的网络环境。这不仅有利于青年群体的健康成长和社会的和谐稳定，还为我国网络强国建设提供有力支撑和保障。

二、社会协同与公众参与

探索青年群体社会心态网络表达的治理路径，特别是强调社会协同与公共参与的重要性，对构建和谐网络空间、促进青年健康成长具有重要意义。

（一）公共参与：激发青年群体活力

1. 提升青年群体的网络素养

公共参与是提升青年群体网络素养的有效途径。政府、学校和社会组织应鼓励青年群体积极参与网络讨论、社区活动等，通过实践锻炼提升他们的网络素养和信息甄别能力，培养他们独立思考的能力和判断力，使他们学会理性分析和评价网络言论和事件。同时，政府还应加强对网络素养教育的宣传和推广，普及与网络相关的法律法规知识，倡导文明上网、健康上网的理念，提高青年群体对网络素养重要性的认识，营造积极向上的网络文化氛围。

2. 促进青年群体的理性表达

青年群体在网络表达中往往缺乏足够的理性思考能力和批判性思维能力，因此应强调理性表达的重要性，引导青年人在网络空间中保持冷静、客观的态度，学会理性表达，尊重他人观点，避免产生情绪化言论和网络暴力行为。为此，网络平台应设置专门的评论区、话题版面等，为青年群体提供理性表达的场域和机会。比如，通过举办网络公共论坛、开展网络辩论会等，激励青年围绕社会热点问题、公共议题等展开深入、理性的讨论与沟通，引导他们在网络表达中传递正能量，弘扬主旋律，培养他们的社会责任感和公共参与意识。

3. 加强网络文化建设

网络文化承载着青年群体在网络中表达出的社会心态。健康的网络文化，需以社会主义核心价值观为引领，弘扬中华优秀传统文化，传播主旋律。网络平台应发布正能量信息，引导青年群体形成良好的网络文化氛围。政府通过举办网络文化节、开展网络创意大赛等活动，鼓励和支持青年网络文化创作者生产出高质量、内涵深的网络文化产品，从而满足青年群体多样化、多层次的精神文化需求。[①] 同时，这些活动也可以搭建网络文化交流平台，促进不同领域、不同文化背景的青年群体进行交流与互动。青年通过经验分析、观点交流，增进文化理解与认同，为推动网络文化的繁荣发展而贡献自己的力量。

（二）实施策略与建议

政府、学校、家庭和社会组织应形成合力，共同加强网络素养教育。学校通过开设网络素养课程、举办相关讲座和培训活动等，提高青年群体的网络素

---

① 栗蕊蕊. 大学生网络文化消费的样态分析与引导策略［J］. 思想理论教育，2020（10）：92-96.

养水平。政府应加大对网络空间的监管力度，完善网络监管机制。政府通过制定和执行相关法律法规，严厉打击网络违法行为，维护清朗的网络空间。同时，政府还应加强网络监管技术和研发，利用大数据和人工智能等技术手段，提高网络监管的效率与精确性，确保平台内容的合法性和健康性。

学校和社会组织也应积极推动网络文化建设，营造健康积极的网络气氛。比如，通过举办网络文化创意大赛等，提升青年群体的创新能力。众所周知，网络空间具有全球性特点，所以加强国际交流与合作也是提升网络治理水平的重要途径。应积极参加国际网络治理规则的制定和完善工作，借鉴国际先进经验和做法，提升我国的网络治理研究水平。同时，要加强与外国政府和相关组织的沟通与合作，共同应对网络治理中的困境和挑战。

三、技术手段与人文关怀并重

探索青年群体社会心态网络表达的治理路径，实现技术手段与人文关怀的有机结合，是当今社会面临的重要问题。

（一）技术手段在治理中的应用

1. 大数据与人工智能的精准监管

大数据与人工智能技术的快速发展，提高了网络治理的有效性。网络平台利用大数据技术，综合采集青年在网络空间中的言论、行为数据，包括文字、图片、视频等多种形式的信息，对收集到的信息进行彻底的分析，有助于揭示在线话语中的情感趋势、意见模式和潜在的社会心理问题，从而能够及时干预有害内容和网络欺凌。人工智能技术允许创建智能识别系统，该系统可以自动识别和分类年轻人的在线表达，并过滤和阻止不恰当的言论和错误信息。情绪分析工具可用于评估青年在线交流的情绪基调，区分积极情绪和消极情绪。[①] 针对负面表达，智能推荐系统通过向用户提供积极的内容和激励故事，使用户拥有健康的心态。此外，人工智能可以通过推荐符合用户兴趣和偏好的在线内容来提供个性化指导。

---

① 熊茵，刘芳华. 舆情"智能化"生成图景与风险审视［J］. 编辑之友，2022（09）：71-76.

2. 技术创新与应用

技术进步对提高互联网治理效率至关重要。政府要鼓励和支持企业与研究机构加大网络技术开发和创新应用力度，促进互联网治理前沿技术的应用。例如，实施区块链技术可以确保在线表达数据的透明度和安全性。区块链的去中心化和不可变特性保护了用户隐私和数据安全，从而增强了用户对在线平台的信心。[①] 虚拟现实（VR）和增强现实（AR）技术可以为用户提供身临其境的数字体验，使用模拟的现实世界来培养积极的在线态度和行为。此外，社交媒体分析工具可以促进青年在数字平台上对话语进行深入探索和检查，并通过识别在线社区和评估舆论趋势来支持有针对性的治理。

（二）人文关怀在治理中的重要性

1. 关注青年群体的心理健康

青年在网络世界中表达社会态度的方式，往往与他们的心理健康密切相关。因此，在治理过程中，必须密切关注他们的心理需求，并提供必要的心理健康支持和咨询服务。例如，学校和社区应定期组织心理健康讲习班和宣传活动，传播有关心理健康的知识，提高青年对这些问题的关注度。微信账号和短视频频道等在线平台传播与心理健康相关的教育内容，可以吸引青年的注意力，鼓励他们学习，增强他们的韧性和应对压力的能力。此外，在线心理咨询平台也能使青年轻松获得心理健康服务。

2. 尊重青年群体的多样性

了解青年在网上独特和多样的表达，尊重他们的观点和沟通方式至关重要。政府应采用社会调查和在线数据分析等方法，深入了解青年的不同思想、价值观和兴趣，考虑他们在不同地区和背景下在线表达的差异和共性，这种方法有助于识别青年在线表达的不同特征。在制定互联网治理政策时，政府必须承认这种多样性，确保政策具有包容性和适应性，而不是用单一标准来评判青年的表达。这鼓励青年公开、真实地分享他们的观点和感受。此外，青年担任互联网监督员或志愿者可以激励他们积极参与在线治理。有影响力的青年领袖可以进一步激励更多的青年参与创造一个有建设性和令人振奋的在线话语环境。

---

① 周建青，龙吟. 赋能路径与模式创新：网络空间治理的优化逻辑——基于区块链技术视角［J］. 中国编辑，2023（05）：104-109.

（三）技术手段与人文关怀的有机结合

1. 建立综合治理体系

管理青年在网上表达的社会态度需要一种综合治理方法，将技术措施与人文关怀相结合。建立综合治理平台，整合技术监管、数据分析、心理咨询和教育指导。该平台可以汇集各利益相关方的资源，促进对青年在线表达的治理。政府、学校、家庭和社会组织之间加强合作，形成治理统一战线。通过共享信息、整合资源和协调行动，相关部门可以有效应对与青年在数字空间中的社会表达相关的挑战。政府应制定和完善相关法律法规，为治理提供法律框架；学校应加强网络素养教育，提高青年的数字技能；家庭应关注青年的网络活动，并提供适当的指导和支持；社会组织应积极参与网络治理，为青年提供多样化的服务。

2. 强化技术的人文关怀属性

技术的应用应始终考虑人文因素。在技术的开发和实施中，技术开发方应采取以用户为中心的方法，关注青年的实际需求和心理体验。技术开发方通过进行用户研究和收集反馈，可以不断改进产品的功能，来确保技术真正造福用户，提高他们的满意度和幸福感。

3. 推动人文关怀的技术创新

人文关怀和技术措施可以相互补充和融合，而不是相互排斥。相关机构应将人文价值观融入技术创新中，将这些价值观嵌入技术工具的开发和应用中，创建以人文关怀为重点的虚拟社区和社交平台，鼓励青年分享生活、交流思想和寻求帮助。这些平台可以培养青年的归属感和认同感，有助于营造积极的社会氛围。改善即时通信和反馈机制，确保青年在经历负面情绪或困惑时得到及时的关注和支持，防止负面情绪在网络空间传播和放大。虚拟现实技术还可以用于为心理健康教育创建沉浸式场景，为青年提供更生动、直观的学习体验。人工智能可以促进提供个性化心理健康服务的智能咨询系统发展。社交媒体平台可促进网络素养教育活动，提高青年的网络素养和识别错误信息的能力。①

（四）结论

管理青年社会心态的网络表达是一项具有挑战性和复杂性的工作。在数字

---

① 李敬荣，赵然，张玉. 人工智能心理咨询的发展与应用［J］. 心理技术与应用，2022，10（05）：296-306.

时代，技术措施与人文关怀相结合至关重要。通过技术提供的精确监管和有效过滤，国家可以为青年创造一个更安全、更健康的在线环境。在人文关怀的指导和关注下，青年可以培养更好的心理素质和网络素养，从而自如面对网络空间的挑战和诱惑。这种方法确保青年能够在网络世界健康成长，为社会的进步和繁荣做出积极贡献。

参考文献

一、中文文献

（一）专著

[1] 格雷姆·特纳. 普通人与媒介：民众化转向 [M]. 许静，译. 北京：北京大学出版社，2011.

[2] 鲍鲳. 网游：狂欢与蛊惑 [M]. 苏州：苏州大学出版社，2012.

[3] 蔡骐. 大众传播中的粉丝现象研究 [M]. 北京：新华出版社，2014.

[4] 陈红. 青少年的身体自我：理论与实证 [M]. 北京：新华出版社，2006.

[5] 陈霖. 迷族：被神召唤的尘粒 [M]. 苏州：苏州大学出版社，2012.

[6] 陈琦. 印象管理范式下的女性自拍 [M]. 北京：人民日报出版社，2020.

[7] 陈一. 拍客：炫目与自恋 [M]. 苏州：苏州大学出版社，2012.

[8] 陈映芳. 在角色与非角色之间：中国的青年文化 [M]. 南京：江苏人民出版社，2002.

[9] 伊曼努尔·康德. 判断力批判 [M]. 邓晓芒，译. 南京：人民出版社，2002.

[10] 邓惟佳. 迷与迷群：媒介使用中的身份认同建构 [M]. 北京：中国传媒大学出版社，2010.

[11] 雷吉斯·德布雷. 图像的生与死：西方观图史 [M]. 黄讯余，黄建华，译. 上海：华东师范大学出版社，2014.

[12] 里波韦兹基. 第三类女性：女性地位的不变性与可变性 [M]. 田常辉，张峰，译. 长沙：湖南文艺出版社，2000.

[13] 顾亦周. 黑客：比特世界的幽灵 [M]. 苏州：苏州大学出版社，2012.

[14] 关萍萍. 互动媒介论：电子游戏多重互动与叙事模式 [M]. 杭州：浙江大学出版社，2012.

[15] 侯琳琦. 网络音乐的多视角研究 [M]. 北京：北京邮电大学出版社，2013.

[16] 胡疆锋. 伯明翰学派青年亚文化理论研究 [M]. 北京：中国社会科学出版社，2012.

[17] 黄希庭. 简明心理学辞典 [M]. 安徽：安徽人民出版社，2004.

[18] 黄钰茗. 粉丝经济学 [M]. 北京：电子工业出版社，2015.

[19] 雷雳. 青少年网络心理解析 [M]. 北京：开明出版社，2012.

[20] 雷蔚真. 网络迷群与跨国传播：基于字幕组现象的研究 [M]. 北京：中国传媒大学出版社，2012.

[21] 李婷. 离线·开始游戏 [M]. 北京：电子工业出版社，2014.

[22] 柳燕. "网络自拍" 的传播心理分析 [D]. 北京：中国传媒大学，2007.

[23] 陆扬，王毅. 文化研究导论 [M]. 上海：复旦大学出版社，2007.

[24] 吕明臣. 网络语言研究 [M]. 长春：吉林大学出版社，2008.

[25] 罗岗，顾铮主编. 视觉文化读本 [M]. 桂林：广西师范大学出版社，2004.

[26] 马杰伟，张潇潇. 媒体现代：传播学与社会学的对话 [M]. 上海：复旦大学出版社，2011.

[27] 马中红，邱天娇. COSPLAY：戏剧化的青春 [M]. 苏州：苏州大学出版社，2012.

[28] 马中红. 青年亚文化研究年度报告：2013 [M]. 北京：清华大学出版社，2014.

[29] 保罗·莱文森. 人类历程回放：媒介进化论 [M]. 邬建中，译. 重庆：西南师范大学出版社，2017.

[30] 保罗·莱文森. 数字麦克卢汉：信息化新纪元指南 [M]. 何道宽，

译．北京：社会科学文献出版社，2001.

［31］查尔斯·霍顿·库利．人类本性与社会秩序［M］．包凡一，王源，译．北京：华夏出版社，1999.

［32］欧文·戈夫曼．日常生活中的自我呈现［M］．冯钢，译．北京：北京大学出版社，2008.

［33］朱丽叶·科宾，安塞尔姆·施特劳斯．质性研究基础：形成扎根理论的程序与方法［M］．朱光明，译．重庆：重庆大学出版社，2015.

［34］习近平．高举中国特色社会主义伟大旗帜为全面建设社会主义现代化国家而团结奋斗——在中国共产党第二十次全国代表大会上的报告［M］．北京：人民出版社，2022.

［35］习近平．习近平谈治国理政：第三卷［M］．北京：外文出版社，2020.

［36］马基雅维利．君主论［M］．王伟，译．北京：北京联合出版公司，2014.

［37］安东尼·吉登斯．现代性与自我认同：晚期现代中的自我与社会［M］．夏璐，译．北京：中国人民大学出版社，2016.

［38］克里斯·希林．身体与社会理论［M］．李康，译．北京：北京大学出版社，2010.

［39］齐格蒙特·鲍曼．流动的时代：生活于充满不确定性的年代［M］．谷蕾，武媛媛，译．南京：江苏人民出版社，2012.

［40］张春兴．张氏心理学辞典［M］．台北：东华书局，1989.

［41］张殿元．广告传播政治经济学批判［M］．上海：复旦大学出版社，2018.

（二）期刊

［1］毕宏音．网络语言与网民社会心态的折射［J］．社科纵横，2007（03）：151-152+60.

［2］方师师，郭文丰．转型社会中的政治信任与网络抗议：基于中国网络社会心态调查（2014）的因子分析［J］．新闻大学，2014（06）：82-88.

［3］冯诗淇，朱德东．论网络热点事件对网民社会心态的双重影响［J］．重庆理工大学学报（社会科学），2016，30（08）：67-71．

［4］桂勇．高度关注"高表达"的网络社会心态［J］．探索与争鸣，2016（11）：52-53．

［5］桂勇，李秀玫，郑雯，等．网络极端情绪人群的类型及其政治与社会意涵基于中国网络社会心态调查数据（2014）的实证研究［J］．社会，2015，35（05）：78-100．

［6］郭未，沈晖．重大突发公共卫生事件中的网络社会心态：一个整合分析框架［J］．西南民族大学学报（人文社会科学版），2020，41（12）：157-164．

［7］郭小安，段竺辰．"荒诞中的理性"：网络流行语的语义嬗变及社会心态表征［J］．广西师范大学学报（哲学社会科学版），2023，59（06）：133-145．

［8］侯丽羽．从"屌丝"流行看当代青年的社会心态［J］．当代青年研究，2013（01）：53-57．

［9］黄楚新．网络民粹主义折射的社会心态［J］．人民论坛，2019（16）：114-116．

［10］黄荣贵，吴锦峰，桂勇．网络社会心态：核心特征、分析视角及研究议题［J］．社会学评论，2022，10（03）：102-120．

［11］黄婉童．网络流行语及其社会传播功能［J］．郑州大学学报（哲学社会科学版），2019，52（03）：123-125．

［12］李贞晓，卢志鸿．当下大众社会心态及性别意识的解析：以"女汉子"一词为例［J］．北京邮电大学学报（社会科学版），2016，18（01）：1-7．

［13］林于良，刘广登．网络谣言传播与青年积极社会心态培育［J］．中国广播电视学刊，2018（05）：34-36．

［14］刘博，董倩倩．情境结构与动力机制：青年群体社会心态的网络表达［J］．中国青年研究，2021（10）：93-102．

［15］刘春波．网络舆论时代先进典型教育中的社会心态培育：以网络调侃为参照［J］．湖北社会科学，2014（08）：186-190．

[16] 刘璐，谢耕耘. 当前网络社会心态的新态势与引导研究 [J]. 新闻界，2018 (10)：75-81+100.

[17] 刘懿璇，何建平. 从"数字劳工"到"情感劳动"：网络直播粉丝受众的劳动逻辑探究 [J]. 前沿，2021 (03)：104-115.

[18] 刘懿璇，何建平，高原. 公共卫生事件下公众健康管理行为的影响因素分析 [J]. 南京医科大学学报（社会科学版），2021，21 (03)：264-270.

[19] 刘懿璇，何建平. 土味视频生产消费中的情感结构与趣味区隔 [J]. 新闻与传播评论，2022，75 (03)：53-63.

[20] 刘懿璇. "交互式沉浸"下文化社区虚拟形象的自我重构与社交体验 [J]. 青年记者，2022 (24)：110-112.

[21] 陆超一. "随波逐流"与"张扬小我"：从网络流行语考察当代青年的社会心态 [J]. 教育传媒研究，2017 (05)：79-81.

[22] 骆正林. 网络流行语背后的青年社会心态 [J]. 人民论坛，2022 (10)：80-83.

[23] 施颖婕，桂勇，黄荣贵，等. 网络媒介"茧房效应"的类型化、机制及其影响：基于"中国大学生社会心态调查（2020）"的中介分析 [J]. 新闻与传播研究，2022，29 (05)：43-59+126-127.

[24] 石柳江. 规范网络舆情传播化解不良社会心态 [J]. 人民论坛，2018 (01)：68-69.

[25] 唐子茜，曹勇. 网络社会心态的特征及调适对策 [J]. 北京交通大学学报（社会科学版），2015，14 (01)：132-136.

[26] 唐子茜，王琳. 基于网络舆情的社会心态及调适机制研究：以我国中部某地级市互联网百姓论坛为例 [J]. 情报理论与实践，2013，36 (04)：78-80+77.

[27] 童清艳，刘璐. 网络流行语的"匿名群体驱动"研究：2004—2019年中国网络流行语的三维结构框架分析 [J]. 西南民族大学学报（人文社会科学版），2021，42 (01)：120-125.

[28] 王佳鹏. 在狂欢感受与僵化结构之间：从网络流行语看网络青年的社会境遇与社会心态 [J]. 中国青年研究，2016 (04)：83-89+47.

[29] 王俊秀, 云庆. 条件与机制：网络暴力的社会心态透视 [J]. 探索与争鸣, 2023 (07)：80-87+178+2.

[30] 王玺. 网络亚文化影响下的青年社会心态引导 [J]. 人民论坛, 2019 (34)：108-109.

[31] 王勇. 网络热点事件对青年社会心态的影响 [J]. 新闻战线, 2015 (02)：30-31.

[32] 翁平. 网络交际语言的特点及其社会心态研究 [J]. 广西民族学院学报 (哲学社会科学版), 2006 (S1)：246-247+287.

[33] 吴朝进, 张金荣. "佛系"与"杠精"：社会变迁下的青年心态困境 [J]. 思想教育研究, 2021 (06)：113-118.

[34] 吴小坤. 网络造词景观的动力要素与社会心态 [J]. 人民论坛, 2022 (Z1)：110-113.

[35] 萧子扬. "锦鲤祈愿"：一种网络青年亚文化的社会学解读 [J]. 文化艺术研究, 2019, 12 (03)：1-7.

[36] 薛素芬, 鲁浩. 关于当前网络社会情绪及其化解疏导的调查分析 [J]. 河南社会科学, 2011, 19 (06)：122-124.

[37] 杨蓉. 网络舆情不良社会心态分析与治理 [J]. 学术探索, 2017 (02)：73-78.

[38] 于鹏亮, 付圣. 青年亚文化视域下网络流行语的使用行为与社会心态分析 [J]. 宁夏大学学报 (人文社会科学版), 2022, 44 (06)：111-115.

[39] 余慧, 刘合满. 媒体信任是否影响我们对转基因食品问题的态度：基于中国网络社会心态调查 (2014) 的数据 [J]. 新闻大学, 2014 (06)：89-95.

[40] 余建华. 网络社会心态何以可能 [J]. 北京邮电大学学报 (社会科学版), 2014, 16 (05)：16-21.

[41] 郑雯, 陈李伟, 桂勇. 网络青年亚文化的"中心化"：认知、行动与结构：基于"中国青年网民社会心态调查 (2009—2021)"的研究 [J]. 社会科学辑刊, 2022 (05)：199-207.

[42] 郑雯, 桂勇. 网络舆情不等于网络民意：基于"中国网络社会心态调查 (2014)"的思考 [J]. 新闻记者, 2014 (12)：10-15.

［43］郑雯, 乐音, 桂勇. 网络新生代与网络社会心态: 代际更替、心态变迁与引导路径 ［J］. 青年探索, 2022（02）: 37-45.

［44］郑雯, 李良荣. 中等收入群体在中国网络社会的角色与地位研究 ［J］. 现代传播（中国传媒大学学报）, 2018, 40（01）: 92-95.

［45］郑雪梅. 大众传媒文化之网络文化现象解析: 网络耽美文学流行现象中的社会心态 ［J］. 文学界（理论版）, 2010（07）: 203-204.

二、外文文献

［1］BUSS A H. Self-Consciousness and Social Anxiety ［J］. San Francisco: Freeman, 1980, 7（2）.

［2］ADLER P S, KWON S-W. Social Capital: Prospects for Anew Concept ［J］. Academy of Management Review, 2002, 27.

［3］BAREKET - BOJMEL L, MORAN S, SHAHAR G. Strategic Self - Presentation on Facebook: Personal Motives and Audience Response to Online Behavior ［J］. Computers in Human Behavior, 2016, 55.

［4］SEVI B, ARAL T, ESKENAZI T. Exploring the Hook - Up App: Low Sexual Disgust Andhigh Sapio Sexuality Predict Motivation to Use Tinder for Casual Sex ［J］. Personalityand Individual Differences, 2018（133）.

［5］BAUMEISTER R F. A Self-Presentational View of Social Phenomena ［J］. Psychological Bulletin, 1982, 91（1）.

［6］BEER D. Power Through the Algorithm? Participatory Web Cultures and the Technological Unconscious ［J］. New Media & Society, 2019（11）.

［7］BERG P. Body Dissatisfaction and Body Comparison With Media Images in Males and Females ［J］. Body Image, 2007, 4（3）.

［8］BETH T B, JENNIFER A C, SCHOOL L D. Selfie-Objectification: Self-Objectification and Positive Feedback（"Likes"）are Associated with Frequency of Posting Sexually Objectifying Self-Images on Social Media ［J］. Body Image, 2018（26）.

［9］VELDHUIS J, ALLEVA J M, KONIJN E A, et al. Show Your Best Self （ie）：An Exploratory Study on Selfie−Related Motivations and Behavior in Emerging Adulthood ［J］. Telematics and Informatics，2018，35（5）.

［10］BIJSTERBOSCH J M，VAN DEN BRINK F，VOLLMANN M，et al. Understanding Relations Between Intolerance of Uncertainty，Social Anxiety，and Body Dissatisfaction in Women ［J］. The Journal of Nervous and Mental Disease，2020，208（10）.

［11］BISHOP S. Anxiety，Panic and Self−Optimization：Inequalities and the YouTube Algorithm ［J］Convergence，2018，24（1）.

［12］BOLINO M C，TURNLEY W H. Measuring Impression Management in Organizations：A Scale Development Based on the Jones and Pittman Taxonomy ［J］. Organizational Research Methods，1999，2（2）.

［13］BOURSIER V，MANNA V. Selfie Expectancies Among Adolescents：Construction and Validation of an Instrument to Assess Expectancies Toward Selfies Among Boys and Girls ［J］. Frontiers in Psychology，2018（9）.

［14］BRAMBILLA M，RIVA P. Self−Image and Schadenfreude：Pleasure at Others' Misfortune Enhances Satisfaction of Basic Human Needs ［J］. European Journal of Social Psychology，2017，47（4）.

［15］BURNKRANT R，SAWYER A. Effects of Involvement and Message Content on Information Processing Intensity ［J］. Information Processing Research in Advertising，1983，12（2）.

［16］BURSTEIN M，HE J，KATTAN G，et al. Social Phobia and Subtypes in the National Comorbidity Survey − adolescent Supplement：Prevalence，Correlates，and Comorbidity ［J］. Journal of the American Academy of Child and Adolescent Psychiatry，2011，50（9）.

［17］BURT R S. The Network Structure of Social Capital. InB. M. Staw & R. l. Sutton（Eds）［J］. Researchinorganizational Behavior，2002（22）.

［18］CASH T，FLEMING E，ALINDOGAN J，et al. Beyond Body Image as a Trait：The Development and Validation of the Body Image States Scale ［J］. Eating Disorders，2002，10（2）.

[19] LURY C, DAY S. Algorithmic Personalization as a Mode of Individuation [J]. Theory, Culture & Society, 2019, 36 (2).

[20] CHIU C M, HSU M H, WANG E. Understanding Knowledge Sharing in Virtual Communities: Anintegration of Social Capital and Social Cognitive Theories [J]. Decision Support Systems, 2007, 42 (3).

[21] Chung and Miryum. A Study on the Order of Healing Environment Elements of Nursing Homes by Maslow's Hierarchy of Needs [J]. Journal of the Korean Instituteof Interior Design, 2012, 21 (1).

[22] DE VITO M A. From Editors to Algorithms: A Values-Based Approach to Understanding Story Selection in the Facebook News Feed [J]. Digital Journalism, 2017, 5 (6).

[23] ELHAI J D, LEVINE J C, DVORAK R D, et al. Non-Social Features of Smartphone Use are Most Relatedtodepression, Anxiety and Problematic Smartphone Use [J]. Computers in Human Behavior, 2017 (69).

[24] MEYER E, SCHROEDER R, COWLS J. The Net as a Knowledge Machine: How the Internet Became Embedded in Research [J]. New Media & Societynew Media & Society, 2016, 18 (7).

[25] GOLAFSHANI N. Understanding Reliability and Validity in Qualitative Research [J]. Qualitative Report, 2003, 8 (4).

[26] HSU C L, LIN C C. Acceptance of Blog Usage: The Roles of Technology Acceptance, Social Influence and Knowledge Sharing Motivation [J]. Information & Management, 2008, 45 (1).

[27] ION I, et al. Service Design for Digital Servitization: Facilitating Manufacturers' Advanced Services Value Proposition Design in the Context of Industry 4.0 [J]. Industrial Marketing Management, 2023 (110).

[28] JUNGHYUN K, ROSELYN L J-E. The Facebook Paths to Happiness: Effectsof the Number of Facebook Friends and Self-Presentation on Subjectivewell-Being. [J]. Cyberpsychology, Behavior and Socialnetworking, 2011, 14 (6).

[29] LEE J Y, SUNG D K. Effect of Awareness (Recognition) About SNS

Quality Feature on SNS Discontinuance Intention: Focusing on the Mediating Effect of SNS Fatigue [J]. Journal of Communication Research, 2015, 52 (2).

[30] LIN N. Building a Network Theory of Social Capital [J]. Connections, 1999 (22).

[31] RAVI M, SYLVAN L, BHASKARJYOTI D. Service Design Proliferation-Dilemma at IT Organizations [J]. Design Management Journal, 2022, 17 (1).

[32] PITTMAN M, REICH B. Social Media and Loneliness: Why an Instragrampicture May be Worth More Than a Thousand Twitter Words [J]. Computers in Human Behavior, 2016 (62).

[33] MCKENNA, KATELYN Y, et al. Plan 9 From Cyberspace: The Implications of the Internet for Personality and Social Psychology. [J]. Personality & Social Psychology Review, 2000, 4 (1).

[34] NAHAPIET J, GHOSHAL S. Social Capital. Intellectual Capital, and the Organizational advantage [J]. Academy of Management Review, 1998 (23).

[35] NOH M J, JANG S H. The Factors Influencing on the Social Networking Service Fatigue and SNS Stresses Based on the Smart Phone [J]. Information System Research, 2016, 25 (4).

[36] Patricia de Vries. Algorithmic Anxiety in Contemporary Art: A Kierkegaardian Inquiry intothe Imaginary of Possibility [J]. Amsterdam: the Institute of Network Cultures, 2019 (8).

[37] POWELL A L. Computer Anxiety: Comparison of Research From the 1990s and 2000s [J]. Computers in Human Behavior, 2013, 29 (6).

[38] PUTNAM. Bowling Alone: The Collapse and Revival of American Community [J]. Public Choice, 2000, 108 (3).

[39] ROSEN L D, CHEEVER N A, CUMMINGS C, et al. The Impact of Emotionalityandself-Disclosure on Online Dating Versus Traditional Dating [J]. Computers in HumanBehavior, 2008 (24).

[40] WASKO M L, FARAJ S. Why Should I Share? Examining Social Capital and KnowledgeContribution in Electronic Networks of Practice [J]. Mis Quarterly,

2005, 29 (1).

[41] WHEELESS L R, GROTZ J. Conceptualization and Measurementofreport-edself-Disclosure [J]. Human Communication Research, 1976, 2 (4).

[42] TUFEKCI Z. Can You See Me Now? [J]. Audience and Disclosure Regulationin Online Social Network Sites, 2008, 28 (1).

后　记

　　《消费、交往与表露：青年群体社会心态的网络表达研究》一书，经过无数个日夜的磨砺与雕琢，终于呈现在读者的面前了。回望这段研究旅程，我心中充满了感慨与感激。这本书的诞生，源自我的博士论文前期的资料整理，在当今这个数字化时代，青年作为网络空间的主力军，他们的每一种行为、每一次表达，都蕴含着丰富的文化意蕴。一直以来，我对青年群体网络行为有着深切关注与好奇，我深知，要真正理解这一代青年，就必须走进他们的世界。同时，作为一名青年学者，我不仅在洞察他们，还在探究我自己。

　　在研究过程中，我也遇到了许多的挑战与困难。例如，实证研究中数据的收集与分析、案例的筛选与解读、理论的构建与验证，每一个环节都需要付出巨大的努力。这些挑战，让我更加深刻地体会到了学术研究的艰辛与魅力。当然，这本书的完成离不开众人的支持与帮助。首先，我要感谢我的单位重庆交通大学为我提供的良好科研平台。其次，感谢旅游与传媒学院党委书记徐园媛教授、院长张玉蓉教授、副院长郑涛副教授对这本书的大力支持，也感谢广播电视学系李红秀教授、王熠珏副教授为这本书提供的悉心指导。他们的鼎力相助与宝贵建议，让我的研究更加完善。

　　再次，我要感谢为这本书提供素材并校对书稿的我院 2024 级新闻与传播专业的硕士研究生，他们积极参与调研，并完成书稿的统筹和校对工作，他们的真诚分享与开放态度，让我能够真实地走进这一代青年的内心世界。我特别感谢硕士研究生兰彩晴、章雨欣为这本书做出的贡献，感谢西南财经大学硕士研究生雷克为本书提供实证数据的支持。

　　回顾整本书的内容，我深感青年群体的网络行为是一个复杂而多维的课题。消费、交往与表露，这三个看似简单的词汇，却蕴含着丰富的社会心态与文化逻辑。通过对这三个方面的深入研究，能够更加全面地理解青年群体的网络行为，还能够更深刻地洞察当代社会的文化变迁与价值转型。然而，研究永远没有终点。随着技术的不断进步与社会的不断发展，青年群体的网络表达也将呈现出新的特点与趋势。因此，我希望这本书能够成为一个起点，激发更多人对青年网络行为的研究兴趣与思考热情。同时，我也期待在未来的研究中，能够继续深入探索这一领域，为理解青年、服务社会贡献更多的力量。

最后，我要对每一位阅读这本书的读者表示衷心的感谢。你们的关注与支持是我前行的最大动力。我希望这本书能够为你们带来一些启示与思考，也期待能够与你们共同见证中国青年群体的成长与发展。

刘懿璇

2024 年 11 月 20 日于重庆